SGC Books－P4

新版　マクスウェル方程式

—電磁気学のよりよい理解のために—

北野　正雄　著

サイエンス社

サイエンス社のホームページのご案内
http://www.saiensu.co.jp
ご意見・ご要望は　rikei@saiensu.co.jp　まで.

新版へのまえがき

本書は2005年に出版された『マクスウェル方程式 — 電磁気学のよりよい理解のために』(臨時別冊・数理科学 SGC ライブラリ–39) を増補改訂して単行本としたものである．SGC 版は型破りな電磁気学のテキストとして多くの方に読んでいただいている．従来とは異なった視点から電磁気学を見直し，議論を深める契機として，多少なりとも役立っているかも知れないと密かに自負している．出版以来の新たな議論や考察を踏まえて加筆し，改訂を行いたいと考えていたところ，今回，単行本シリーズ SGC Books の 1 冊として新たに出版する機会をいただいた．

旧版では，電磁気学を詳しく調べるために不可欠な数学的ツールとして，微分形式（反対称テンソル）と超関数を導入した．今回の改訂ではこれらの道具の利用を一層発展させて，主に以下の 2 点において電磁気学の深層にさらに迫ることを試みた．

第一に，「相対論と量子論」の章 (旧版第 13 章) を大幅に増補し，相対論 2 章，量子論 1 章の 3 章だてに構成し直した．相対論の前半の第 13 章「ローレンツ変換」では，電磁気の本来の舞台である 4 次元時空間とローレンツ変換について比較的詳しく説明した．さらに，日常的な速度の電磁現象において重要となる 1 次ローレンツ変換を導入し，その働きとガリレイ変換との関連について考察を加えた．後半の第 14 章「相対論と電磁気学」では 4 次元化された微分形式で表現されたマクスウェル方程式をいろいろな角度から詳しく調べた．特に相対論的効果である磁場の起源に関しては，多くのページを費やした．これにより，磁場の生成に関するアンペールの法則と磁場の力学的効果であるローレンツ力の式の幾何学的な意味を明らかにすることができた．磁場が一般に考えられているように単純にローレンツ短縮に帰着できるものではないことが分かるだろう．量子論に関する第 15 章「解析力学と量子論」の前半においては，荷電粒子に対するハミルトニアンをできるだけ自然な形で導入するために，微分形式で表現された相対論から，古典的な解析力学の公式を導出するという手順を踏んだ．古典粒子が量子波の波束に対応するということを利用して，ベクトルポテンシャルを含むラグランジアンや関連する式の必然性を提示した．

第二に，旧版においても中心的なテーマの1つであったクーロンポテンシャルの微分公式 (7.43) の一般化を行い，粗視化関数が非等方の場合の式 (12.63) を導入した．微分公式に現れるデルタ関数の特異性の係数 ($-1/3$) が粗視化関数の偏平度に応じて 0 と -1 の間で変化し，それに伴って，電気双極子，磁気モーメントのつくる電場，磁場の原点特異性も変化することを示した．これが，電磁気学において従来議論されてきた縦平均，横平均と密接な関係にあり，これらの平均操作が特異性を回避するための手段であったことを明らかにした．7.7 節，8.5.2 項，9.3.2 項，12.7 節において関連する議論を行っている．

初版の出版以来，テンソル，微分形式の記法や概念が馴染みにくいという指摘が多く寄せられている．それを受けて，第 2〜6 章，第 16 章に少しずつ手を入れて道ならしをしたつもりである．しかし，簡単に分かるという状態にはまだまだ遠いようである．躓(つまづ)きの主たる原因は双対空間の概念であるが，線形代数など大学初年度のカリキュラムにおいてもっと積極的に扱うべきだと考えるようになった．

電磁気学に仕掛けられた迷路として，いわゆる EH 対応（磁極の利用）と古い単位系の存在がある．12.9 節で主張している「磁極の廃絶」を支援するために，9.7 節において，2 つの半無限長の細いソレノイドの間に働く磁気力が，各端点におかれた仮想的な磁極（磁気単極）間のクーロンの法則を満たすことを示した．これによって磁極は計算を簡単にするための方便に過ぎず，電磁気学の構成上，不可欠のものではないということを明らかにした．

単位系に関しては，「真空インピーダンスと単位系」という章を設け，今なお使われている時代遅れの単位系の問題点を論じる予定であったが，紙面の都合で見送ることにした．この話題は，1.2 節後半で簡単に触れたので，詳細はそこで引用した参考文献を見ていただきたい．その他，ページ数の制約のため，旧版の内容を整理した部分もある．

電磁気学では物理的次元に対する注意深い配慮が特に必要である．ここでは，2 つの量 A, B が SI 単位系において物理的に同じ次元を持つことを $A \overset{\mathrm{SI}}{\sim} B$ と表すことにした (2.2.2 項)．これは，単位の表記において，意味をあいまいにしたまま濫用され，次元の合理的扱いを大きく妨げている “[ ]” の使用を避ける試みである．

本書が，これまで電磁気学のいくつかの道程を覆ってきた濃い霧をさらに吹き払い，すっきりした視界を確保するのに役立つことを期待している．

今回の新版に関しては，「SGC 版へのまえがき」に記した方々を含め，非常に多くの方々にご支援，励まし，ご指導をいただいた．また，授業，セミナー，掲示板などを通し，本質に迫る多くの指摘をいただいたことが今回の改訂の原動力となった．

サイエンス社の平勢耕介氏には，旧版以来の遅筆に我慢強くお付き合いいただいた．また，渡辺はるか氏には新版の編集で大変お世話になった．

2008 年 12 月

北野 正雄

SGC版へのまえがき

本書は第3ラウンドの電磁気学を目指している．第1ラウンドはいうまでもなく中学，高校の理科であり，クーロンの法則，右手の法則，右ねじの法則など，法則の集まりとしての電磁気学である．理屈はさておき，法則に親しみなさいという段階である．第2ラウンドは大学などで教えられている電磁気学である．そこでは，ベクトル解析，特殊関数や複素関数，幾何学的対称性，境界条件などの手法を駆使して解を求めることに力点がおかれている．しかし，依然として処方集という色彩が強い．法則を定式化してマクスウェル方程式を導くというルートをとっているので，マクスウェル方程式そのものを詳しく調べる余裕がない．

本書は第3ラウンドとしてマクスウェル方程式からスタートして，その意味や構造をいろいろ詳しく調べることを目標としている．特にクーロンの法則やビオ-サバールの法則がマクスウェル方程式からどのように導かれるかを詳しく調べる．

そのために，2つの数学的ツールを導入する．適切なツールの導入によってマクスウェル方程式の意味がより明瞭になるからである．

その1つはテンソルである．テンソルはベクトルを一般化したものであり，電磁気学において本質的な役割を果たしている．特に反対称テンソルは線分，面積，体積という3次元空間の幾何学的対象に密着したものであり，電磁場の構造を調べる上では不可欠のものだといえる．しかし，第2ラウンドの読者には荷が重過ぎるということで，テンソルの明示的な導入を避け，スカラー・ベクトルの範囲で記述される場合が多い．ここでは逆にテンソルを積極的に利用する方針をとった．またテンソルの表記についても複数の記法を併用することで，その物理的，数学的意味が明らかになるよう工夫をした．

もう1つの重要なツールは超関数である．デルタ関数に代表される超関数は，点電荷，電気双極子，微小環状電流などの微小な電場源，磁場源を表すのに適した数学的道具である．一般的にはデルタ関数が導入されても，その定義が示されるのみで，それを積極的に用いた解析を行うことは少ない．ここでは超関数を通常の関数の列あるいは族として定義する方法を採り，関数と同様の操作(微分，積分，作図など) を施すことを可能にした．これによって，電気双極子，微小環状電流，運動する点電荷などに付随する場の特異性が明確になり，それらの物理的意味を議論することができるようになった．また，畳込みあるいは粗視化の操作によって，点状の源の集合としての連続媒質への移行が定式化できるようになったことも超関数導入の大きいメリットである．

第 2 ラウンドの標準課程では，まず静電場について学び，それが終わってから磁場の問題に移るのが定石である．そのため，電場と磁場を逐一対比することがむずかしい．その結果として，電場と磁場を対称的に捉えようとする傾向が強くなる．しかし，マクスウェル方程式を一見しても分かるように，電場と磁場の関係は決して対称なものではなく，むしろ相補的というべきものである．類似物が重複して並び立つというのではなく，一方が他方を補って完結するという関係である．本書では個々の事象に関して電場と磁場の対比を行うことによって，この相補性を明らかにすることに重点をおいた．前述の数学ツールはこの理解のためにも重要な役割を果たしている．

さらに，本書では物理的次元の重視を心がけた．電磁気学のように多くの物理量が関与する場合には，次元と単位が式や考え方のチェックに大変役に立つ．しかし数学的な記述のレベルが上がるにしたがって，無次元化などを通して，次元や単位が忘れられてゆく傾向がある．ここでは安易な無次元化を避け，デルタ関数やベクトル空間の基底などの次元にも十分注意を払うようにした．また，ベクトルやテンソルの式は成分を用いて提示される場合が多いが，ここでは可能な限り座標系に依存しない表現を優先するようにした．

第 2 ラウンドとは逆向きのルートを辿る機会を生かして，以前には見落としていた景色を繰り返しゆっくり眺める工夫もしたつもりである．また，最終章では，空間反転を議論することで，第 1 ラウンドに登場した手やネジの名前のついた法則の起源について考察した．見慣れない風景が多く，未整備で歩きにくいルートではあるが，気ままな旅をゆっくり楽しんでいただきたい．

本書の執筆に際し，数多くの方々に様々の面でご協力いただいた．この場を借りて感謝の意を表したい．特に，霜田光一先生，岩澤宏先生，佐々木昭夫先生，宅間董先生，佐々田博之氏，清水明氏，宮野健次郎氏，堀裕和氏，石川容平氏，久門尚史氏，松澤淳一氏には，電磁気に関して日頃から楽しく議論させていただくとともに，本書の原稿に対して貴重なご意見をいただいた．また，斎藤吉彦氏，Lijnis Nelemans 氏には資料の転載を快諾していただいた．研究室の岩城吉剛君，生田力三君，玉山泰宏君，小林弘和君には原稿のチェックとともに，学生の視点から分かりにくい点を多く指摘していただいた．研究室のスタッフの中西俊博氏には原稿全体を丁寧に読んいただき，適切なアドバイスを多くいただいた．また，米本明弘君をはじめ，講義における筆者の変化球を面白がって追ってくれる学生諸氏からのコメントが，本書を纏める上での大きな原動力になったことを記しておきたい．また，サイエンス社の平勢耕介氏には，編集の過程で適切な助言をいただいた．

本書の作成にあたっては，LaTeX, gnuplot, tgif, psfrag, FreeBSD, Linux などのフリーソフトウェアを利用した．これらの有用なソフトウェアの開発者に敬意を表したい．

なお，本書に関するホームページは

`http://www.kuee.kyoto-u.ac.jp/~kitano/emf/`

にある．

2005 年 1 月

北野 正雄

目　次

第 1 章
序　章

この章では，出発地点であるマクスウェル方程式を紹介する．また電磁気に関係する物理定数や本書で用いる主な記号も掲げておく．

1.1　マクスウェル方程式

標準的に用いられる**マクスウェル方程式**（SI 単位系）は

$$\operatorname{div} \boldsymbol{D} = \varrho, \tag{1.1a}$$

$$\operatorname{curl} \boldsymbol{H} - \frac{\partial \boldsymbol{D}}{\partial t} = \boldsymbol{J}, \tag{1.1b}$$

$$\operatorname{div} \boldsymbol{B} = 0, \tag{1.1c}$$

$$\operatorname{curl} \boldsymbol{E} + \frac{\partial \boldsymbol{B}}{\partial t} = 0 \tag{1.1d}$$

のようなものである*1)．ここで $\boldsymbol{E}$ は**電場** (electric field)，$\boldsymbol{B}$ は**磁束密度** (magnetic flux density)，$\boldsymbol{D}$ は**電束密度** (electric flux density)，$\boldsymbol{H}$ は**磁場の強さ** (magnetic field strength) と呼ばれる量である．また，ϱ, $\boldsymbol{J}$ はそれぞれ**電荷密度** (charge density)，**電流密度** (current density) である．式 (1.1) の各式の次元（単位）は，それぞれ $\mathrm{C/m^3 = As/m^3}$, $\mathrm{A/m^2}$, $\mathrm{Wb/m^3 = Vs/m^3}$, $\mathrm{V/m^2}$ である．

---

*1)　curl は rot と表記されることもある

電束密度，磁場の強さは**分極** (polarization) $\boldsymbol{P}$，**磁化** (magnetization) $\boldsymbol{M}$ を用いて，それぞれ

$$\boldsymbol{D} = \varepsilon_0 \boldsymbol{E} + \boldsymbol{P}, \tag{1.2a}$$

$$\boldsymbol{H} = \mu_0^{-1} \boldsymbol{B} - \boldsymbol{M} \tag{1.2b}$$

と表される．ただし，μ_0 は**電気定数** (electric constant) または真空の**透磁率** (permeability)（単位は $\mathrm{H/m} = \Omega\,\mathrm{s/m}$），$\varepsilon_0$ は**磁気定数** (magnetic constant) または真空の**誘電率** (permittivity)（単位は $\mathrm{F/m} = \mathrm{s/m}\,\Omega$）と呼ばれる量である*2)．式 (1.2) において，$\boldsymbol{P} = \boldsymbol{M} = 0$ とおいたものは，真空の**構成方程式** (constitutive equation) と呼ばれる．

真空中のマクスウェル方程式 ($\varrho = 0$, $\boldsymbol{J} = 0$, $\boldsymbol{P} = 0$, $\boldsymbol{M} = 0$) を解くと，電磁場の擾乱(じょうらん)（変化）は速度

$$c_0 = c = \frac{1}{\sqrt{\varepsilon_0 \mu_0}} \tag{1.3}$$

で伝搬することがわかる*3)．これが**真空中の光速**である．電磁場の基本量である光速 c_0 は SI 単位系ではマクスウェル方程式に陽に現れることはなく，μ_0, ε_0 を通して組み込まれている．

速度 $\boldsymbol{v}$ で運動する電荷 q が電場，磁場から受ける力 $\boldsymbol{F}$（単位は N）

$$\boldsymbol{F} = q\boldsymbol{E} + q\boldsymbol{v} \times \boldsymbol{B} \tag{1.4}$$

は**ローレンツ力**と呼ばれる．同様に，電荷密度 ϱ，電流密度 $\boldsymbol{J}$ の媒質が電場，磁場から受ける体積あたりの力 $\boldsymbol{f}$（単位は $\mathrm{N/m^3}$）は

$$\boldsymbol{f} = \varrho \boldsymbol{E} + \boldsymbol{J} \times \boldsymbol{B}. \tag{1.5}$$

マクスウェル方程式の表現は 1 通りではなく，幅広い多様性がある．ここに掲げたマクスウェル方程式とその周辺の式はあくまでも基準として用いるものであって，本書ではその構造を調べてゆく過程でいくつかの異なった表現も用いるので注意してほしい．

---

*2) なぜ式 (1.2b) を $\boldsymbol{B} = \mu_0 \boldsymbol{H} + \boldsymbol{M}$ と書かないのと思った人へ．第 2 ラウンドとは違った流儀ですので注意して進んで下さい．逆に当然と思った人は幸運な第 2 ラウンドだったのです．

*3) c_0 の使用が推奨されているが，以下の章では簡単のために c を用いる．

1.2　SI 単位系と物理定数

電磁気学はさまざまな単位系で記述されるが，最近は MKSA 単位系の発展形である **SI 単位系**（国際単位系）*4) がもっぱら利用されている．SI 単位系は 1960 年の**国際度量衡総会** (CGPM) で採択されたものである．電磁気に関係するものとしては，4 つの単位 $\{\mathrm{m}, \mathrm{kg}, \mathrm{s}, \mathrm{A}\}$ が基本単位として選ばれている．他のすべての単位はこれらの乗除によって決められる（組立単位）．基本単位の大きさがどのように定義されているか見ておこう [12], [13]．

まず，時間の単位である秒は

> 秒は，セシウム 133 の原子の基底状態の二つの超微細構造準位*5) の間の遷移に対応する放射の周期の 9 192 631 770 倍の継続時間である．（第 13 回 CGPM，1967–1968）

と定義されている．この定義に基づいて原子時計が作られ，周波数や時間の標準となっている [14]．

次に長さの単位は次のように定義されている．

> メートルは，1 秒の 299 792 458 分の 1 の時間に光が真空中を伝わる行程の長さである．（第 17 回 CGPM，1983）

この定義は，結果として光速 c_0 を正確に 299 792 458 m/s に固定していることになる．すなわち，長さを計る場合は速度が既知の光と正確な時計を組み合わせて使いなさいということである*6)．

電磁気学の基礎的な量である電流の単位アンペア (A) は

> アンペアは，電気素量 e を単位 C（A s に等しい）で表したときに，その数値を $1.602\,176\,634 \times 10^{-19}$ と定めることによって定義される．（第 26 回 CGPM，2018）

と定められるようになった [12], [15]．この定義は電子の電荷を基準としていて分

---

*4)　SI は Le Systém International d'Unités の略なので，単位系をつけずに，SI と呼び捨てにするべきかも知れない．

*5)　超微細構造については，第 12 章で触れる．

*6)　人の歩く速さを，80 m/分 と定義すると，「駅から徒歩 10 分」のように時間で長さを計ることができるようになる．これと同じ仕組みである．

かりやすいが，以前は「平行電流間に長さ 1 m につき 2×10^{-7} ニュートンの力が働く場合の電流を 1 アンペア」[*7)] というものであった（1948 年）．この定義は磁気定数（真空の透磁率）μ_0 を $4\pi\times10^{-7}\,\mathrm{H/m}$ に固定する役割をしていた．すなわち，ビオ・サバールの法則とローレンツ力の式を組み合わせると，$F=(I_2 l)\mu_0 I_1/(2\pi r)$ が得られるが，ここに，力 $F=2\times10^{-7}\,\mathrm{N}$，それぞれの導体の電流 $I_1=I_2=1\,\mathrm{A}$，導体間の距離 $r=1\,\mathrm{m}$，導体の長さ $l=1\,\mathrm{m}$ を代入すると，μ_0 の値が決定される[*8)]．

真空のインピーダンス (vacuum impedance) は，

$$Z_0=\sqrt{\frac{\mu_0}{\varepsilon_0}}=\mu_0 c_0\ (=Y_0^{-1}) \tag{1.6}$$

で定義され，抵抗の次元を持つ量である．電気的な量と磁気的な量を関連づける普遍量である[*9)]．また，Y_0 は真空のアドミタンスである．

変数の組 (c_0,Z_0), (μ_0,ε_0) は

$$(c_0,Z_0)=\left(\frac{1}{\sqrt{\mu_0\varepsilon_0}},\sqrt{\frac{\mu_0}{\varepsilon_0}}\right),\quad (\mu_0,\,\varepsilon_0)=\left(\frac{Z_0}{c_0},\,\frac{1}{c_0 Z_0}\right) \tag{1.7}$$

のように，互いに置き換えることができる．(c_0,Z_0) の組は相対論や電磁波のように，電場と磁場が統合された状況で活躍する．Z_0 はフォン・クリッツィング定数 $R_\mathrm{K}:=h/e^2$ を用いて $Z_0=2\alpha R_\mathrm{K}$ と表すことができる．$\alpha=7.297\,352\,5693(11)\times10^{-3}$ は微細構造定数とよばれ，実験で非常に高い精度で定められている．

これらの定数の具体的な値は次のようにまとめることができる:

---

*7) 2×10^{-7} という数値は，第 1 回電気国際会議（1881 年）において CGS 電磁単位系 (emu) に関連づけて定められたアンペアの大きさを継承するために導入された．アンペアは emu における（有理化因子 $1/4\pi$ を含まない）ビオ-サバールの式 $F=2I_1I_2l/r$ を用いて，「1 cm 離れた平行導体 1 cm あたりの力が 2 dyn のときの電流を 1 Bi = 10 A」と定義されていた．dyn = 10^{-5} N, Bi は emu における力，電流の単位である．

*8) ニュートンの定義に含まれるキログラムは，「国際キログラム原器の質量」とされていたが，プランク定数 h の定義値化によって定められるようになった[12],[15]．今や，アンペアは力や質量と独立に定められている．

*9) $\mu_0=\varepsilon_0=1$ とする CGS 単位系では登場しない量であるが，MKSA 単位系では大層重要な役割を果たす．

$$c_0 = 299\,792\,458\,\mathrm{m/s},$$
$$\mu_0 = 1.256\,637\,062\,12(19) \times 10^{-6}\,\mathrm{H/m} \sim 4\pi \times 10^{-7}\,\mathrm{H/m},$$
$$\varepsilon_0 = 8.854\,187\,8128(13) \times 10^{-12}\,\mathrm{F/m},$$
$$Z_0 = 376.730\,313\,668(57)\,\Omega.$$

本書では一貫して SI 単位系を使用する．SI 単位系の最も重要な特徴は一貫した (coherent)，有理 (rational) 単位系であるということである．これらによって，ある SI 単位を他の SI 単位の積や商として表したときの係数が必ず 1 になる．たとえば，$1\,\mathrm{W} = 1\,\mathrm{J}/1\,\mathrm{s} = 1\,\mathrm{V} \times 1\,\mathrm{A}$ のように係数を気にする必要はない．これまで実際に使われてきた，他の単位系はこの特徴を持たず，単位の変更に際して 1 以外の係数が表れる．

また，SI 単位は力学的次元である L, M, T に，電磁気に関する次元 I を加えた 4 元単位系であることも特徴である．現在はたまたま電流が基本単位に選ばれているが，電圧や抵抗を基本単位としても本質は変わらない．1901 年ジョルジが最初に提案した 4 元単位系は抵抗を基本単位としていた．CGS 単位系のような 3 元単位系は電磁気に固有の単位を含まないために，半整数べきの次元が表れてしまう．たとえば，CGS ガウス単位系では電荷の単位は $\mathrm{cm}^{3/2}\mathrm{g}^{1/2}\mathrm{s}^{-1}$ である．

他にも不合理な点を持ち，50 年以上も前に，ゾンマーフェルト[11] によって “outmoded” と看破された CGS ガウス単位系を今さら勉強する必要はない．古い書物で不幸にも CGS 単位系に出会った場合には，たとえば文献[1] の付録の表などを用いて換算すればよい．

自然単位系について触れておく．自然単位系は人為的な単位ではなく，普遍定数の組合せで単位を構成するものである．$\{c_0, Z_0, \hbar, G\}$ *10) は SI 単位系で独立な次元をもっているので，これらの組合せで，すべての量を無次元化することができる．たとえば，電荷の単位は $q_\mathrm{p} = \sqrt{2hZ_0}$（プランク電荷）である．自然単位系と CGS ガウス単位系の親和性がよりよいとする根拠は全くない．

SI 単位系が使いにくいとされる理由は μ_0, ε_0 などで式が複雑になるという点にあるが，本書で見るように $Z_0 = \mu_0 c_0 = 1/\varepsilon_0 c_0$ を導入すると，式が見やすく，また物理的な意味もよく分かるようになる[15]．

---

*10)　それぞれ，相対論，電磁気学，量子論，重力理論を特徴づける物理定数である．

1.3 記法について

本書で用いる記法を簡単にまとめておく.

- $\boldsymbol{A}$, $\boldsymbol{B}$ のようなボールドイタリック体はベクトル量（1階のテンソル量）を表す.
- $\boldsymbol{x}$, $\boldsymbol{y}$, $\boldsymbol{z}$ は主に空間ベクトルを，$\boldsymbol{\xi}$, $\boldsymbol{\eta}$, $\boldsymbol{\zeta}$ は主に接空間ベクトルを表す．$\boldsymbol{a}$, $\boldsymbol{b}$, $\boldsymbol{c}$ は主に双対空間ベクトル，すなわちコベクトルを表す.
- $\{\boldsymbol{e}_1, \boldsymbol{e}_2, \boldsymbol{e}_3\} = \{\boldsymbol{e}_i\}$ は正規直交基底を表す.
- $\{\boldsymbol{t}_1, \boldsymbol{t}_2, \boldsymbol{t}_3\} = \{\boldsymbol{t}_i\}$ は空間の一般的な基底（正規でない，あるいは直交でない）を表す．接ベクトル空間の基底にも用いる.
- $\{\boldsymbol{n}_1, \boldsymbol{n}_2, \boldsymbol{n}_3\} = \{\boldsymbol{n}_i\}$ は双対ベクトル空間の基底（双対基底）を表す．余接ベクトル空間の基底にも用いる.
- S, T のようなサンセリフ体は2階のテンソル量を表す．特に I は2階の単位テンソルである.
- $\boldsymbol{ab} = \boldsymbol{a} \otimes \boldsymbol{b}$ はテンソル積を表す．$\boldsymbol{a} \wedge \boldsymbol{b} = \boldsymbol{ab} - \boldsymbol{ba}$ は反対称積を表す.
- $\mathcal{N}$, $\mathcal{R}$ のようなカリグラフ体は3階のテンソル量を表す．特に $\mathcal{E}$ は3階の完全反対称テンソルである.
- $T(\sqcup, \sqcup, \cdots)$ は一般のテンソルを表す．$T_{ijk\cdots}$ はテンソルの成分を表す.
- $(\boldsymbol{x}, \boldsymbol{y})$ は内積を表す．内積は同じ種類の（同じ物理的次元を持つ）ベクトル同士に対してのみ用いる.
- $\boldsymbol{a} \cdot \boldsymbol{x}$ はスカラー積を表す．スカラー積は異なる種類の（異なる物理的次元を持つ）ベクトルに対して用いる．双対な関係にあるベクトル空間の間の演算と考えることもできる.
- $[\boldsymbol{abc}] = (\boldsymbol{a} \times \boldsymbol{b}) \cdot \boldsymbol{c}$ はスカラー三重積を表す.
- $\mathsf{T} : \boldsymbol{xy}$, $T(\boldsymbol{x}, \boldsymbol{y})$, $T_{ij} x_i y_j$ はいずれも2階のテンソルにベクトルを2つ入力したものを表す.
- $\mathcal{R} \vdots \boldsymbol{xyz}$, $R(\boldsymbol{x}, \boldsymbol{y}, \boldsymbol{z})$, $R_{ijk} x_i y_j z_k$ はいずれも3階のテンソルにベクトルを3つ入力したものを表す.
- c.c. は複素共役項を表す.

$$\cos \omega t = \frac{1}{2}(\mathrm{e}^{-\mathrm{i}\omega t} + \mathrm{e}^{\mathrm{i}\omega t}) = \frac{1}{2}\mathrm{e}^{-\mathrm{i}\omega t} + \mathrm{c.c.}$$

- cycl. はサイクリックな置換項を表す.

$$\boldsymbol{a} \times \boldsymbol{b} = (a_2 b_3 - a_3 b_2)\boldsymbol{e}_1 + (a_3 b_1 - a_1 b_3)\boldsymbol{e}_2 + (a_1 b_2 - a_2 b_1)\boldsymbol{e}_3$$
$$= (a_2 b_3 - a_3 b_2)\boldsymbol{e}_1 + \text{cycl.}$$

- $\mathbb{R}^n$ は n 次元「数ベクトル」空間である.「量ベクトル」空間は対応する物理量に対する単位 u を付して $\mathbb{R}^n$u と表す. たとえば, 3 次元実空間（ユークリッド空間）は長さの単位 m を付けて $\mathbb{R}^3$m と表す. $\mathbb{E}_3$ とも書く.
- クロネッカのデルタ δ_{ij} , エディントンのイプシロン（レビ・チビタの記号）ϵ_{ijk} :

$$\delta_{ij} = \begin{cases} 1 & (i = j) \\ 0 & (i \neq j) \end{cases}, \quad \epsilon_{ijk} = \begin{cases} 1 & (i, j, k \text{がサイクリック}) \\ -1 & (i, j, k \text{が反サイクリック}) \\ 0 & (\text{その他}) \end{cases}.$$

- 符号を表す関数 sgn(x), 階段関数 $U(x)$:

$$\text{sgn}(x) = \begin{cases} 1 & (x > 0) \\ 0 & (x = 0) \\ -1 & (x < 0) \end{cases}, \quad U(x) = \begin{cases} 1 & (x > 0) \\ \frac{1}{2} & (x = 0) \\ 0 & (x < 0) \end{cases}.$$

  $x = 0$ での値はこのように定義しておくと, 便利なことが多い.
- 対角行列:

$$\text{diag}(a_1, a_2, a_3) = \begin{bmatrix} a_1 & 0 & 0 \\ 0 & a_2 & 0 \\ 0 & 0 & a_3 \end{bmatrix}.$$

- 4 元ベクトル, 4 元テンソルは 3 次元のものと区別するため下線をつける:

$$\underline{\boldsymbol{x}}, \quad \underline{H}, \quad \underline{\mathcal{E}}, \quad \cdots$$

- 紛らわしい記号
  - ϱ : 電荷密度, ρ : 円筒座標の第 1 成分.
  - ε : 誘電率, ϵ_{ijk} : 3 階の完全反対称テンソルの成分.
  - d : 普通の微分, d : 外微分.
  - δ^2 : 2 次元デルタ関数, $\delta^{(2)}$: デルタ関数 δ の 2 階微分, δ : 余微分.
  - Δ : 変化分, $\triangle$: ラプラシアン, $\mathit{\Delta}$: 通常の変数

第 2 章
ベクトル再入門

ベクトルの一般的な定義は「方向と大きさを持った量」であり，空間に置かれた矢印がイメージされる．それに対してスカラーは方向を持たない普通の量を表している[*1]．

このようなスカラーとベクトルに対する単純なイメージを見直して深めることが，第 2 章から第 4 章の主な目的である．普段はほとんど意識されないことであるが，スカラーとベクトルはそれぞれいくつもの異なった機能と役割を担っている.「ベクトルは 3 成分，スカラーは 1 成分の量である」という素朴なイメージだけでは，電磁気学を意味を理解しながら，楽しく学ぶには不十分である．後に見るように，適当な 3 つの量を組にしてみても，ベクトルにはならない．また，数学では無次元の**数**ベクトルしか登場しないが，ここでは，物理的次元を持った**量**ベクトルを導入し，その取り扱いについても説明する．すなわち，長さや速さなどの次元を持ったベクトルについて考える．まず出発点として，3 次元の実際の空間における位置や移動を表す空間ベクトルを基本として考えよう．

2.1 ベクトルと内積

ベクトル $\boldsymbol{x}$ は

$$\boldsymbol{x} = x\boldsymbol{l} \tag{2.1}$$

---

*1） 方向は持たないが符号は持ちうることに注意する．

のように，大きさ $x = |\boldsymbol{x}|$ と方向 $\boldsymbol{l} = \boldsymbol{x}/x$ という属性を持っている．$\boldsymbol{l}$ のように大きさが 1 のベクトルを単位ベクトルと呼ぶ．同様にベクトル $\boldsymbol{y}$ の大きさを $y = |\boldsymbol{y}|$，方向を $\boldsymbol{m} = \boldsymbol{y}/y$ とおく．

ベクトルの基本的な性質は，2 つのベクトルの和 $\boldsymbol{x} + \boldsymbol{y}$ とスカラー倍 $\alpha\boldsymbol{x}$ がやはりベクトルになることである．α は任意の実数である．和とスカラー倍が定義されている集合を**線形空間** (linear space) という．

2 つのベクトル $\boldsymbol{x}, \boldsymbol{y}$ に対して**内積** (inner product)

$$(\boldsymbol{x}, \boldsymbol{y}) = xy\cos\theta \tag{2.2}$$

が定義される．$\theta = \widehat{\boldsymbol{x}\boldsymbol{y}} = \widehat{\boldsymbol{l}\boldsymbol{m}}$ は 2 つのベクトルがなす角である．内積は，順序によらない:

$$(\boldsymbol{x}, \boldsymbol{y}) = (\boldsymbol{y}, \boldsymbol{x}). \tag{2.3}$$

すなわち可換である．また，分配則

$$\begin{aligned}(\boldsymbol{x}_1 + \boldsymbol{x}_2, \boldsymbol{y}) &= (\boldsymbol{x}_1, \boldsymbol{y}) + (\boldsymbol{x}_2, \boldsymbol{y}),\\ (\boldsymbol{x}, \boldsymbol{y}_1 + \boldsymbol{y}_2) &= (\boldsymbol{x}, \boldsymbol{y}_1) + (\boldsymbol{x}, \boldsymbol{y}_2)\end{aligned} \tag{2.4}$$

が成り立つ．さらに，任意の実数 α に対して

$$(\alpha\boldsymbol{x}, \boldsymbol{y}) = (\boldsymbol{x}, \alpha\boldsymbol{y}) = \alpha(\boldsymbol{x}, \boldsymbol{y}) \tag{2.5}$$

が成り立つ．これらの性質を**双線形性** (bi-linearity) という．

単位ベクトル間の内積は $(\boldsymbol{l}, \boldsymbol{m}) = \cos\theta$ でそれらの間の角度だけに依存する．同じベクトル間の内積は $(\boldsymbol{x}, \boldsymbol{x}) = |\boldsymbol{x}|^2 = x^2$ であり，そのベクトルの大きさの 2 乗を与える．このように，内積は線形空間における距離と角度を定義する役割を演じている．内積が定義された線形空間は計量付きの空間と呼ばれる．

2.2　数ベクトルと量ベクトル

2.2.1　数と量

物理的な問題を扱う場合には，**数** (number) と **量** (quantity) を明確に区別しておくことが重要である．両者の間には次の関係が成り立っている:

$$\langle 量 \rangle = \langle 数 \rangle \times \langle 単位 \rangle. \tag{2.6}$$

地球半径 $R = 6370\,\mathrm{km}$ を例にとると，“6370” は数，“R” と “6370 km” は量，

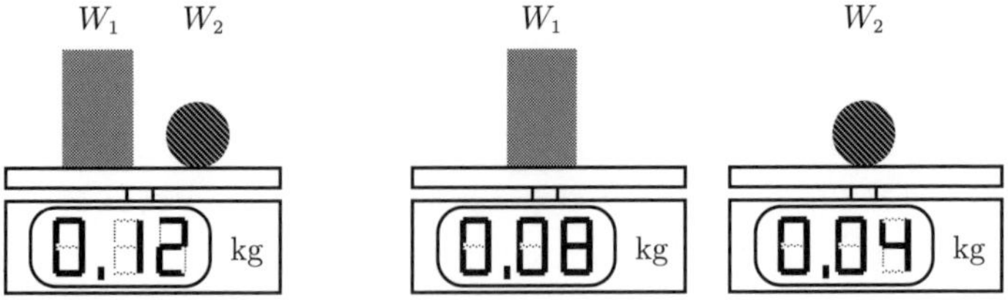

図 2.1　量の和と数の和.

"km = 1 km" は単位である．**単位** (unit) は基準として選ばれた量である．別の単位を選ぶと，対応する数は変化する．たとえば，1 km = 0.54 海里 であり，

$$R = 6370\,\mathrm{km} = 6370 \times 0.54\,\text{海里} = 3440\,\text{海里}. \tag{2.7}$$

この場合，R という記号は，数ではなくて，単位の選び方によらない「量そのもの」を表していると考えると都合がよい．計量とは，単位に基づいて量から数を求める操作である:

$$\frac{R}{1\,\mathrm{km}} = 6370, \quad \frac{R}{1\,\text{海里}} = 3440. \tag{2.8}$$

数は電卓やデジタル計算機で加えたり，掛けたりできる．

問題 2.1　質量を表す量 W_1, W_2 に対する式

$$\frac{W_1 + W_2}{\mathrm{kg}} = \frac{W_1}{\mathrm{kg}} + \frac{W_2}{\mathrm{kg}} \tag{2.9}$$

における，2 つの "+" の意味の違いについて考察せよ．図 2.1 を参考にせよ．

単位を意識した計算方法を**量の計算** (quantity calculus) という．たとえば $x = 1.2\,\mathrm{km}$, $t = 30\,\mathrm{s}$ に対して速度を

$$v = \frac{x}{t} = \frac{1.2\,\mathrm{km}}{30\,\mathrm{s}} = 40\,\mathrm{m/s} \tag{2.10}$$

などと書く．

数学では数（実数）の集合を $\mathbb{R}$ と表す．これに対応させて，ここでは量の集合を $\mathbb{R}\mathrm{u}$ と表すことにする．u は考えている物理量の単位である．たとえば，長さを表す量の集合は，単位 m（メートル）を用いて $\mathbb{R}\mathrm{m}$ と表す．$L = 2.3\,\mathrm{m}$ の場合，$2.3 \in \mathbb{R}$, $L \in \mathbb{R}\mathrm{m}$ のように書くことができる．

2.2.2 物理的次元

量には**物理的次元**[*2] が割り当てられている．次元は量や単位の関係を系統的に整理するのに有効な概念である．次元のチェックを適宜行うために新しい記法を導入する．

2 つの物理量 A, B の物理的次元が等しいとき，すなわち，無次元量 $k\ (\neq 0)$ が存在して $A = kB$ と表されるとき，

$$A \overset{\mathrm{SI}}{\sim} B \tag{2.11}$$

と書き，「量 A と B は（SI において）次元が等しい」と読む．たとえば，$Z_0 = 377\,\Omega$ の場合，$Z_0 \overset{\mathrm{SI}}{\sim} \Omega$ と書いて，量 Z_0 の次元や単位を示すことができる．また，$v = x/t \overset{\mathrm{SI}}{\sim} \mathrm{m/s}$ のように等式全体の次元を示すこともできる．

2.2.3 物理的次元とベクトル

ベクトルを考える場合，通常は**数ベクトル**を暗黙のうちに仮定している．しかし，物理では物理的次元を持った**量ベクトル**を導入するのが適当である．たとえば，位置を表すベクトルは長さの次元を持つ量ベクトルと考えるのである．

物理的次元の異なるベクトルは加えることができない．長さの次元を持つ位置ベクトル $\boldsymbol{x} \overset{\mathrm{SI}}{\sim} \mathrm{m}$ と，速さの次元を持つ速度ベクトル $\boldsymbol{v} \overset{\mathrm{SI}}{\sim} \mathrm{m/s}$ は，どちらも 3 次元ベクトルであるが，これらを加えて $\boldsymbol{v} + \boldsymbol{x}$ をつくってみても意味がない．したがって，これらはそれぞれ別のベクトル空間に属すると考えた方がよい．数ベクトルと量ベクトルを区別する立場をとると，計算に制約がついて，かなり面倒ではあるが，物理的意味を明確にするには大いに役立つ．

長さの次元を持つ量ベクトル $\boldsymbol{x}, \boldsymbol{y}$ に対して，単位ベクトル $\boldsymbol{l} = \boldsymbol{x}/x \overset{\mathrm{SI}}{\sim} 1$，$\boldsymbol{m} = \boldsymbol{y}/y \overset{\mathrm{SI}}{\sim} 1$ は次元を持たない数ベクトルになり，別の線形空間に属していることになる．数ベクトルの集合を $\mathbb{R}^3$，長さベクトルの集合を $\mathbb{R}^3\mathrm{m}$（m はメートル）と書くことにすれば，$\boldsymbol{x}, \boldsymbol{y} \in \mathbb{R}^3\mathrm{m}$，$\boldsymbol{l}, \boldsymbol{m} \in \mathbb{R}^3$ である．また $\mathbb{E}_3 = \mathbb{R}^3\mathrm{m}$（3 次元ユークリッド空間）と表す．

$\boldsymbol{x} \in \mathbb{R}^3\mathrm{m}$ と 無次元の $\boldsymbol{m} \in \mathbb{R}^3$ をそのまま $\boldsymbol{x} + \boldsymbol{m}$ のように加えることはできないが，$\boldsymbol{x} + y\boldsymbol{m}$ のように適切な物理的次元を持った量 $y \overset{\mathrm{SI}}{\sim} \mathrm{m}$ を係数にす

*2) 通常，単に次元と呼ばれるが，ここではベクトル空間の次元と区別するために，紛らわしい場合には物理的次元ということにする．

れば和をつくることができる．逆に同じベクトル空間のベクトル同士であっても，異なった物理的次元の係数を掛けると，もはや加えることはできない．

内積の意味も物理的次元の異なるベクトル空間ごとに違っている．$(\boldsymbol{x},\boldsymbol{y})$ は面積，すなわち長さの2乗の次元を持った量であるが，$(\boldsymbol{l},\boldsymbol{m})$ は無次元量である．すなわち，$(\boldsymbol{x},\boldsymbol{y})\in\mathbb{R}\mathrm{m}^2$, $(\boldsymbol{l},\boldsymbol{m})\in\mathbb{R}$ である．

内積は文字通り同じベクトル空間のベクトル同士に対してのみ定義されている．$(\boldsymbol{x},\boldsymbol{y})$ や $(\boldsymbol{l},\boldsymbol{m})$ は意味があるが，$(\boldsymbol{x},\boldsymbol{m})$ は意味を持たない．しかし，内積に相当する演算を考えることは可能である．ここではこのような場合に対して，$\boldsymbol{m}\cdot\boldsymbol{x}$ のような記号を使い，内積とは区別する．長さの次元を持つ適当な量 $\lambda\ (\neq 0)$ を導入して

$$\boldsymbol{m}\cdot\boldsymbol{x} := (\boldsymbol{x}/\lambda,\boldsymbol{m})\lambda \tag{2.12}$$

と定義する[*3]．この積を**スカラー積** (scalar product) と呼ぶことにする．この定義は λ の選び方には依存せず，たとえば，λ として，長さの単位（たとえば $1\,\mathrm{m}$）を用いればよい．2つの種類のベクトルの組合せから，以下のような積が考えられる:

$$(\boldsymbol{x},\boldsymbol{y}) = (x\boldsymbol{l}, y\boldsymbol{m}) = x\boldsymbol{l}\cdot\boldsymbol{y} = y\boldsymbol{m}\cdot\boldsymbol{x} = xy(\boldsymbol{l},\boldsymbol{m}). \tag{2.13}$$

スカラー積 $\boldsymbol{a}\cdot\boldsymbol{x}$ は内積と同じ性質 (2.4), (2.5) を持つ．

さらに一般の異種ベクトルの間のスカラー積を

$$\boldsymbol{a}\cdot\boldsymbol{b} = \lambda_a\lambda_b(\boldsymbol{a}/\lambda_a, \boldsymbol{b}/\lambda_b) \tag{2.14}$$

で定義しておく．λ_a, λ_b はそれぞれ $\boldsymbol{a}$, $\boldsymbol{b}$ と同じ物理的次元を持つ量である．

2.3 基底と成分

空間ベクトルを具体的に示すためには，あらかじめ基準となる方向と大きさを決めておくと便利である．3つの互いに直交する単位ベクトル $\boldsymbol{e}_1,\boldsymbol{e}_2,\boldsymbol{e}_3$ を選んでおけば目的が達せられる．この（無次元）ベクトルの集まりを**正規直交基底**という．基底ベクトルが満たすべき条件は，内積を用いて

*3) ここでは，異種ベクトル間のスカラー積 “·” を内積を利用して定義しているが，後には，線形写像あるいは双対空間の要素として捉え直すことになる．

$$
\begin{aligned}
(\boldsymbol{e}_1, \boldsymbol{e}_1) &= (\boldsymbol{e}_2, \boldsymbol{e}_2) = (\boldsymbol{e}_3, \boldsymbol{e}_3) = 1, \\
(\boldsymbol{e}_1, \boldsymbol{e}_2) &= (\boldsymbol{e}_2, \boldsymbol{e}_3) = (\boldsymbol{e}_3, \boldsymbol{e}_1) = (\boldsymbol{e}_2, \boldsymbol{e}_1) \\
&= (\boldsymbol{e}_3, \boldsymbol{e}_2) = (\boldsymbol{e}_1, \boldsymbol{e}_3) = 0.
\end{aligned} \tag{2.15}
$$

あるいは，これらを

$$
(\boldsymbol{e}_i, \boldsymbol{e}_j) = \delta_{ij} \quad (i, j = 1, 2, 3) \tag{2.16}
$$

のようにまとめて表す．ここで δ_{ij} は**クロネッカ** (Kronecker) **のデルタ**

$$
\delta_{ij} = \begin{cases} 1 & (i = j) \\ 0 & (i \neq j) \end{cases} \tag{2.17}
$$

である．

基底を $\{\boldsymbol{e}_1, \boldsymbol{e}_2, \boldsymbol{e}_3\}$，あるいは簡単に $\{\boldsymbol{e}_i\}$ のように表す[*4]．基底を用いて，任意のベクトル $\boldsymbol{x}$ を

$$
\boldsymbol{x} = x_1\boldsymbol{e}_1 + x_2\boldsymbol{e}_2 + x_3\boldsymbol{e}_3 = \sum_{i=1}^{3} x_i\boldsymbol{e}_i = x_i\boldsymbol{e}_i \tag{2.18}
$$

と表すことができる．最後の式では，添字 i に対する和の記号 $\sum\limits_{i=1}^{3}$ を省略した．このように，重なった添字（ダミー添字）に関する和の記号を省略することを**アインシュタイン** (Einstein) **の記法**と呼ぶ[*5]．

ここで，

$$
x_i = \boldsymbol{e}_i \cdot \boldsymbol{x} = (\boldsymbol{x}/\lambda, \boldsymbol{e}_i)\lambda \quad (i = 1, 2, 3) \tag{2.19}
$$

はベクトル $\boldsymbol{x}$ の i-成分と呼ばれる．λ は, $\boldsymbol{x}$ と同じ物理的次元を持つ適当な量（たとえば単位）である．

基底を導入することで，ベクトル $\boldsymbol{x}$ を 3 つの量の組 (x_1, x_2, x_3) で表すことができるようになった．これを，行列の記法を用いて

$$
\boldsymbol{x} \doteq \begin{bmatrix} x_1 \\ x_2 \\ x_3 \end{bmatrix} \tag{2.20}
$$

---

*4) 基底ベクトルの順序は意味がある．$\{\boldsymbol{e}_1, \boldsymbol{e}_2, \boldsymbol{e}_3\}$ と $\{\boldsymbol{e}_2, \boldsymbol{e}_1, \boldsymbol{e}_3\}$ は別の基底とみなす．

*5) この記法に慣れていない読者は先に進む前に付録 A の計算法を必ずマスターすること．

と表すことが一般的に行なわれるが，この等式は正確ではないので注意を要する．$\boldsymbol{x}$ は基底に無関係に存在するのに対し，各成分 x_i $(i=1,2,3)$ は基底の選び方によって変化するからである．そのため，ここでは "=" の代わりに "≐" を用いた．

成分を用いると $\boldsymbol{x}$ と $\boldsymbol{y}$ $(=y_1\boldsymbol{e}_1+y_2\boldsymbol{e}_2+y_3\boldsymbol{e}_3)$ の内積は双線形性 (2.4), (2.5) から簡単に

$$
\begin{aligned}
(\boldsymbol{x},\boldsymbol{y}) &= (x_1\boldsymbol{e}_1+x_2\boldsymbol{e}_2+x_3\boldsymbol{e}_3,\ y_1\boldsymbol{e}_1+y_2\boldsymbol{e}_2+y_3\boldsymbol{e}_3) \\
&= x_1y_1+x_2y_2+x_3y_3 \qquad (2.21)
\end{aligned}
$$

となる．また，アインシュタインの記法を用いて

$$
(\boldsymbol{x},\boldsymbol{y}) = (x_i\boldsymbol{e}_i, y_j\boldsymbol{e}_j) = x_iy_j(\boldsymbol{e}_i,\boldsymbol{e}_j) = x_iy_j\delta_{ij} = x_iy_i \qquad (2.22)
$$

と表すことができる．

2.4　座標系の変換

もう1つの正規直交基底 $\{\boldsymbol{e}'_1, \boldsymbol{e}'_2, \boldsymbol{e}'_3\}$ を導入しよう．もちろん $(\boldsymbol{e}'_i,\boldsymbol{e}'_j)=\delta_{ij}$ である．任意のベクトル $\boldsymbol{x}$ は

$$
\boldsymbol{x} = x_i\boldsymbol{e}_i = x'_j\boldsymbol{e}'_j \qquad (2.23)
$$

と2通りに表すことができる．ただし，$x'_i = \boldsymbol{e}'_i\cdot\boldsymbol{x}$.

x_i と x'_i の関係を調べるために，古い基底ベクトル $\boldsymbol{e}_i$ をそれぞれ新しい基底 $\{\boldsymbol{e}'_j\}$ で表す:

$$
\boldsymbol{e}_i = \boldsymbol{e}'_jR_{ji} \quad (i,j=1,2,3). \qquad (2.24)
$$

ここで展開係数に相当する $R_{ji}=(\boldsymbol{e}'_j,\boldsymbol{e}_i)$ は9つの無次元量である．これは**基底の変換則**と呼ばれるが，行列記法を用いて

$$
\begin{bmatrix}\boldsymbol{e}_1 & \boldsymbol{e}_2 & \boldsymbol{e}_3\end{bmatrix} = \begin{bmatrix}\boldsymbol{e}'_1 & \boldsymbol{e}'_2 & \boldsymbol{e}'_3\end{bmatrix}\begin{bmatrix}R_{11} & R_{12} & R_{13}\\ R_{21} & R_{22} & R_{23}\\ R_{31} & R_{32} & R_{33}\end{bmatrix} \qquad (2.25)
$$

とも書ける．式 (2.24) を式 (2.23) の中央の式に代入すると，

$$\boldsymbol{x} = x_i \boldsymbol{e}_i = x_i \boldsymbol{e}'_j R_{ji} = x'_j \boldsymbol{e}'_j \tag{2.26}$$

となり，

$$x'_j = R_{ji} x_i \tag{2.27}$$

が得られる．ここで R の逆行列 S を導入する: $SR = RS = I$，あるいは $S_{kj} R_{ji} = R_{kj} S_{ji} = \delta_{ki}$.

S_{kj} を式 (2.27) の両辺に作用させると，

$$x_k = S_{kj} x'_j \tag{2.28}$$

となる．これを**成分の変換則**と呼ぶ．行列表記すると，

$$\begin{bmatrix} x_1 \\ x_2 \\ x_3 \end{bmatrix} = \begin{bmatrix} S_{11} & S_{12} & S_{13} \\ S_{21} & S_{22} & S_{23} \\ S_{31} & S_{32} & S_{33} \end{bmatrix} \begin{bmatrix} x'_1 \\ x'_2 \\ x'_3 \end{bmatrix}. \tag{2.29}$$

成分を用いてベクトルを定義する場合にはこの関係を確かめておく必要がある[*6)].

S の成分は $S_{ji} = (\boldsymbol{e}_j, \boldsymbol{e}'_i)$ とも書ける．実際，

$$\boldsymbol{e}'_i = \boldsymbol{e}_j S_{ji} = \boldsymbol{e}'_k R_{kj} S_{ji} \tag{2.30}$$

なので，$R_{kj} S_{ji} = \delta_{ki}$ となる．したがって，

$$S_{ji} = (\boldsymbol{e}_j, \boldsymbol{e}'_i) = (\boldsymbol{e}'_i, \boldsymbol{e}_j) = R_{ij} \tag{2.31}$$

が成り立つ．このように，転置行列が逆行列に等しい行列を**直交行列** (orthogonal matrix) と呼ぶ:

$$S^{\mathrm{T}} = R \quad \text{または} \quad R^{-1} = R^{\mathrm{T}}. \tag{2.32}$$

この性質を用いると成分の変換則 (2.27) は R の転置を用いて，

$$x_k = R_{jk} x'_j \tag{2.33}$$

と表すこともできる．

式 (2.23) を式 (2.25), (2.29) を用いて行列表記すると，

---

*6)　成分中心の考え方では，基底の変換に伴ってこのように変換される 3 つの量の組をベクトルと定義する．

$$
\begin{aligned}
\boldsymbol{x} &= \begin{bmatrix} \boldsymbol{e}_1 & \boldsymbol{e}_2 & \boldsymbol{e}_3 \end{bmatrix} \begin{bmatrix} x_1 \\ x_2 \\ x_3 \end{bmatrix} \\
&= \begin{bmatrix} \boldsymbol{e}'_1 & \boldsymbol{e}'_2 & \boldsymbol{e}'_3 \end{bmatrix} \begin{bmatrix} R_{11} & R_{12} & R_{13} \\ R_{21} & R_{22} & R_{23} \\ R_{31} & R_{32} & R_{33} \end{bmatrix} \begin{bmatrix} S_{11} & S_{12} & S_{13} \\ S_{21} & S_{22} & S_{23} \\ S_{31} & S_{32} & S_{33} \end{bmatrix} \begin{bmatrix} x'_1 \\ x'_2 \\ x'_3 \end{bmatrix} \\
&= \begin{bmatrix} \boldsymbol{e}'_1 & \boldsymbol{e}'_2 & \boldsymbol{e}'_3 \end{bmatrix} \begin{bmatrix} 1 & 0 & 0 \\ 0 & 1 & 0 \\ 0 & 0 & 1 \end{bmatrix} \begin{bmatrix} x'_1 \\ x'_2 \\ x'_3 \end{bmatrix} = \begin{bmatrix} \boldsymbol{e}'_1 & \boldsymbol{e}'_2 & \boldsymbol{e}'_3 \end{bmatrix} \begin{bmatrix} x'_1 \\ x'_2 \\ x'_3 \end{bmatrix}
\end{aligned}
\tag{2.34}
$$

となって変換の仕組みがよく見える*7).

問題 2.2 式 (2.24) と両基底の正規直交性から，変換行列の直交性を示せ．

回転を表す行列は直交行列である．またはそれに適当な反転行列，たとえば $\mathrm{diag}(-1,1,1)$ を掛けたものも直交行列である．2 つの基底がどちらも右手系，あるいは左手系の場合には回転操作で重ねることができるので，$R_{ji} = (\boldsymbol{e}'_j, \boldsymbol{e}_i)$ は回転行列になる．しかし，そうでない場合には，右手系と左手系の変換のために反転行列が必要になる*8).

ベクトル $\boldsymbol{x}$, $\boldsymbol{y}$ の内積の成分による表示 (2.22) は

$$
(\boldsymbol{x}, \boldsymbol{y}) = x'_i y'_i = R_{ij} x_j R_{ik} y_k = \delta_{jk} x_j y_k = x_j y_j \tag{2.35}
$$

となって，回転や反転に対して不変 ($x'_i y'_i = x_j y_j$) であることがわかる*9)．このように回転と反転に対して不変な量がスカラーである．たとえば，$\sqrt{x_1^2 + x_2^2 + x_3^2}$ はスカラーであるが，x_1 はスカラーではない．

---

*7) 行列表示はわかりやすいが，紙と鉛筆と手間を消費するので，添字記法がおすすめである: $\boldsymbol{x} = \boldsymbol{e}_i x_i = \boldsymbol{e}'_j R_{ji} S_{il} x'_l = \boldsymbol{e}'_j \delta_{jl} x'_l = \boldsymbol{e}'_j x'_j$.

*8) 3 次元直交行列は群をつくる．すなわち，任意の 2 つの直交行列の積はやはり直交行列である．この群を O(3) と呼ぶ．直交行列の行列式は ± 1 である．行列式が 1 の直交行列，すなわち回転行列のつくる部分群を SO(3) と書く．

*9) これを確かめずに，$(\boldsymbol{x}, \boldsymbol{y}) = x_1 y_1 + x_2 y_2 + x_3 y_3$ と定義するのは不注意である．

2.5　ベクトル積

2つのベクトル $\boldsymbol{x}, \boldsymbol{y}$ に対して内積とは別の種類の積が定義される:

$$\boldsymbol{x} \times \boldsymbol{y} = xy \sin\theta\, \boldsymbol{n}. \tag{2.36}$$

ここで $\theta = \widehat{\boldsymbol{xy}}$ は2つのベクトルがなす角度，$\boldsymbol{n}$ は2つのベクトルのいずれにも直交する単位ベクトルであり，その向きは，$\boldsymbol{x}$ を $\boldsymbol{y}$ に重ねる方向に回したときに右ねじが進む方向である．この積は可換ではなく反可換，すなわち順序を変えると符号が変わる:

$$\boldsymbol{y} \times \boldsymbol{x} = -\boldsymbol{x} \times \boldsymbol{y}. \tag{2.37}$$

これを**ベクトル積** (vector product) という[*10)]．ベクトル積の大きさは，2つのベクトルが作る平行四辺形の面積に等しい．単位ベクトルに対しては，$\boldsymbol{l} \times \boldsymbol{m} = \sin\theta\, \boldsymbol{n}$. 内積が任意の n 次元のベクトルについて定義できるのに対して，ベクトル積は3次元空間に固有の演算である．

物理的次元を考えると，$\boldsymbol{x}, \boldsymbol{y}$ が長さの次元を持つ場合，$\boldsymbol{x} \times \boldsymbol{y}$ は面積の次元を持つ: $\boldsymbol{x}, \boldsymbol{y} \in \mathbb{R}^3\mathrm{m}$，$\boldsymbol{x} \times \boldsymbol{y} \in \mathbb{R}^3\mathrm{m}^2$. つまり，これらは別のベクトル空間に属している．一方，$\boldsymbol{l}, \boldsymbol{m}, \boldsymbol{n} = \boldsymbol{l} \times \boldsymbol{m}$ はいずれも同じ空間 $\mathbb{R}^3$ に属している[*11)]．

ベクトル積は双線形性を持つ．すなわち，$\alpha \in \mathbb{R}$ に対して，

$$\begin{aligned} (\boldsymbol{x}_1 + \boldsymbol{x}_2) \times \boldsymbol{y} &= \boldsymbol{x}_1 \times \boldsymbol{y} + \boldsymbol{x}_2 \times \boldsymbol{y}, \\ \boldsymbol{x} \times (\boldsymbol{y}_1 + \boldsymbol{y}_2) &= \boldsymbol{x} \times \boldsymbol{y}_1 + \boldsymbol{x} \times \boldsymbol{y}_2, \\ (\alpha \boldsymbol{x}) \times \boldsymbol{y} &= \boldsymbol{x} \times (\alpha \boldsymbol{y}) = \alpha(\boldsymbol{x} \times \boldsymbol{y}). \end{aligned} \tag{2.38}$$

問題 2.3　分配則が成り立つことを示せ．(できれば，成分を用いずに.)

問題 2.4　結合則が成り立たないことを示せ．

ベクトル積は成分を用いると

$$\boldsymbol{x} \times \boldsymbol{y} = (x_1\boldsymbol{e}_1 + x_2\boldsymbol{e}_2 + x_3\boldsymbol{e}_3) \times (y_1\boldsymbol{e}_1 + y_2\boldsymbol{e}_2 + y_3\boldsymbol{e}_3) = x_i y_j \boldsymbol{e}_i \times \boldsymbol{e}_j \tag{2.39}$$

---

*10)　この説明しにくい $\boldsymbol{n}$ の定義，あるいはベクトル積の定義そのものが，さまざまな問題をはらんでいる．後に見直すことになるだろう．

*11)　第16章で見るように，座標系の反転を考えると，$\boldsymbol{l}, \boldsymbol{m}$ と $\boldsymbol{n}$ は異なった対称性（偶奇性）を持っているので，厳密には同じ種類のベクトルではない．

と書ける．ここで，基底ベクトルに関して

$$\begin{aligned} &\boldsymbol{e}_1 \times \boldsymbol{e}_2 = -\boldsymbol{e}_2 \times \boldsymbol{e}_1 = \boldsymbol{e}_3, \quad \boldsymbol{e}_2 \times \boldsymbol{e}_3 = -\boldsymbol{e}_3 \times \boldsymbol{e}_2 = \boldsymbol{e}_1, \\ &\boldsymbol{e}_3 \times \boldsymbol{e}_1 = -\boldsymbol{e}_1 \times \boldsymbol{e}_3 = \boldsymbol{e}_2, \quad \boldsymbol{e}_1 \times \boldsymbol{e}_1 = \boldsymbol{e}_2 \times \boldsymbol{e}_2 = \boldsymbol{e}_3 \times \boldsymbol{e}_3 = 0 \end{aligned} \tag{2.40}$$

が成り立つ．一般には $\boldsymbol{e}_1 \times \boldsymbol{e}_2 = \pm \boldsymbol{e}_3$ であるが，正（負）符号の場合を右（左）手系の基底と呼ぶ．ここでは特に断らないかぎり，右手系の基底を用いる*12)．

式 (2.40) をまとめて，

$$\boldsymbol{e}_i \times \boldsymbol{e}_j = \epsilon_{ijk} \boldsymbol{e}_k \tag{2.41}$$

と表す．ϵ_{ijk} は**エディントン** (Eddington) **のイプシロン**，あるいは**レヴィ・チヴィタ** (Levi Civita) **の記号**と呼ばれ

$$\epsilon_{ijk} = \begin{cases} 1 & (i, j, k \text{ がサイクリック}) \\ -1 & (i, j, k \text{ が反サイクリック}) \\ 0 & (\text{その他}) \end{cases} \tag{2.42}$$

と定義される*13)．すなわち，$\epsilon_{123} = \epsilon_{231} = \epsilon_{312} = 1, \epsilon_{213} = \epsilon_{132} = \epsilon_{321} = -1$ その他の添字の組合わせ（21 通り）については 0．$\epsilon_{ijk} = (\boldsymbol{e}_i \times \boldsymbol{e}_j) \cdot \boldsymbol{e}_k$ である．

これを利用すると，ベクトル積の k-成分を

$$\begin{aligned} (\boldsymbol{x} \times \boldsymbol{y})_k &= (\boldsymbol{x} \times \boldsymbol{y}) \cdot \boldsymbol{e}_k = (x_i \boldsymbol{e}_i \times y_j \boldsymbol{e}_j) \cdot \boldsymbol{e}_k \\ &= x_i y_j (\boldsymbol{e}_i \times \boldsymbol{e}_j) \cdot \boldsymbol{e}_k = \epsilon_{ijk} x_i y_j \end{aligned} \tag{2.43}$$

と表すことができる．また，$\boldsymbol{x}, \boldsymbol{y}, \boldsymbol{z}$ に対して，

$$(\boldsymbol{x} \times \boldsymbol{y}) \cdot \boldsymbol{z} = (\boldsymbol{y} \times \boldsymbol{z}) \cdot \boldsymbol{x} = (\boldsymbol{z} \times \boldsymbol{x}) \cdot \boldsymbol{y} = \epsilon_{ijk} x_i y_j z_k = [\boldsymbol{xyz}] \tag{2.44}$$

を**スカラー 3 重積**と呼ぶ．$[\boldsymbol{xyz}]$ はスカラー 3 重積の対称性がよくわかる便利な記法である．$\boldsymbol{x}, \boldsymbol{y}, \boldsymbol{z}$ が長さの次元を持つとき，$[\boldsymbol{xyz}]$ は体積の次元を持つスカラー量になる．

問題 2.5 $\epsilon_{lmn} = [\boldsymbol{e}_l \boldsymbol{e}_m \boldsymbol{e}_n]$ を座標変換して，$\epsilon_{ijk} = [\boldsymbol{e}'_i \boldsymbol{e}'_j \boldsymbol{e}'_k]$ と比較せよ．両方の座標系とも右手系であることに注意.

問題 2.6 ベクトル積の成分表記が（右手系あるいは左手系にとどまる限り），座標系に依存しないことを確かめよ.

---

*12) この選択の意味と影響については第 16 章で述べる.

*13) ϵ_{ijk} は非常に重要な量で今後も繰り返し登場する.

2.6 双対ベクトル

基本的なベクトルとして，3 次元空間ベクトルを扱ってきた．空間ベクトルを特別扱いしているのは，われわれが 3 次元の実空間（ユークリッド空間）$\mathbb{E}_3$ での電磁気現象を扱うためである．空間ベクトルは長さの次元を持つベクトルであった．これに対して，別の物理的次元を持つベクトルも登場した．たとえば，単位ベクトルは無次元のベクトルであった．

単位ベクトル $\boldsymbol{n}$ と空間ベクトル $\boldsymbol{x}$ のスカラー積 $x_{\boldsymbol{n}} = \boldsymbol{n} \cdot \boldsymbol{x}$ は，$\boldsymbol{x}$ の $\boldsymbol{n}$-方向の成分を与えているが，これを $\boldsymbol{n}$ の $\boldsymbol{x}$ に対する作用と捉えることができる．このベクトル $\boldsymbol{x}$ に働きかけてスカラー $x_{\boldsymbol{n}}$ を作る作用は線形である: $\boldsymbol{n} \cdot (\boldsymbol{x} + \boldsymbol{y}) = \boldsymbol{n} \cdot \boldsymbol{x} + \boldsymbol{n} \cdot \boldsymbol{y}$.

このような作用の例は他にも多く見られる．たとえば，力学的仕事 W は，力 $\boldsymbol{F}$ と変位 $\boldsymbol{x}$ を用いて

$$W(\boldsymbol{x}) = \boldsymbol{F} \cdot \boldsymbol{x} \tag{2.45}$$

と与えられるが，力ベクトル $\boldsymbol{F}$ が空間ベクトル $\boldsymbol{x}$ に作用して，スカラーである仕事 W を作ったと考えることができる．左辺 $W(\boldsymbol{x})$ は力を最初から矢印，すなわちベクトルと決めてかかるのではなく，いろいろな変位に対する仕事を通して，明らかにしようという立場である．ここで用いられる変位はしばしば仮想変位と呼ばれる*14)．$\boldsymbol{F}$ の単位は N であるが，J/m とも表せる．空間ベクトル $\boldsymbol{x}$ の持つ長さの単位 m を掛けて，仕事の単位 J となる．このような長さあたりの量は空間ベクトルに対する作用を与えている場合が多い．

この例における $\boldsymbol{F}$ のように，物理に登場するベクトルの多くは，空間ベクトルに対する線形な作用（ブラックボックス），あるいは線形関数として捉えると理解しやすい．このようなものを**双対ベクトル**，あるいは**コベクトル** (covector) と呼ぶ．

第 3 章で導入されるテンソルはこのような双対ベクトルの一般化である．すなわち，複数（n 個）の空間ベクトルに対してスカラー物理量を生成する作用が n 階のテンソルである．

2.6.1 双対空間

ベクトルに対する線形作用について調べるために，まず抽象的なベクトル空間 V に関する**双対空間**の概念を説明しよう．線形空間 V から $\mathbb{R}$ への線形関

*14) 手のひらの物の重さを量る際に無意識にこの原理を利用している．

数 $\phi(\sqcup)$ を考える．すなわち，ベクトル $\boldsymbol{x} \in V$ に対してスカラー $\phi(\boldsymbol{x}) \in \mathbb{R}$ を対応させる．任意の $\boldsymbol{x}_1, \boldsymbol{x}_2, \boldsymbol{x} \in V$, $c \in \mathbb{R}$ に対して

$$\phi(\boldsymbol{x}_1 + \boldsymbol{x}_2) = \phi(\boldsymbol{x}_1) + \phi(\boldsymbol{x}_2), \quad \phi(c\boldsymbol{x}) = c\phi(\boldsymbol{x}) \tag{2.46}$$

が成り立つ．このような V 上の線形関数全体はベクトル空間をつくる．すなわち，線形関数の和とスカラー倍

$$(\phi_1 + \phi_2)(\sqcup) = \phi_1(\sqcup) + \phi_2(\sqcup), \quad (c\phi)(\sqcup) = c\phi(\sqcup) \tag{2.47}$$

がそれぞれ定義できる．$c \in \mathbb{R}$ である．こうして得られる新たなベクトル空間を V の双対空間と呼び V^* と表す*15)．後に示すように，V の次元が有限の場合 $(\dim V = n)$ には V^* も同じ次元 n を持つ．

逆に $\boldsymbol{x} \in V$ を固定し，$\phi(\sqcup) \in V^*$ を動かしてみよう．$f_{\boldsymbol{x}}(\phi) := \phi(\boldsymbol{x})$ とおくと，$f_{\boldsymbol{x}}(\sqcup)$ は V^* から $\mathbb{R}$ への線形関数と見なすことができる:

$$f_{\boldsymbol{x}}(\phi_1 + \phi_2) = f_{\boldsymbol{x}}(\phi_1) + f_{\boldsymbol{x}}(\phi_2), \quad f_{\boldsymbol{x}}(c\phi) = cf_{\boldsymbol{x}}(\phi). \tag{2.48}$$

つまり，$\boldsymbol{x}$ が V^* 上の線形関数 $f_{\boldsymbol{x}}(\sqcup)$ を定義しており，V は V^* の双対空間になっている．双対の双対はもとどおり，$V^{**} = V$ ということである．このような2回対称性が，双対 (dual) と呼ばれるゆえんである．線形空間には相棒となる双対空間が必ず存在する．

線形空間 V に内積が定義されている場合には，V の要素と V^* の要素には1対1の対応関係が存在する*16)．したがって，双対空間はもとの空間と同一視することができる $(V = V^*)$．これを確かめよう．まず，すべての $\boldsymbol{y} \in V$ が $\phi(\boldsymbol{x}) = (\boldsymbol{y}, \boldsymbol{x})$ によりそれぞれ V 上の線形関数を定義することは明らかである．一方，任意の $\phi(\sqcup) \in V^*$ に対して $\boldsymbol{y} = \phi(\boldsymbol{e}_i)\boldsymbol{e}_i \in V$ をつくれば，任意の $\boldsymbol{x} \in V$ について $(\boldsymbol{y}, \boldsymbol{x}) = \phi(\boldsymbol{x})$ となる．ただし，$(\boldsymbol{e}_k)$ は V の正規直交基底である．

2.6.2 空間と物理量の双対性

電磁気学では，3次元の実空間（ユークリッド空間）$\mathbb{E}_3 = \mathbb{R}^3\mathrm{m}$ が基本となるベクトル空間である．線形関数の値も単なる数ではなく，物理的次元を持った量となる．例として，力に対応する双対ベクトル（線形関数）を考えよう．仮

---

*15) お手軽には V を縦ベクトルの空間，V^* を横ベクトルの空間と考えればよいのだが，ここでは形式ではなく，概念をしっかり捉えてほしい．

*16) 内積が定義されていない場合でも，対応関係をつくることはできるが，普遍的ではない．すなわち基底に依存する．

想変位 $\boldsymbol{x}$ に対応する仕事 $W(\boldsymbol{x})$ は関数

$$\boldsymbol{x} \in \mathbb{R}^3\mathrm{m} \quad \mapsto \quad W(\boldsymbol{x}) \in \mathbb{R}\mathrm{J} \tag{2.49}$$

を定義し，これは線形である．すなわち，$W(\sqcup)$ 全体は $\mathbb{R}^3\mathrm{m}$ の（$\mathbb{R}\mathrm{J}$ についての）双対空間をなす．これを，$\mathbb{R}^3\mathrm{m}(^*\mathrm{J})$ と書くことにする．

正規直交基底で展開した $\boldsymbol{x} = x_i\boldsymbol{e}_i$ を代入すると，

$$W(\boldsymbol{x}) = W(x_i\boldsymbol{e}_i) = x_iW(\lambda\boldsymbol{e}_i)/\lambda = x_iF_i. \tag{2.50}$$

ただし，$F_i := W(\lambda\boldsymbol{e}_i)/\lambda \in \mathbb{R}\mathrm{J/m}$ と定義した．$W(\sqcup)$ の引数の次元を長さにするために，$\lambda \overset{\mathrm{SI}}{\sim} \mathrm{m}$ を導入した．

上式の基底の変換に対する不変性

$$W(\boldsymbol{x}) = x_iF_i = x'_jF'_j \tag{2.51}$$

が成り立つためには，$x_i = S_{ij}x'_j$（式 (2.28)）を考慮すると

$$F_i = F'_jR_{ji} \quad (= S_{ij}F'_j) \tag{2.52}$$

とすればよいことがわかる．

ここで，形式的に $\boldsymbol{F} := F_i\boldsymbol{e}_i \in \mathbb{R}^3\mathrm{J/m}$ というベクトルを定義してみる．式 (2.52), (2.24) を用いて変換を行うと，

$$\boldsymbol{F} = F_i\boldsymbol{e}_i = F'_jR_{ji}\boldsymbol{e}'_kR_{ki} = F'_jR_{ji}S_{ik}\boldsymbol{e}'_k = F'_j\delta_{jk}\boldsymbol{e}'_k = F'_j\boldsymbol{e}'_j \tag{2.53}$$

となり，基底のとりかたによらないことが示された．ただし，変換行列の直交性 $R_{ki} = S_{ik}$ を利用した*17)．$\mathbb{R}^3\mathrm{m}(*\mathrm{J}) = \mathbb{R}^3\mathrm{J/m}$ であることが分かる．

内積を持つ数ベクトル空間の場合には，双対空間ともとの空間は完全に同一視できる．しかし，物理的なベクトル空間では内積が定義されているにもかかわらず，物理的次元の異なった空間になる．ただし，空間回転に対する変換則は，どちらも $\mathbb{R}^3$ のそれと同じになる．力 $\boldsymbol{F}$ を天下り的に「ベクトル」と見なしても構わない理由はここにある．しかし，線形関数あるいは双対空間の要素である「コベクトル」と見る方が物理的にも数学的にも自然である．たとえば，長さの単位を大きいものに変えると，$\boldsymbol{x}$ の成分を表す数値は小さくなるが，$\boldsymbol{F}$ の成分を表す数値は大きくなる．

*17)　これが成り立たない場合には $\boldsymbol{F} = F_i\boldsymbol{e}_i$ と表せないことに注意する．

電場に関しても，$W(\sqcup)$ の代わりに，ポテンシャル $\phi(\sqcup) = q^{-1}W(\sqcup)$，すなわち電荷あたりの仕事を考えれば同様の議論が成り立ち，電場がベクトルであることが導かれる．式

$$\phi(\sqcup) = -\boldsymbol{E}\cdot\sqcup \tag{2.54}$$

は未知の電場の作用を知るために，さまざまな $\boldsymbol{x}$ に対して，電位差 $\phi(\boldsymbol{x})$ を測定し，それらの結果から電場ベクトル $\boldsymbol{E}$ を決める手がかりを与えている．

双対の関係は対称なので，電場ベクトル $\boldsymbol{E}$ が既知の場合に，$\boldsymbol{x}$ を決定するのに利用することもできる．また，方位磁石や MRI（磁気共鳴断層撮影）の場合，磁場という既知の物理量を用いて，空間の方向や位置を測定している．この主客転倒ともいうべき，双対空間同士の関係は非常に興味深いものである*18)．

2.6.3 双対基底

前節では力 $\boldsymbol{F}$ を空間ベクトル $\boldsymbol{x}$ と同じ基底 $\{\boldsymbol{e}_i\}$ で表すことができた．ここでは，そのための条件である基底の直交性が満たされていない状況を示すことで，双対の考え方をさらに明確化する．空間ベクトルを表す基底として長さの次元を持ったベクトルの3つ組 $\{\boldsymbol{t}_i\}$ を考える．これらは独立でありさえすれば，規格化されている必要はなく，直交している必要もない．ベクトル $\boldsymbol{x}$ を展開すると，無次元の係数を u_i として，

$$\boldsymbol{x} = \boldsymbol{t}_i u_i. \tag{2.55}$$

もう一組の同様の非正規非直交基底 $\{\boldsymbol{t}'_j\}$ を導入しておく:

$$\boldsymbol{t}_i = \boldsymbol{t}'_j R_{ji}. \tag{2.56}$$

変換行列 R は直交行列である必要はなく，正則（逆行列 S の存在）以外の条件は付かない．$\boldsymbol{x} = \boldsymbol{t}_i u_i = \boldsymbol{t}'_i u'_i$ が成り立つための条件（成分の変換則）は

$$u_i = S_{ik} u'_k. \tag{2.57}$$

位置ベクトル $\boldsymbol{x}$ の線形関数 $W(\boldsymbol{x}) \overset{\mathrm{SI}}{\sim} \mathrm{J}$ を考える．$\boldsymbol{x} = \boldsymbol{t}_i u_i$ を代入すると，

$$W(\boldsymbol{x}) = W(\boldsymbol{t}_i u_i) = u_i W(\boldsymbol{t}_i) = u_i w_i \in \mathbb{R}\mathrm{J}. \tag{2.58}$$

ただし，$w_i = W(\boldsymbol{t}_i) \in \mathbb{R}\mathrm{J}$．以前と同じように，ベクトル $\boldsymbol{F} = w_i \boldsymbol{t}_i$ を構成すればよいと思うかもしれないが，まず次元を考えただけで無理なことがわかる．

---

*18) 古典中国の有名な説話「荘周，夢に胡蝶となる」（荘子 内篇）を思い出させる．この文章は美しいだけでなく，双対の微妙な関係を見事に捉えている．

表 2.1　空間ベクトルと双対ベクトルの基底と成分の変換則．双対ベクトルの例として力ベクトル $\boldsymbol{F}$ を用いた．R と S は逆行列である: $R_{ji}S_{ik} = \delta_{jk}$．実空間の基底と同じく R で変換されるものを **共変** (covariant)，S で変換されるものを **反変** (contravariant) という．各変換則の根拠となる不変性も掲げておいた．不変式の形を見ると，共変なものを横ベクトル，反変なものを縦ベクトルで表せばよいことがわかる．R が直交 ($R_{ji} = S_{ij}$) のとき，共変，反変の区別はなくなる．これをユークリッドテンソルという．

	空間ベクトル	双対ベクトル	不変性
基底	$\boldsymbol{t}_i = \boldsymbol{t}'_j R_{ji}$　(共変)	$\boldsymbol{n}_i = S_{ik}\boldsymbol{n}'_k$　(反変)	$\boldsymbol{t}_i \cdot \boldsymbol{n}_j = \boldsymbol{t}'_i \cdot \boldsymbol{n}'_j = \delta_{ij}$
成分	$u_i = S_{ik}u'_k$　(反変)	$w_i = w'_j R_{ji}$　(共変)	$W = w_i u_i = w'_i u'_i$
不変性	$\boldsymbol{x} = \boldsymbol{t}_i u_i = \boldsymbol{t}'_i u'_i$	$\boldsymbol{F} = w_i \boldsymbol{n}_i = w'_i \boldsymbol{n}'_i$	

変換則が満たされないことがさらに大きな問題である．すなわち，

$$w_i = w'_j R_{ji} \tag{2.59}$$

であるので，$\boldsymbol{t}_i = \boldsymbol{t}'_j R_{ji}$ と組み合わせても $w_i \boldsymbol{t}_i$ の不変性は（かならずしも $R_{ij} = S_{ji}$ が成り立たないので）出てこない．そこで，とりあえず

$$\boldsymbol{F} = w_i \boldsymbol{n}_i \tag{2.60}$$

と表すことにする．$\boldsymbol{n}_i$ は長さの逆数の次元を持つベクトルである．

$$W(\boldsymbol{x}) = \boldsymbol{F} \cdot \boldsymbol{x} = w_i u_i \tag{2.61}$$

と書けるためには条件

$$\boldsymbol{n}_i \cdot \boldsymbol{t}_j = \delta_{ij} \quad (i, j = 1, 2, 3) \tag{2.62}$$

が成り立つ必要がある．このような条件を満たす基底 $\{\boldsymbol{n}_i\}$ を**双対基底**と呼ぶ．

変換後の双対基底 $\{\boldsymbol{n}'_i\}$ は $\boldsymbol{n}'_i \cdot \boldsymbol{t}'_j = \delta_{ij}$ を満たす必要があるので，

$$\boldsymbol{n}_i = S_{ik}\boldsymbol{n}'_k \tag{2.63}$$

となる．これによって，

$$\boldsymbol{F} = w_i \boldsymbol{n}_i = w'_i \boldsymbol{n}'_i \tag{2.64}$$

が成り立つ．このように，線形関数としてのベクトル（コベクトル）は，双対基底 $\{\boldsymbol{n}_i\}$ で展開する必要がある（表 2.1）．

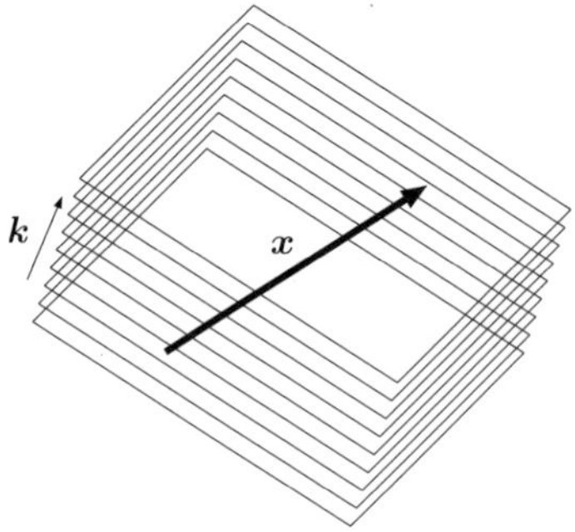

図 2.2 ベクトル ($\boldsymbol{x}$) と双対ベクトル ($\boldsymbol{k}$) のイメージ．平面波 $e^{i\boldsymbol{k}\cdot\boldsymbol{x}}$ の等位相面は双対ベクトル $\boldsymbol{k}$ の幾何学的イメージを与える．

2.6.4 コベクトルの平行平面群による表現

波動の問題では角周波数 ω の単色平面波を $\exp i\phi(\boldsymbol{x},t) = \exp i(\boldsymbol{k}\cdot\boldsymbol{x} - \omega t)$ を用いて表す．ここで，位相の空間依存性（t：一定）

$$\phi(\boldsymbol{x}) = \boldsymbol{k}\cdot\boldsymbol{x} \tag{2.65}$$

は双対のよい例になっている．空間ベクトル $\boldsymbol{x} \in \mathbb{R}^3\mathrm{m}$ を入力すると，その点での位相 $\phi(\boldsymbol{x}) \in \mathbb{R}$ が出力されるいう状況になっている*19)．この線形関数 $\phi(\sqcup)$ あるいは $\boldsymbol{k} \in \mathbb{R}^3\mathrm{m}^{-1}$ が双対空間のメンバーである．この様子を描いたものが図 2.2 である．等位相面が等間隔の平面群で表してある．ベクトル $\boldsymbol{x}$ が貫いている平面の枚数が位相になる．その線形性などは容易に確認できる．双対空間の要素 $\boldsymbol{k}$ は矢印より，平行平面群で表すのが適当だということがよく分かる [18], [21], [27], [28]．平面の向きがその向きを，平面の間隔の逆数がその大きさを表している．

通常，ベクトル $\boldsymbol{x}$ とベクトル $\boldsymbol{k}$ を何気なく矢印で同じ紙面に描く場合が多いが，物理的次元の違いを意識すると実は大変な無理をしていることに気づくだろう: $\boldsymbol{x} \overset{\mathrm{SI}}{\sim} \mathrm{m}$, $\boldsymbol{k} \overset{\mathrm{SI}}{\sim} 1/\mathrm{m}$．2次元の例を用いて，解決法を示そう．実空間のベクトルを基底 $\{\boldsymbol{t}_i\} \overset{\mathrm{SI}}{\sim} \mathrm{m}$ とそれに対する成分 $(u_i) \overset{\mathrm{SI}}{\sim} 1$ を用いて

$$\boldsymbol{x} = u_1\boldsymbol{t}_1 + u_2\boldsymbol{t}_2 \tag{2.66}$$

と表す．双対ベクトル $\boldsymbol{k}$ を双対基底 $\{\boldsymbol{n}_i\} \overset{\mathrm{SI}}{\sim} 1/\mathrm{m}$ と成分 $(\kappa_i) \overset{\mathrm{SI}}{\sim} 1$ で

$$\boldsymbol{k} = \kappa_1\boldsymbol{n}_1 + \kappa_2\boldsymbol{n}_2 \tag{2.67}$$

と表す．$\boldsymbol{k}$ や $\boldsymbol{n}_i$ を $\boldsymbol{x}$ や $\boldsymbol{t}_i$ と同じ紙面に描くことはできない．$\boldsymbol{k}$ の作用を具

*19) 位相の基準は原点 $\boldsymbol{x} = 0$ にあるとする．

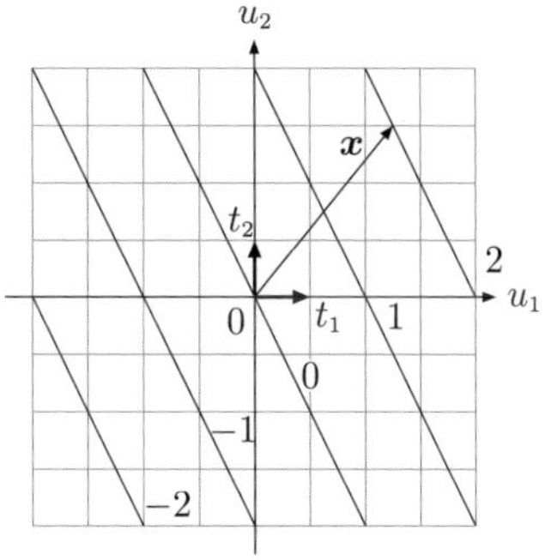

図 2.3 双対ベクトル $\boldsymbol{k} = 0.5\boldsymbol{n}_1 + 0.25\boldsymbol{n}_2$ の作用を与える平行線群.

体的に見るために

$$\phi(\boldsymbol{x}) = \boldsymbol{k} \cdot \boldsymbol{x} = \kappa_1 u_1 + \kappa_2 u_2 = \text{一定} \tag{2.68}$$

という等高線を描くことにする. 図 2.3 に示したのは $\kappa_1 = 0.5$, $\kappa_2 = 0.25$ の場合の等高線である. 等高線に添えられた数は ϕ の値である. この等高線によって, たとえば $\boldsymbol{x} = 2.5\boldsymbol{t}_1 + 3\boldsymbol{t}_2$ に対して $\phi(\boldsymbol{x}) = 2$ であることがただちに読みとれる.

この図からわかるように, 双対ベクトルはもとのベクトル空間では矢印ではなく等高面 (2 次元では等高線) で表すのが適当である. 注意点を 2 つ: (1) 地図の場合と同じく, 等高線の刻みは自由にとってよい. (2) 平行線だけからは, 上下の方向が分からないので, この例のように値を添えるか, 値が増加する方向の矢印を併記して向きを明示する必要がある.

平行平面群の間隔は双対ベクトルの大きさ $|\boldsymbol{k}|$ に反比例している. つまり $|\boldsymbol{k}|$ が大きいほど間隔が狭くなる. これは, 双対ベクトルの次元が長さの次元の逆数であることから納得できる. 波数の単位は m^{-1} である. 面の法線は単位ベクトル $\boldsymbol{k}/|\boldsymbol{k}|$ で与えられる.

電場ベクトル $\boldsymbol{E}$ なども双対ベクトルであるので, 矢印よりも平行平面群で表す方が適当である*20). このような双対ベクトルの幾何学的表現は, (反対称) テンソルにも自然に拡張することができる.

双対空間については付録 B でも述べる.

問題 2.7 図 2.3 の双対を描け. すなわち $\boldsymbol{k}$ を矢印で, $\boldsymbol{x}$ を平行線群で表せ.

---

*20) 双対ベクトルを表すのにそのつど平行平面群を描くのは面倒なので, 矢印を用いても差し支えないが, 頭の中ではそれに直交する平面群を思い描くようにするとよい.

第 3 章
テンソル

ベクトルの一般化である**テンソル** (tensor)[*1] を導入する．テンソルは非常に重要な概念であるが，記法が多様で安定していないことなども原因して，ベクトルに比べると，あまり有効利用されていない（付録 A）．

後にわかるように，一般のテンソルは，ベクトルからスカラーへの多重線形関数と定義することができるが，ここではテンソル積という「テンソルの素」を導入し，次第に一般的なテンソルに近づく方法をとることにする．

次に，平行四辺形の面積や平行六面体の体積がテンソルと深く関係していることを示す．たとえば，3 つのベクトル $\boldsymbol{x}$, $\boldsymbol{y}$, $\boldsymbol{z}$ が作る平行六面体の体積を $E(\boldsymbol{x}, \boldsymbol{y}, \boldsymbol{z})$ と表すと，この関数 E はテンソルである．面積や体積を表すテンソルは反対称性という特別な性質を持っている．反対称テンソルは電磁気学の数学的，幾何学的側面において中心的存在である[*2]．特に第 5 章で示すように，ベクトル解析の一連の公式をきれいに整理して，その意味を掘り下げるために必須の概念である．式 (5.63) や式 (14.29) のような美しい姿のマクスウェル方程式に出会うためにも，がんばってマスターしていただきたい．付録 A のテンソルの添字による計算も習得しておく必要がある．

---

*1） テンソル (tensor) は tension と共通の語源を持つ術語である．テンソルはもともと弾性体中の応力，ひずみを扱うために導入されたものである．一方，ベクトル (vector) は運ぶものという意味であり，convection などに見られるように移動を示している．また，スカラー (scalar) は物差し，はしごなどを意味するラテン語の scala に由来する．

*2） したがって，テンソルなしに電磁気を語ることは不可能なはずであるが，実際には 3.7 節などで見るように，巧妙に回避されている．

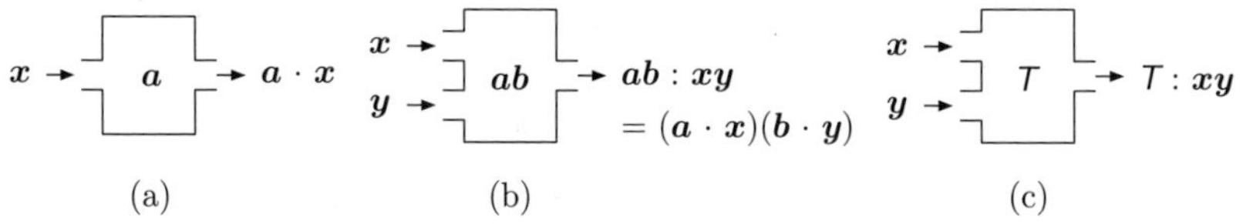

図 3.1　コベクトルからテンソルへ.

3.1　テンソル積

ベクトル $\boldsymbol{a}$ とベクトル $\boldsymbol{x}$ のスカラー積 $\boldsymbol{a}\cdot\boldsymbol{x}$ を見直してみる.

$$\boldsymbol{a}\cdot\sqcup \tag{3.1}$$

のように表して，$\sqcup$ のところに任意のベクトルを入力できる線形ブラックボックスと考えよう（図 3.1(a)）. このブラックボックスにベクトル $\boldsymbol{x}$ を入力すると，スカラー値 $\boldsymbol{a}\cdot\boldsymbol{x}$ が出力されるのである. このことから，$\boldsymbol{a}$ をベクトルに対する線形関数，すなわち双対空間の要素，すなわち，コベクトル（双対ベクトル）と見なすことができた.

多入力への拡張を考えよう. 式 (3.1) を参考にして，

$$\boldsymbol{ab}:\sqcup\sqcup \tag{3.2}$$

を 2 つの入力を持つブラックボックスだと考える（図 3.1(b)）. このブラックボックスの働きを

$$\boldsymbol{ab}:\boldsymbol{xy} = (\boldsymbol{a}\cdot\boldsymbol{x})(\boldsymbol{b}\cdot\boldsymbol{y}) \tag{3.3}$$

と定義する*3). "·" の代わりに ":" を用いていることに注意する. 出力は 2 つのスカラー積 $\boldsymbol{a}\cdot\boldsymbol{x}$ と $\boldsymbol{b}\cdot\boldsymbol{y}$ の積であり，やはりスカラーである*4). たとえば，$\boldsymbol{e}_1\boldsymbol{e}_2:\boldsymbol{xy} = x_1y_2$, $\boldsymbol{e}_1\boldsymbol{e}_1:\boldsymbol{xy} = x_1y_1$ などが成り立つ.

このブラックボックスは $\boldsymbol{x}$, $\boldsymbol{y}$ の両方に関して線形である（双線形性）. すなわち，$\alpha\in\mathbb{R}$ に対して，

*3)　テンソルは単に量の集まりではなく，機能 (function) であることを強調しておく.

*4)　$\boldsymbol{a}\cdot\boldsymbol{x}$ が比例の一般化であるなら，$\boldsymbol{ab}:\boldsymbol{xy}$ は複比例 cxy (c は定数) の一般化である.

$$\begin{aligned} \boldsymbol{ab}:(\boldsymbol{x}_1+\boldsymbol{x}_2)\boldsymbol{y} &= \boldsymbol{ab}:\boldsymbol{x}_1\boldsymbol{y}+\boldsymbol{ab}:\boldsymbol{x}_2\boldsymbol{y}, \\ \boldsymbol{ab}:\boldsymbol{x}(\boldsymbol{y}_1+\boldsymbol{y}_2) &= \boldsymbol{ab}:\boldsymbol{x}\boldsymbol{y}_1+\boldsymbol{ab}:\boldsymbol{x}\boldsymbol{y}_2, \\ \boldsymbol{ab}:(\alpha\boldsymbol{x})\boldsymbol{y} &= \boldsymbol{ab}:\boldsymbol{x}(\alpha\boldsymbol{y}) = \alpha(\boldsymbol{ab}:\boldsymbol{xy}). \end{aligned} \tag{3.4}$$

このような機能が付与された $\boldsymbol{ab}$ は $\boldsymbol{a}$ と $\boldsymbol{b}$ の**テンソル積** (tensor product) と呼ばれる*5)．テンソル積は，$\boldsymbol{a}\otimes\boldsymbol{b}$ と表されることも多い*6)．$\boldsymbol{a}$, $\boldsymbol{b}$ は任意の物理的次元を持つベクトルである*7)．テンソル積は2階のテンソルの特別な場合であり，**ディアド** (dyad)*8) とも呼ばれる[16]．

式 (3.3) において，$\boldsymbol{x}=x_i\boldsymbol{e}_i$, $\boldsymbol{y}=y_j\boldsymbol{e}_j$ とおくと

$$\boldsymbol{ab}:(x_i\boldsymbol{e}_i)(y_j\boldsymbol{e}_j) = (\boldsymbol{a}\cdot\boldsymbol{e}_i)(\boldsymbol{b}\cdot\boldsymbol{e}_j)x_iy_j = a_ib_jx_iy_j \tag{3.5}$$

となる．すなわち，テンソル積 $\boldsymbol{ab}$ は成分表示では，a_ib_j $(i,j=1,2,3)$ と書くことができ，9つの成分を持つことがわかる．

3.2　テンソル

3.2.1　2階のテンソル

テンソル積の一般化を試みよう．$\mathsf{T}:\sqcup\sqcup$ のように2つのベクトルを入力できるブラックボックスを考える（図3.1(c)）．双線形性

$$\begin{aligned} \mathsf{T}:(\boldsymbol{x}_1+\boldsymbol{x}_2)\boldsymbol{y} &= \mathsf{T}:\boldsymbol{x}_1\boldsymbol{y}+\mathsf{T}:\boldsymbol{x}_2\boldsymbol{y}, \\ \mathsf{T}:\boldsymbol{x}(\boldsymbol{y}_1+\boldsymbol{y}_2) &= \mathsf{T}:\boldsymbol{x}\boldsymbol{y}_1+\mathsf{T}:\boldsymbol{x}\boldsymbol{y}_2, \\ \mathsf{T}:(\alpha\boldsymbol{x})\boldsymbol{y} &= \mathsf{T}:\boldsymbol{x}(\alpha\boldsymbol{y}) = \alpha\mathsf{T}:\boldsymbol{xy} \end{aligned} \tag{3.6}$$

を満たすとする．$\alpha\in\mathbb{R}$ である．このようなブラックボックスを2階の**テンソル**

*5)　積の結果がテンソルになるという意味である．後に示すようにテンソル積は，スカラー積とベクトル積を含む，より一般的な積である．

*6)　たとえば，クリフォード積と呼ばれる，さらに別の積を $\boldsymbol{ab}$ で表すことがあるので注意が必要である．テンソル積には $\otimes$ を使うのが，より適切であるが，嵩張るのでここでは省略する流儀を採用する．

*7)　$\boldsymbol{a}$ と $\boldsymbol{b}$ は別の物理的次元を持つことも可能であるが，当面は同じ次元を仮定する．

*8)　二，対，組といった意味である．価数が2の原子も dyad と呼ばれる．通常ディアドは $\boldsymbol{x}\cdot\boldsymbol{ab}\cdot\boldsymbol{y}=(\boldsymbol{x}\cdot\boldsymbol{a})(\boldsymbol{b}\cdot\boldsymbol{y})$ のように両側からベクトルを入力するように定義される場合が多いが，ここでは，3階への拡張を考えて，式 (3.3) の流儀を採る．

(tensor) と呼ぶ*9). 2 階のテンソルはサンセリフ体で表す. すでに見たように, テンソル積 $\boldsymbol{ab}$ は上記の性質を満たしており, 2 階のテンソルの特別な場合である.

2 階のテンソル T_1, T_2 の和, T のスカラー倍

$$(\mathsf{T}_1+\mathsf{T}_2):\sqcup\sqcup=\mathsf{T}_1:\sqcup\sqcup+\mathsf{T}_2:\sqcup\sqcup,\quad (c\mathsf{T}):\sqcup\sqcup=c\mathsf{T}:\sqcup\sqcup \tag{3.7}$$

を定義すると, これらも 2 階のテンソルである. ただし, $c\in\mathbb{R}$.

任意の 2 階のテンソルは適当な個数のテンソル積の和で表すことができる:

$$\mathsf{T}=\boldsymbol{ab}+\boldsymbol{cd}+\cdots. \tag{3.8}$$

このようなディアドの和の形は**ディアディック** (dyadic) と呼ばれる.

問題 3.1 $(\boldsymbol{e}_1\boldsymbol{e}_1+\boldsymbol{e}_2\boldsymbol{e}_2+\boldsymbol{e}_3\boldsymbol{e}_3):\boldsymbol{xy}$, $(\boldsymbol{e}_1\boldsymbol{e}_2-\boldsymbol{e}_2\boldsymbol{e}_1):\boldsymbol{xy}$ をそれぞれ求めよ.

入力するベクトルを成分で表すと, 双線形性から

$$\mathsf{T}:\boldsymbol{xy}=\mathsf{T}:(x_i\boldsymbol{e}_i)(y_j\boldsymbol{e}_j)=x_iy_j\,\mathsf{T}:\boldsymbol{e}_i\boldsymbol{e}_j=T_{ij}x_iy_j \tag{3.9}$$

が成り立つ. ただし, $T_{ij}:=\mathsf{T}:\boldsymbol{e}_i\boldsymbol{e}_j$ は T の成分である. 成分を用いて作った 2 階のテンソル (ディアディック) $T_{ij}\boldsymbol{e}_i\boldsymbol{e}_j$ が T に等しいことは簡単に確かめることができる:

$$\mathsf{T}=T_{ij}\boldsymbol{e}_i\boldsymbol{e}_j. \tag{3.10}$$

T_{ij} $(i,j=1,2,3)$ は, 3×3 の行列と見なすこともできる.

$\mathsf{T}:\boldsymbol{xy}$ の代わりに通常の関数記号 $T(\boldsymbol{x},\boldsymbol{y})$ を用いることもできる*10).

3.2.2 高階のテンソル

これまで, 2 階のテンソルを扱ってきたが, さらに高い階数のテンソルを考えることもできる. たとえば, 3 階のテンソルは, $\boldsymbol{\mathsf{T}}\,\vdots\,\sqcup\sqcup\sqcup$ のように, 3 つの入

*9) 以前に習ったのと全然違う定義だと思う人も, もう少し進めば同じものであることがわかる.

*10) テンソルを, $T(\sqcup,\sqcup)$, T, T_{ij} と 3 通りに表すことになってしまった. 統一できればいいのだが, それぞれの記法には他の記法にはない利点があるので仕方がない. さらに入力するベクトルが物理的次元を持っている場合には, $T(\boldsymbol{x},\boldsymbol{y})$ と T, T_{ij} の次元が異なるので注意が必要である.

力を持つブラックボックスである．"$\vdots$" は3階のテンソルに3つのベクトルを作用させることを意味する．3階のテンソルはカリグラフ体で表すことにする．成分表示は

$$\mathcal{T} = T_{ijk}\boldsymbol{e}_i\boldsymbol{e}_j\boldsymbol{e}_k, \quad T_{ijk} = \mathcal{T} \vdots \boldsymbol{e}_i\boldsymbol{e}_j\boldsymbol{e}_k. \tag{3.11}$$

3つのベクトルのテンソル積 $\boldsymbol{abc} = \boldsymbol{a} \otimes \boldsymbol{b} \otimes \boldsymbol{c}$ は3階のテンソルの例であり，その作用は

$$\boldsymbol{abc} \vdots \boldsymbol{xyz} = (\boldsymbol{a}\cdot\boldsymbol{x})(\boldsymbol{b}\cdot\boldsymbol{y})(\boldsymbol{c}\cdot\boldsymbol{z}). \tag{3.12}$$

同様に，n 階のテンソルは，n 個のベクトルを入力すると，1つのスカラーを出力する線形ブラックボックスである．すなわち，n 個のベクトルからスカラーへの線形関数であり，$T(\boldsymbol{x}_1, \boldsymbol{x}_2, \cdots, \boldsymbol{x}_n)$ と書くことができる．それぞれの引数に関して線形である（多重線形性）．n 階のテンソルは，n 階のテンソル積 $\boldsymbol{a}_1\boldsymbol{a}_2\cdots\boldsymbol{a}_n = \boldsymbol{a}_1 \otimes \boldsymbol{a}_2 \otimes \cdots \otimes \boldsymbol{a}_n$ の和として表すことができる．

なお，1階のテンソルはコベクトルと，0階のテンソルはスカラーと，それぞれ同一視することができる．

3.2.3 双対空間とテンソル

スカラー積 $\boldsymbol{a}\cdot\boldsymbol{x}$ に対して，$\boldsymbol{a}\cdot\sqcup$ と $\sqcup\cdot\boldsymbol{x}$ という2種類のブラックボックスを考えることができる．これらは双対の関係にある．したがって，式 (3.2) に対してその双対版

$$\sqcup\sqcup : \boldsymbol{xy} \tag{3.13}$$

を考えることができる．このように双対空間のコベクトルが入力されるテンソルは**反変テンソル**と呼ばれる．それに対して，これまで見てきた通常のテンソルは**共変テンソル**と呼ばれる．さらに，

$$\boldsymbol{a}\sqcup : \sqcup\boldsymbol{y} \tag{3.14}$$

などのように，通常のベクトルと双対空間のコベクトルが入力されるテンソルを考えることもできる．これらは**混合テンソル**と呼ばれる．

3.2.4 縮約

2階のテンソル T の1番目の入力にベクトル $\boldsymbol{x}$ を入れた $\mathsf{T}:\boldsymbol{x}\sqcup$ は，2番目の入力 $\sqcup$ に注目すれば，1階のテンソルになっている．このことは，式 (3.1) と比較すればよくわかる．そこで，この1階のテンソルを

$$(T\cdot\boldsymbol{x})\cdot{}_\sqcup = T:\boldsymbol{x}_\sqcup \tag{3.15}$$

と表すことにする．このように定義すれば，$T:\boldsymbol{xy}=(T\cdot\boldsymbol{x})\cdot\boldsymbol{y}$ のように順番に入力する場合の様子がよくわかる．

2 番目の入力を埋めた $T:_\sqcup\boldsymbol{y}$ も，やはり 1 階のテンソルで $(T:_\sqcup\boldsymbol{y})\cdot\boldsymbol{x}=T:\boldsymbol{xy}$ である*11)．このようにテンソルの一部の入力を埋めて，より階数の低いテンソルを作ることを**縮約** (contraction) と呼ぶ．

2 階のテンソル T に 2 つのベクトルを入力した場合，$T:\boldsymbol{xy}$ は，ディアド $\boldsymbol{xy}=X_0$ を入力したと見なすこともできる．すなわち，$T:X_0$．一般の 2 階反変テンソル X を入力することも可能である．

$$T:X=T_{ij}X_{ij}. \tag{3.16}$$

このように縮約はテンソル同士の演算として拡張することができる．

問題 3.2　$T=\sum_i \boldsymbol{a}_i\boldsymbol{b}_i,\ X=\sum_j \boldsymbol{x}_j\boldsymbol{y}_j$ の場合，$T:X$ を求めよ．

3.2.5　対称性のあるテンソルの縮約

任意の $\boldsymbol{x},\boldsymbol{y}$ に対して

$$T:\boldsymbol{xy}=T:\boldsymbol{yx} \tag{3.17}$$

が成り立つ場合，T は**対称テンソル**と呼ばれる．この場合，

$$T:\boldsymbol{x}_\sqcup = T:{}_\sqcup\boldsymbol{x} \tag{3.18}$$

なので，

$$(T\cdot\boldsymbol{x})\cdot\boldsymbol{y}=(T\cdot\boldsymbol{y})\cdot\boldsymbol{x} \tag{3.19}$$

と表すことができる．

3 階のテンソル $\mathcal{T}$ に対しても，入力が前から詰まっている場合には，

$$\begin{aligned}\mathcal{T}\,\vdots\,\boldsymbol{xy}_\sqcup &= (\mathcal{T}:\boldsymbol{xy})\cdot{}_\sqcup,\\ \mathcal{T}\,\vdots\,\boldsymbol{x}_{\sqcup\sqcup} &= (\mathcal{T}\cdot\boldsymbol{x}):{}_{\sqcup\sqcup}\end{aligned} \tag{3.20}$$

のように，1 階のテンソル $\mathcal{T}:\boldsymbol{xy}$，2 階のテンソル $\mathcal{T}\cdot\boldsymbol{x}$ がそれぞれ定義できる．

---

*11)　添字記法では，それぞれ $T_{ij}x_i,\ T_{ij}x_j$ と表せる．

途中の入力が空欄の場合には，上記のような式は定義できないが，テンソルに適当な対称性がある場合には，空欄を後に回して，変形できる可能性がある．たとえば，$\mathcal{T}$ が1番目と3番目の入力に関して対称な場合，$\mathcal{T} \vdots {}_\sqcup \boldsymbol{x}\boldsymbol{y} = \mathcal{T} \vdots \boldsymbol{y}\boldsymbol{x}_\sqcup = (\mathcal{T} : \boldsymbol{y}\boldsymbol{x}) \cdot {}_\sqcup$ と書くことができる．反対称テンソルの場合でも符号を配慮しながら，同様の変形ができる．

3.3 単位テンソルと完全反対称テンソル

重要な働きをする2つのテンソルを導入しておこう．まず，

$$\mathsf{I} = \boldsymbol{e}_1\boldsymbol{e}_1 + \boldsymbol{e}_2\boldsymbol{e}_2 + \boldsymbol{e}_3\boldsymbol{e}_3 = \boldsymbol{e}_i\boldsymbol{e}_i = \delta_{ij}\boldsymbol{e}_i\boldsymbol{e}_j \tag{3.21}$$

で定義される2階のテンソルを**単位テンソル**あるいは恒等テンソルという．成分は $I_{ij} = \delta_{ij}$ であるが，これは基底には依存しない．つまり，$\mathsf{I} = \delta_{ij}\boldsymbol{e}'_i\boldsymbol{e}'_j$ とも書ける．I は対称テンソルである: $\mathsf{I} : \boldsymbol{x}\boldsymbol{y} = \mathsf{I} : \boldsymbol{y}\boldsymbol{x}$.

I を2階のテンソル X に作用させると，$\mathsf{I} : \mathsf{X} = \delta_{ij}X_{ij} = X_{ii}$ となって，行列 X_{ij} のトレース（対角要素の和）を取り出す働きをする．特に，$\mathsf{I} : \boldsymbol{x}\boldsymbol{y} = x_i y_i = (\boldsymbol{x}, \boldsymbol{y})$ であり，テンソル積 $\boldsymbol{x} \otimes \boldsymbol{y}$ から内積を取り出している．

問題 3.3 2階の対称テンソルで回転不変なものは，h を定数として

$$\mathsf{H} : \boldsymbol{x}\boldsymbol{y} = hxy\cos\theta$$

の形のものに限られることを示せ．θ は2つのベクトルのなす角である．

3階のテンソル

$$\begin{aligned}\mathcal{E} &= (\boldsymbol{e}_1\boldsymbol{e}_2 - \boldsymbol{e}_2\boldsymbol{e}_1)\boldsymbol{e}_3 + (\boldsymbol{e}_2\boldsymbol{e}_3 - \boldsymbol{e}_3\boldsymbol{e}_2)\boldsymbol{e}_1 + (\boldsymbol{e}_3\boldsymbol{e}_1 - \boldsymbol{e}_1\boldsymbol{e}_3)\boldsymbol{e}_2 \\ &= \epsilon_{ijk}\boldsymbol{e}_i\boldsymbol{e}_j\boldsymbol{e}_k\end{aligned} \tag{3.22}$$

は，**完全反対称テンソル** (totally antisymmetric tensor)*12) と呼ばれ，任意の2つの入力の交換に対して符号を変える．たとえば，$\mathcal{E} \vdots \boldsymbol{z}\boldsymbol{y}\boldsymbol{x} = -\mathcal{E} \vdots \boldsymbol{x}\boldsymbol{y}\boldsymbol{z}$. 成分は，$E_{ijk} = \epsilon_{ijk}$ であるが基底には依存しない*13)．つまり，$\mathcal{E} = \epsilon_{ijk}\boldsymbol{e}'_i\boldsymbol{e}'_j\boldsymbol{e}'_k$.

$\mathcal{E}$ を2階のテンソル $\mathsf{X} = X_{lm}\boldsymbol{e}_l\boldsymbol{e}_m$ に作用させると，

---

*12) 大きさが $\mathcal{E} \vdots \boldsymbol{e}_1\boldsymbol{e}_2\boldsymbol{e}_3 = 1$ になるように正規化されているので，厳密には単位完全反対称テンソルなどと呼ぶべきであろう．

*13) ただし，基底の向きづけが異なる場合は第16章で述べるように注意が必要である．

$$\mathcal{E}:X = \epsilon_{ijk}\boldsymbol{e}_i\boldsymbol{e}_j\boldsymbol{e}_k : X_{lm}\boldsymbol{e}_l\boldsymbol{e}_m = \epsilon_{ijk}\delta_{il}\delta_{jm}\boldsymbol{e}_k X_{lm} = \epsilon_{ijk}X_{ij}\boldsymbol{e}_k \tag{3.23}$$

のように，その反対称部分を取り出し，さらにベクトルに変換する働きをする．特に，ディアド $\boldsymbol{xy}$ に対しては

$$\mathcal{E}:\boldsymbol{xy} = \epsilon_{ijk}x_iy_j\boldsymbol{e}_k = \boldsymbol{x}\times\boldsymbol{y} \tag{3.24}$$

となり，テンソル積 $\boldsymbol{xy}$ から，ベクトル積 $\boldsymbol{x}\times\boldsymbol{y}$ を取り出したことになる．

また，

$$\mathcal{E}\cdot\boldsymbol{x} = (\boldsymbol{e}_1\boldsymbol{e}_2 - \boldsymbol{e}_2\boldsymbol{e}_1)x_3 + (\boldsymbol{e}_2\boldsymbol{e}_3 - \boldsymbol{e}_3\boldsymbol{e}_2)x_1 + (\boldsymbol{e}_3\boldsymbol{e}_1 - \boldsymbol{e}_1\boldsymbol{e}_3)x_2 \tag{3.25}$$

は，2 階の（反対称）テンソルになる．

3.4 テンソルの変換則と既約分解

テンソル積 $\boldsymbol{ab}$ の成分 $a_ib_j = \boldsymbol{ab}:\boldsymbol{e}_i\boldsymbol{e}_j$ の基底変換に伴う変換則は，式 (2.59) を逆に解いたものを用いて

$$a'_ib'_j = a_kb_lS_{ki}S_{lj} \tag{3.26}$$

である．テンソル積の和や，一般の 2 階のテンソルの成分も同じ変換にしたがう:

$$T'_{ij} = T_{kl}S_{ki}S_{lj}. \tag{3.27}$$

9 つの量 T_{kl} で 2 階のテンソルを定義する場合には，この変換則が満たされていることを確認しなければならない．

問題 3.4 2 つのテンソルを縮約して得られたテンソルの成分の変換則を，例を用いて確認せよ．

式 (3.27) は基底の変換に伴って成分が変化する様子を表しているが，成分の適当な和が保存されることを示そう．式 (3.27) において $i=j$ とおいて和をとると，

$$T'_{ii} = T_{kl}S_{ki}S_{li} = T_{kl}\delta_{kl} = T_{kk} \tag{3.28}$$

となる．すなわち，対角成分の和（トレース）$T := T_{kk}$ は変換に際して不変であり，2 階のテンソルの成分からスカラー量（0 階のテンソル）を構成できるこ

とを示している．直交性 $S_{ki}S_{li} = S_{ki}R_{il} = \delta_{kl}$ を用いた．

このスカラー量からつくった2階のテンソル

$$T_{kl}^{(0)} = \frac{1}{3}\delta_{kl}T_{ii} = \frac{1}{3}\delta_{kl}\delta_{ij}T_{ij} \tag{3.29}$$

は，$T_{kk}^{(0)} = T_{ii}$ を満たす．

式 (3.27) に ϵ_{mij} を作用させると，

$$\epsilon_{mij}T'_{ij} = \epsilon_{mij}T_{kl}S_{ki}S_{lj} = \epsilon_{nkl}S_{mn}T_{kl} \tag{3.30}$$

となる．ただし，$\mathcal{E}$ の成分の不変性 $\epsilon_{mij}S_{nm}S_{ki}S_{lj} = \epsilon_{nkl}$ （問題 2.5）と，直交性 $R_{mp}R_{mn} = \delta_{pn}$ を用いた．この式は $T_n := \epsilon_{nkl}T_{kl}$ と置けば，ベクトル（1階のテンソル）の変換則 (2.59)

$$T'_m = T_nS_{nm} \tag{3.31}$$

と一致することがわかる．このベクトル量から作った2階のテンソル

$$T_{kl}^{(1)} = \frac{1}{2}\epsilon_{mkl}T_m = \frac{1}{2}\epsilon_{mkl}\epsilon_{mij}T_{ij} \tag{3.32}$$

は $\epsilon_{mij}T_{ij}^{(1)} = \epsilon_{mij}T_{ij}$ を満たす．

これらのことを参考にすると，一般に2階のテンソル T は変換則にしたがって，以下のように分解することができる:

$$\mathsf{T} = \mathsf{T}^{(0)} + \mathsf{T}^{(1)} + \mathsf{T}^{(2)}. \tag{3.33}$$

$\mathsf{T}^{(2)}$ はテンソル T から，スカラーに対応する $\mathsf{T}^{(0)}$，ベクトルに対応する $\mathsf{T}^{(1)}$ を差し引いたもので純粋の2階のテンソルと考えることができる．このような変換則に応じた分解を**既約分解** (irreducible decomposition) と呼ぶ．

$T_{kl}^{(1)}$ の部分はさらに

$$T_{kl}^{(1)} = \frac{1}{2}\epsilon_{mkl}\epsilon_{mij}T_{ij} = \frac{1}{2}(\delta_{ki}\delta_{lj} - \delta_{kj}\delta_{li})T_{ij} = \frac{1}{2}(T_{kl} - T_{lk}) \tag{3.34}$$

とも書け，もとのテンソルの反対称化になっている．式 (3.33) は

$$T_{ij} = \frac{T_{kk}}{3}\delta_{ij} + \frac{T_{ij} - T_{ji}}{2} + \left(\frac{T_{ij} + T_{ji}}{2} - \frac{T_{kk}}{3}\delta_{ij}\right) \tag{3.35}$$

と表すこともできる．右辺の各項の自由度はそれぞれ 1, 3, 5 である．第 3 項はトレースが 0 の対称テンソルになっている．

任意の 2 階の反対称テンソル A は $A^{(1)}$ (自由度 3) に等しい．任意の 2 階の対称テンソル S は $S^{(0)} + S^{(2)}$ (自由度 6) と表せる．

問題 3.5 $T = \boldsymbol{ab}$ に対して上の分解 (3.35) を行なえ．スカラー積とベクトル積が含まれている様子をみよ．

問題 3.6 $T^{(0)}$ においてスカラーが，$T^{(1)}$ においてベクトルが，それぞれ 2 階のテンソルと共存している仕組みを確認せよ．

3.5 平行四辺形と平行六面体—反対称テンソル

3 次元のベクトル解析において平行四辺形の面積と平行六面体の体積が大変重要な役割を演じている．これらはそれぞれ 2 階，3 階の反対称テンソルと見なすことができる．すなわち，これらのテンソルは辺や稜に対応する空間ベクトルを入力すると面積や体積が出力されるブラックボックスである．

3.5.1 2 次元の平行四辺形の面積

まず簡単のために，2 次元ユークリッド空間 $\mathbb{E}_2 = \mathbb{R}^2\mathrm{m}$ における平行四辺形の面積について調べてみよう．2 つの 2 次元ベクトル $\boldsymbol{x}, \boldsymbol{y} \in \mathbb{R}^2\mathrm{m}$ がつくる平行四辺形の面積は

$$E^{(2)}(\boldsymbol{x}, \boldsymbol{y}) = xy \sin \widehat{\boldsymbol{xy}} \tag{3.36}$$

であるが，$E^{(2)}(\sqcup, \sqcup)$ の満たす条件を詳しく調べてみよう．まず双線形性が成り立つ:

$$\begin{aligned} E^{(2)}(\boldsymbol{x}_1 + \boldsymbol{x}_2, \boldsymbol{y}) &= E^{(2)}(\boldsymbol{x}_1, \boldsymbol{y}) + E^{(2)}(\boldsymbol{x}_2, \boldsymbol{y}), \\ E^{(2)}(\boldsymbol{x}, \boldsymbol{y}_1 + \boldsymbol{y}_2) &= E^{(2)}(\boldsymbol{x}, \boldsymbol{y}_1) + E^{(2)}(\boldsymbol{x}, \boldsymbol{y}_2), \\ E^{(2)}(\alpha\boldsymbol{x}, \boldsymbol{y}) &= E^{(2)}(\boldsymbol{x}, \alpha\boldsymbol{y}) = \alpha E^{(2)}(\boldsymbol{x}, \boldsymbol{y}) \quad (\alpha \in \mathbb{R}). \end{aligned} \tag{3.37}$$

これは，図 3.2 からも比較的簡単にわかる．これより $E^{(2)}(\sqcup, \sqcup)$ が（2 次元における）2 階のテンソルであることがわかる．さらに反対称性が成り立っている:

$$E^{(2)}(\boldsymbol{x}, \boldsymbol{y}) = -E^{(2)}(\boldsymbol{y}, \boldsymbol{x}). \tag{3.38}$$

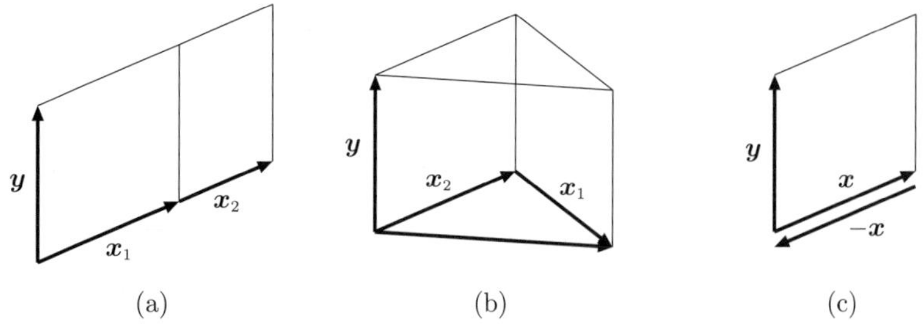

図 3.2 平面における平行四辺形の面積の合成．(a) $\boldsymbol{x}_1$ と $\boldsymbol{x}_2$ が平行の場合は明らか．(b) 平行でない場合でも，三角形の合同が利用できる．(c) ベクトルが打ち消される場合には面積も消えるよう符号を考える（図中のベクトルはすべて同一平面上にあることに注意する．勝手に立体だと思わないこと）．

これは，面積を符号付きで考え，2つのベクトルの位置関係によって符号を決めていることに対応する．ここでは，$\boldsymbol{x}$ から $\boldsymbol{y}$ に向けて反時計回りに測った角度が0から π の間にある場合を正とする．反対称性から $E^{(2)}(\boldsymbol{x},\boldsymbol{x})=0$ である．

問題 3.7 任意の $\boldsymbol{x}$ に関して，$A:\boldsymbol{x}\boldsymbol{x}=0$ が成り立てば，テンソル A は反対称であること示せ．

これらの性質を利用すると，基底 $\{\boldsymbol{e}_1,\boldsymbol{e}_2\}$ による展開 $\boldsymbol{x}=x_1\boldsymbol{e}_1+x_2\boldsymbol{e}_2$, $\boldsymbol{y}=y_1\boldsymbol{e}_1+y_2\boldsymbol{e}_2$ を代入して

$$
\begin{aligned}
E^{(2)}(\boldsymbol{x},\boldsymbol{y}) &= E^{(2)}(x_1\boldsymbol{e}_1+x_2\boldsymbol{e}_2,\ y_1\boldsymbol{e}_1+y_2\boldsymbol{e}_2) \\
&= E^{(2)}(x_1\boldsymbol{e}_1,y_1\boldsymbol{e}_1)+E^{(2)}(x_1\boldsymbol{e}_1,y_2\boldsymbol{e}_2) \\
&\quad + E^{(2)}(x_2\boldsymbol{e}_2,y_1\boldsymbol{e}_1)+E^{(2)}(x_2\boldsymbol{e}_2,y_2\boldsymbol{e}_2) \\
&= 0+x_1y_2+(-x_2y_1)+0 = x_1y_2-x_2y_1 \qquad (3.39)
\end{aligned}
$$

が得られる．これは平行四辺形の面積の成分表示である．$E^{(2)}(x_1\boldsymbol{e}_1,y_2\boldsymbol{e}_2)$ が長方形の面積 x_1y_2 に相当することなどを利用した．

問題 3.8 式 (3.39) の2次元の座標回転に対する不変性を示せ．

3.5.2 3次元における平行六面体の体積と平行四辺形の面積

3次元への拡張を行う．3次元空間の3つのベクトル $\boldsymbol{x}$, $\boldsymbol{y}$, $\boldsymbol{z} \in \mathbb{E}_3 = \mathbb{R}^3\,\mathrm{m}$ がつくる平行六面体の体積を $E(\boldsymbol{x},\boldsymbol{y},\boldsymbol{z}) \in \mathbb{R}\,\mathrm{m}^3$ と表すことにする．平行四辺形の場合と同じく，各引数に関する線形性が成り立つ:

$$
\begin{aligned}
&E(\boldsymbol{x}_1+\boldsymbol{x}_2,\boldsymbol{y},\boldsymbol{z}) = E(\boldsymbol{x}_1,\boldsymbol{y},\boldsymbol{z}) + E(\boldsymbol{x}_2,\boldsymbol{y},\boldsymbol{z}),\\
&E(\boldsymbol{x},\boldsymbol{y}_1+\boldsymbol{y}_2,\boldsymbol{z}) = E(\boldsymbol{x},\boldsymbol{y}_1,\boldsymbol{z}) + E(\boldsymbol{x},\boldsymbol{y}_2,\boldsymbol{z}),\\
&E(\boldsymbol{x},\boldsymbol{y},\boldsymbol{z}_1+\boldsymbol{z}_2) = E(\boldsymbol{x},\boldsymbol{y},\boldsymbol{z}_1) + E(\boldsymbol{x},\boldsymbol{y},\boldsymbol{z}_2),\\
&E(\alpha\boldsymbol{x},\boldsymbol{y},\boldsymbol{z})=E(\boldsymbol{x},\alpha\boldsymbol{y},\boldsymbol{z})=E(\boldsymbol{x},\boldsymbol{y},\alpha\boldsymbol{z}) = \alpha E(\boldsymbol{x},\boldsymbol{y},\boldsymbol{z}).
\end{aligned}
\tag{3.40}
$$

ただし，$\alpha \in \mathbb{R}$．さらに，引数の交換に関する反対称性

$$
\begin{aligned}
E(\boldsymbol{x},\boldsymbol{y},\boldsymbol{z}) &= E(\boldsymbol{y},\boldsymbol{z},\boldsymbol{x}) = E(\boldsymbol{z},\boldsymbol{x},\boldsymbol{y})\\
&= -E(\boldsymbol{x},\boldsymbol{z},\boldsymbol{y})=-E(\boldsymbol{z},\boldsymbol{y},\boldsymbol{x})=-E(\boldsymbol{y},\boldsymbol{x},\boldsymbol{z})
\end{aligned}
\tag{3.41}
$$

が成り立つ．面積の場合と同じく，符号付き体積を考えていることに注意する．符号は $\boldsymbol{x}$, $\boldsymbol{y}$, $\boldsymbol{z}$ が右手系をなすとき正と定義する．

ベクトルを成分で表して代入すれば，

$$
\begin{aligned}
E(\boldsymbol{x},\boldsymbol{y},\boldsymbol{z}) &= E(x_i\boldsymbol{e}_i, y_j\boldsymbol{e}_j, z_k\boldsymbol{e}_k)\\
&= x_1(y_2z_3 - y_3z_2) + x_2(y_3z_1 - y_1z_3) + x_3(y_1z_2 - y_2z_1).
\end{aligned}
\tag{3.42}
$$

ここで，$E(x_1\boldsymbol{e}_1,\ y_2\boldsymbol{e}_2,\ z_3\boldsymbol{e}_3) = x_1y_2z_3$ などを用いた．λ を長さとして，$E(\lambda\boldsymbol{e}_i,\lambda\boldsymbol{e}_j,\lambda\boldsymbol{e}_k) = \lambda^3\epsilon_{ijk}$ であることは，容易にわかる．

$E(\sqcup,\sqcup,\sqcup)$ は3階の完全反対称テンソル (3.22) に相当する．さらに，

$$
E(\boldsymbol{x},\boldsymbol{y},\boldsymbol{z}) = \mathcal{E} \vdots \boldsymbol{xyz} = [\boldsymbol{xyz}]
\tag{3.43}
$$

と表すこともできる*14)．

問題 3.9 式 (3.42) の3次元の座標回転に対する不変性を示せ．

問題 3.10 $E(\boldsymbol{x},\boldsymbol{x},\boldsymbol{z}) = E(\boldsymbol{x},\boldsymbol{y},\boldsymbol{y}) = E(\boldsymbol{z},\boldsymbol{y},\boldsymbol{z}) = 0$ と多重線形性 (3.40) から反対称性が得られることを示せ．

---

*14) 行列式を用いて次のようにも書ける:

$$
E(\boldsymbol{x},\boldsymbol{y},\boldsymbol{z}) = \begin{vmatrix} x_1 & y_1 & z_1\\ x_2 & y_2 & z_2\\ x_3 & y_3 & z_3 \end{vmatrix}.
$$

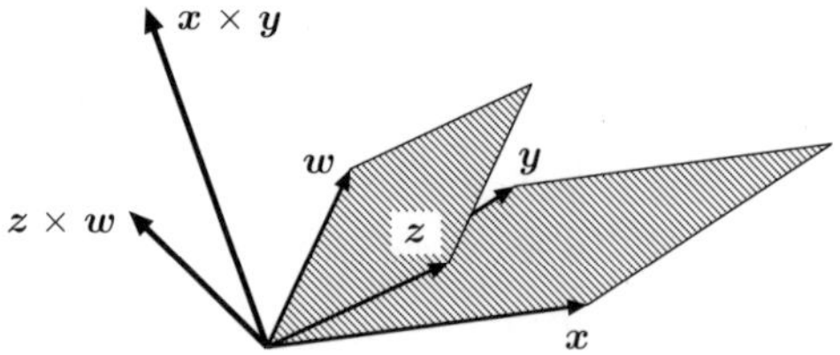

図 3.3 2つの平行四辺形のベクトルとしての重なり具合は $(\boldsymbol{x} \times \boldsymbol{y}, \boldsymbol{z} \times \boldsymbol{w})$ で表すことができる．これは2階の反対称テンソルの作用のベクトル的な表現である．

問題 3.11 図 3.2 の 3 次元版を描いてみよ．

$E(\boldsymbol{x}, \boldsymbol{y}, \boldsymbol{z}) = \boldsymbol{x} \cdot (\boldsymbol{y} \times \boldsymbol{z})$ は，3 次元空間における平行四辺形の面積 $\boldsymbol{y} \times \boldsymbol{z}$ と，平行六面体の体積の関係を与えている．さらに平行四辺形のベクトル性（向きと大きさ）を示す式でもある．

3 階の反対称テンソルを先に導入しておいて，ベクトル積を上の関係式で定義することもできる．すなわち，与えられた $\boldsymbol{y}$, $\boldsymbol{z}$ に対して $E(\sqcup, \boldsymbol{y}, \boldsymbol{z})$ を，1 階のテンソルと見なして $F(\sqcup)$ と書き，さらに，$F(\sqcup) = \boldsymbol{f} \cdot \sqcup$ でコベクトルに対応づけて，これを $\boldsymbol{f} := \boldsymbol{y} \times \boldsymbol{z}$ と定義するのである．

3.5.3 2つの平行四辺形の重なり

次に，2 つの平行四辺形 $\boldsymbol{x} \times \boldsymbol{y}$, $\boldsymbol{z} \times \boldsymbol{w}$ それぞれをコベクトルと見たときの“重なり具合”について調べよう．これは内積 $(\boldsymbol{x}, \boldsymbol{y})$ が 2 つのベクトル $\boldsymbol{x}$, $\boldsymbol{y}$ の重なり具合を与えているのと同じようなものである．図 3.3 に示すように，これは $(\boldsymbol{x} \times \boldsymbol{y},\ \boldsymbol{z} \times \boldsymbol{w})$ で与えられることは明らかであるが，テンソルを用いて

$$(\boldsymbol{x} \times \boldsymbol{y}, \boldsymbol{z} \times \boldsymbol{w}) = (\boldsymbol{x}\boldsymbol{y} - \boldsymbol{y}\boldsymbol{x}) : \boldsymbol{z}\boldsymbol{w} \tag{3.44}$$

として表すことも可能である．この公式の証明は成分を使えば簡単であるが，

$$(\boldsymbol{x}\boldsymbol{y} - \boldsymbol{y}\boldsymbol{x}) : \boldsymbol{e}_1\boldsymbol{e}_2 = x_1y_2 - y_1x_2 \tag{3.45}$$

が，$\boldsymbol{e}_1$, $\boldsymbol{e}_2$ で張られる平面に射影した 2 次元の平行四辺形の面積の式 (3.39) と一致することからも納得できる．また，次のようにも書ける:

$$(\boldsymbol{x} \times \boldsymbol{y}, \boldsymbol{z} \times \boldsymbol{w}) = \boldsymbol{x}\boldsymbol{y} : (\boldsymbol{z}\boldsymbol{w} - \boldsymbol{w}\boldsymbol{z}). \tag{3.46}$$

念のため成分を用いないで，公式 (3.44) を証明しておこう．$(\boldsymbol{xy}-\boldsymbol{yx})$ は $\boldsymbol{z}, \boldsymbol{w}$ に関して反対称テンソルである: $(\boldsymbol{xy}-\boldsymbol{yx}):\boldsymbol{zz}=0$．2 階の反対称テンソルの作用は $\boldsymbol{k}\cdot(\boldsymbol{z}\times\boldsymbol{w})$ と書ける．ここで $\boldsymbol{k}$ は $\boldsymbol{x}, \boldsymbol{y}$ に依存する定ベクトルである．これを決めるため，

$$
\begin{aligned}
(\boldsymbol{xy}-\boldsymbol{yx}):\boldsymbol{xy} &= (\boldsymbol{x},\boldsymbol{x})(\boldsymbol{y},\boldsymbol{y})-(\boldsymbol{x},\boldsymbol{y})^2 \\
&= x^2y^2(1-\cos^2\theta) = x^2y^2\sin^2\theta = (\boldsymbol{x}\times\boldsymbol{y})^2 = \boldsymbol{k}\cdot(\boldsymbol{x}\times\boldsymbol{y}) \qquad (3.47)
\end{aligned}
$$

とすれば，$\boldsymbol{k}=\boldsymbol{x}\times\boldsymbol{y}$ とわかる．

問題 3.12　$\epsilon_{ijk}\epsilon_{ilm}=\delta_{jl}\delta_{km}-\delta_{jm}\delta_{kl}$ （付録 A の式 (A.13)）を用いて式 (3.44) を示せ．

3.6　テンソル積の反対称化

テンソル積によって複数のテンソルから高階のテンソルを生成できる．しかし，テンソル積で定義されるテンソルは一般に対称性を持たない．たとえば，2 つの反対称テンソルのテンソル積は反対称テンソルではない．反対称テンソルを得るためには，反対称化の操作を施さなくてはならない．ここでは一般論ではなく，有用な 2, 3 の具体例について調べておこう．ここで得られる公式群はベクトル解析（第 5 章）において本質的な役割を果たす．

3.6.1　2 つのコベクトルによる反対称テンソル

2 つのコベクトル $\boldsymbol{a}, \boldsymbol{b}$ のテンソル積 $\boldsymbol{ab}$ は 2 階のテンソルである．これを反対称化したものを，

$$
\boldsymbol{a}\wedge\boldsymbol{b} := \boldsymbol{ab}-\boldsymbol{ba} \qquad (3.48)
$$

と表す．“$\wedge$” は**反対称積**と呼ばれるが，その形から**くさび積** (wedge product) と呼ばれることもある．ベクトル $\boldsymbol{x}, \boldsymbol{y}$ を入力してみると，

$$
\begin{aligned}
(\boldsymbol{a}\wedge\boldsymbol{b}):\boldsymbol{xy} &= (\boldsymbol{ab}-\boldsymbol{ba}):\boldsymbol{xy} \\
&= \boldsymbol{ab}:(\boldsymbol{xy}-\boldsymbol{yx}) = \boldsymbol{ab}:(\boldsymbol{x}\wedge\boldsymbol{y}) \qquad (3.49)
\end{aligned}
$$

と書けることがわかる．これは入力するベクトルの方を反対称化しておいてもよいことを示している．さらに，

$$(\boldsymbol{a} \wedge \boldsymbol{b}) : \boldsymbol{x}\boldsymbol{y} = (\boldsymbol{x} \times \boldsymbol{y}) \cdot (\boldsymbol{a} \times \boldsymbol{b}) \tag{3.50}$$

となることも容易に示せる．これは，反対称化テンソル積 $\boldsymbol{a} \wedge \boldsymbol{b}$ の作用を通常のベクトル記法で表したものと解釈できる．$\boldsymbol{b} \wedge \boldsymbol{a} = -\boldsymbol{a} \wedge \boldsymbol{b}$ であることに注意する．この式は 5.5 節においてストークスの公式の証明に用いられる．

問題 3.13 次の公式を示せ．式 (3.15) を見よ．

$$(\boldsymbol{a} \wedge \boldsymbol{b}) \cdot \boldsymbol{x} = (\boldsymbol{a} \times \boldsymbol{b}) \times \boldsymbol{x}. \tag{3.51}$$

問題 3.14 $b = \mathcal{E} \cdot \boldsymbol{b}$ であるとして，次の公式を示せ:

$$\mathcal{E} \cdot (b \cdot \boldsymbol{a}) = -\boldsymbol{a} \wedge \boldsymbol{b}. \tag{3.52}$$

問題 3.15 $\boldsymbol{a} = a\boldsymbol{e}_1$, $\boldsymbol{b} = b(\cos\theta\, \boldsymbol{e}_1 + \sin\theta\, \boldsymbol{e}_2)$, $\boldsymbol{x} = x(\cos\phi\, \boldsymbol{e}_1 + \sin\phi\, \boldsymbol{e}_2)$ としたとき，$\boldsymbol{ab} : \boldsymbol{xx}$，$(\boldsymbol{a} \wedge \boldsymbol{b}) : \boldsymbol{xx}$ をそれぞれ求めよ．

テンソルの反対称化の幾何学的意味 [21] を確認しておこう．図 3.4 (a) はコベクトル $\boldsymbol{a}$ の働きを示している．図 2.2 と同様に，$\boldsymbol{a}$ は平行平面群で表されており，矢印で表されているベクトル $\boldsymbol{x}$ に対して，$\boldsymbol{a} \cdot \boldsymbol{x}$ は矢印が貫く平面の枚数を与えている．(b) も同様にコベクトル $\boldsymbol{b}$ の働きを示している．(c) はテンソル積 $\boldsymbol{ab}$ の機能を表している．すなわち，上記 (a), (b) の組合せ，$(\boldsymbol{a} \cdot \boldsymbol{x})(\boldsymbol{b} \cdot \boldsymbol{y})$（それぞれ枚数を数えて掛ける）を与えている．しかし，この 2 階のテンソルは反対称ではない．それは $\boldsymbol{ab} : \boldsymbol{xx} = 0$ が必ずしも成り立っていないことを確かめればよい．(d) は反対称化テンソルのイメージを表す．2 つの平行平面群の構造は消去され，それらの交線に平行な管の束に置き換えられている．2 つのベクトル $\boldsymbol{x}$, $\boldsymbol{y}$ のつくる平行四辺形を通る管の数が，$\boldsymbol{a} \wedge \boldsymbol{b} : \boldsymbol{xy}$ に対応している．$\boldsymbol{a} \wedge \boldsymbol{b} : \boldsymbol{xx} = 0$ はつねに成り立っている*15)．

問題 3.16 図 3.4 において，$k\,(\neq 0)$ を定数として $\boldsymbol{a}' = k\boldsymbol{a}$, $\boldsymbol{b}' = k^{-1}\boldsymbol{b}$ が成り立つ場合の $\boldsymbol{a}' \wedge \boldsymbol{b}'$ と $\boldsymbol{a} \wedge \boldsymbol{b}$ の関係を調べよ．

---

*15) 電磁気学においては，$\boldsymbol{D}$ や $\boldsymbol{B}$ などがこのような**束管** (flux tube) で記述される．

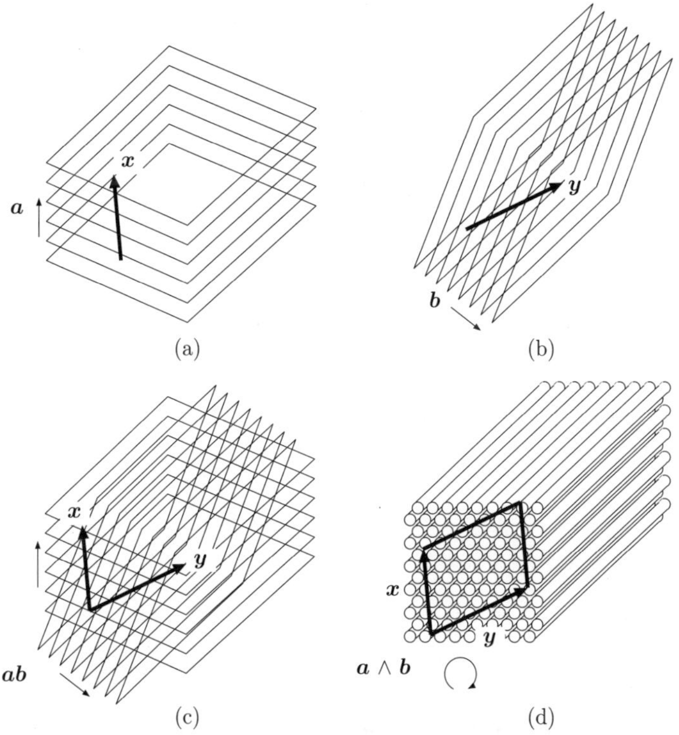

図 3.4 テンソルの反対称化の幾何学的意味．(a), (b) はそれぞれ双対ベクトル（1 階テンソル）$\boldsymbol{a}, \boldsymbol{b}$ の働きを示している．細い矢印はそれぞれのテンソルの向きを表す．(c) はテンソル積 $\boldsymbol{ab}$ の機能を表している．(d) は反対称化テンソル $\boldsymbol{a} \wedge \boldsymbol{b}$ のイメージを表す．引数ベクトル $\boldsymbol{x}, \boldsymbol{y}$ がつくる平行四辺形を貫く管の数が $\boldsymbol{a} \wedge \boldsymbol{b} : \boldsymbol{xy}$ である．回転を示す矢印は，第 1 引数から第 2 引数への角度 θ を測る方向を示しており，$\sin\theta$ が結果の符号となる．

問題 3.17 同様に，$\boldsymbol{a}' \times \boldsymbol{b}' = \boldsymbol{a} \times \boldsymbol{b}$ が成り立つ場合も考えてみよ．

3.6.2 3 つのコベクトルによる反対称テンソル

3 つのコベクトル $\boldsymbol{a}, \boldsymbol{b}, \boldsymbol{c}$ からつくられる 3 階のテンソル $\boldsymbol{abc}$ を反対称化してみよう．そこで前節の方法を参考にして，

$$
\begin{aligned}
(\boldsymbol{a}\wedge\boldsymbol{b}\wedge\boldsymbol{c})\,\vdots\,\boldsymbol{xyz} &= (\boldsymbol{abc}+\boldsymbol{bca}+\boldsymbol{cab}-\boldsymbol{bac}-\boldsymbol{cba}-\boldsymbol{acb})\,\vdots\,\boldsymbol{xyz}\\
&= \boldsymbol{abc}\,\vdots\,(\boldsymbol{xyz}+\boldsymbol{yzx}+\boldsymbol{zxy}-\boldsymbol{yxz}-\boldsymbol{zyx}-\boldsymbol{xzy})\\
&= \boldsymbol{abc}\,\vdots\,(\boldsymbol{x}\wedge\boldsymbol{y}\wedge\boldsymbol{z}) = [\boldsymbol{abc}][\boldsymbol{xyz}] \qquad (3.53)
\end{aligned}
$$

すなわち，

$$\boldsymbol{a}\wedge\boldsymbol{b}\wedge\boldsymbol{c} = [\boldsymbol{abc}]\mathcal{E}. \qquad (3.54)$$

問題 3.18 式 (3.53) について図 3.4 に相当するものを考えよ．

3.6.3 コベクトルと 2 階反対称テンソルによる反対称テンソル

コベクトル $\boldsymbol{a}$ と 2 階の反対称テンソル B を考える．これらのテンソル積

$$(\boldsymbol{a}B)\,\vdots\,\boldsymbol{xyz} = (\boldsymbol{a}\cdot\boldsymbol{x})(B:\boldsymbol{yz}) \qquad (3.55)$$

は $\boldsymbol{y}$ と $\boldsymbol{z}$ に関しては反対称であるが，$\boldsymbol{x}$ と $\boldsymbol{y}$, $\boldsymbol{x}$ と $\boldsymbol{z}$ に関しては反対称ではない．そこで反対称化を次のように行う:

$$(\boldsymbol{a}\wedge B)\,\vdots\,\boldsymbol{xyz} = \boldsymbol{a}B\,\vdots\,(\boldsymbol{xyz}+\boldsymbol{yzx}+\boldsymbol{zxy}). \qquad (3.56)$$

$\boldsymbol{x}$, $\boldsymbol{y}$, $\boldsymbol{z}$ の 2 つ以上を等しくすると，0 になることは容易に確認できる．さらに，

$$(\boldsymbol{a}\wedge B)\,\vdots\,\boldsymbol{xyz} = (\boldsymbol{a}\cdot\boldsymbol{B})[\boldsymbol{xyz}] \qquad (3.57)$$

が成り立つ．ここで，$\boldsymbol{B} = \frac{1}{2}\mathcal{E}:B$ である．これを確認しよう．$\boldsymbol{a}\wedge B$ は 3 階の反対称テンソルで独立な成分は 1 つである．それは，

$$
\begin{aligned}
(\boldsymbol{a}\wedge B)_{123} &= \boldsymbol{a}\wedge B\,\vdots\,\boldsymbol{e}_1\boldsymbol{e}_2\boldsymbol{e}_3\\
&= a_1B_{23}+a_2B_{31}+a_3B_{12} = a_1B_1+a_2B_2+a_3B_3. \qquad (3.58)
\end{aligned}
$$

ここで，$B_i = \frac{1}{2}\epsilon_{ijk}B_{jk}$．これより公式

$$\boldsymbol{a}\wedge B = (\boldsymbol{a}\cdot\boldsymbol{B})\mathcal{E} \qquad (3.59)$$

が求まる．これは 5.6 節においてガウスの公式の証明に用いられる．$\boldsymbol{a}\wedge B = B\wedge\boldsymbol{a}$ であることに注意する．

問題 3.19 B が反対称のとき $\boldsymbol{a}B\,\vdots\,\boldsymbol{x}\wedge\boldsymbol{y}\wedge\boldsymbol{z} = 2\boldsymbol{a}\wedge B\,\vdots\,\boldsymbol{xyz}$ を示せ．

問題 3.20 式 (3.59) の別の導出方法を考えよ．

問題 3.21　式 (3.59) に対して図 3.4 に相当するものを考えよ．

問題 3.22　$(\boldsymbol{a} \wedge \boldsymbol{b}) \wedge \boldsymbol{c} = \boldsymbol{a} \wedge (\boldsymbol{b} \wedge \boldsymbol{c})$ となることを確かめよ*16)．

問題 3.23　α, β が任意の反対称テンソルのとき，公式

$$(\alpha \wedge \beta) \cdot \boldsymbol{x} = (\alpha \cdot \boldsymbol{x}) \wedge \beta + (-)^p \alpha \wedge (\beta \cdot \boldsymbol{x}) \quad (p \text{ は } \alpha \text{ の階数}) \tag{3.60}$$

が成り立つことを示せ．2, 3 の例で確かめるだけでもよい．

問題 3.24　$(\boldsymbol{e}_1\boldsymbol{e}_1 + \boldsymbol{e}_2\boldsymbol{e}_2) \cdot \boldsymbol{x} = \boldsymbol{x}$ の場合，$(\boldsymbol{e}_1 \wedge \boldsymbol{e}_2) \cdot \boldsymbol{x}$ を求めよ．

3.6.4　反対称性

第 5 章で扱うベクトル解析においては，反対称テンソルが重要な働きをする*17)．これは先に見たように，平行四辺形の面積や平行六面体の体積が反対称テンソルに対応しているからである．従来記法では，この反対称性を扱うために，ベクトル積 $\times$ や ϵ_{ijk} が導入されている．

カルタンによって導入された**微分形式** ([17], [20], [21], [25]) や，**グラスマン代数**，**クリフォード代数** ([22], [24]) と呼ばれる計算法を用いると反対称性の扱いがよりエレガントになる．ここでは従来記法からあまり大きく離れることはしないが，その考え方を反映した記述を行っている．

反対称性は，幾何学的には平行四辺形の面積や平行六面体の体積の性質に帰着されるのだが，負の面積や体積という普段意識されない概念と一体のものであり，取り扱いには十分な注意が必要である．だからといって絶対値をとって負の部分を排除すると，肝心の線形性が犠牲になってしまう．

3.7　スカラー・ベクトルパラダイムとその問題点

従来の電磁気学においては，テンソルや双対空間の明示的な扱いを回避する工夫がなされてきた．そこでは，すべての量を成分の数にしたがって，スカラーとベクトルのどちらかに分類している．さらには，物理的次元も意識的あるいは無意識のうちに無視され，スカラーを $\mathbb{R}$ にベクトルを $\mathbb{R}^3$ に対応づけてい

---

*16)　式 (3.48) を 2 回用いて $(\boldsymbol{a} \wedge \boldsymbol{b}) \wedge \boldsymbol{c} = (\boldsymbol{ab} - \boldsymbol{ba}) \wedge \boldsymbol{c} = \boldsymbol{abc} - \boldsymbol{cba}$ という変形はできないことに注意する．2 つ目の等式は成り立たない．

*17)　[18] では，n 階の反対称テンソルを n-vector あるいは multivector と名付けている．また，一般のテンソルを affinor，対称テンソルを tensor と呼んでいる．

る．この強引な分類には複数のカラクリが利用されている．

1. **双対空間ともとの空間の同一視** ユークリッド空間の内積構造を利用して，本来，空間的ベクトルに対する線形関数（コベクトルやテンソル）であると見なすべき，電場などの量を単なるベクトルとして扱う．
2. **テンソルのベクトル・スカラーによる表現** 2階の反対称テンソルと3階の反対称テンソルの独立成分が3および1であることを利用して，それぞれをベクトル，スカラーと見なす．
3. **無次元化** 本来，物理的次元を持つ諸量を無次元化することで，すべてを数や数ベクトルで表す．

スカラー・ベクトル化の手法[*18)]は以下のような利点と欠点を持っている．

利点

計算ルールが簡単．スカラー積とベクトル積に計算ルールが集約できている．特に重要な反対称性はベクトル積が一手に担っている．また，物理的次元を無視するので，計算に制約がない．これは抽象化の威力であるといえる．数による抽象化以前には，$x^2 + x$ は許容されない式であった（面積と長さを加えるとは何事か）．

欠点

それぞれの量の数学的機能や物理的意味の多くの部分が消去されてしまう．また，ベクトル・スカラー化の前提が成立しない場合に理解が困難になる．たとえば，**1.** は正規直交でない基底の場合には成り立たない．**2.** については座標系の向きが変わる場合には変換則の異なるベクトルやスカラーが混在してしまう．**3.** の次元の無視は，量の計算と整合しない．

本書では，上記の欠点が利点を遥かに上回るという認識から，スカラー・ベクトル化を安易に行わない方法をとることにした[*19)]．すなわち，計算的経済性よりも概念的合理性の方を重視した．ただし，そのために見慣れない用語，記号，計算ルールを多く導入する必要がある，同じ結果に対する表記法が複数ある，計算ルールに制約が付く，などの面倒さを抱え込むことになってしまった．

---

*18) 音楽における平均律の採用も類似の利点と欠点を合わせ持っている．

*19) 従来の記法や計算方法に戻ってしまう場面も多いが，その場合でも頭の中でテンソルとしての式に翻訳できるようにしておくとよい．

第 4 章
場とブラックボックス

物理量が空間の各点に割り当てられた状況を**場** (field) という．たとえば，室内の温度の分布は温度場である．数学的には，実際の空間から対応する物理量の空間への写像: $\boldsymbol{x} \mapsto \theta(\boldsymbol{x})$ で表現される: ここで $\boldsymbol{x} \in \mathbb{E}_3$ は位置，$\theta(\boldsymbol{x}) \in \mathbb{R}\,\mathrm{K}$ はその点における温度を表す．温度のように，対象となる物理量がスカラーの場合にはスカラー場，ベクトルの場合にはベクトル場と呼ばれる．たとえば，風速場はベクトル場 $\boldsymbol{x} \mapsto \boldsymbol{v}(\boldsymbol{x})$ である．同様にテンソル場も考えられる．特に反対称テンソル場は微分形式（場）と呼ばれる．

ある点における場の量は，その点における微小変位ベクトル（接ベクトル）と深い関係がある．その関係を調べておこう．

4.1 線要素，面積要素，体積要素

空間中の位置を示すためにベクトルが使われる．そのためには基準点（原点）O を定める必要がある．さらに具体的に成分で表すためには基底ベクトルを選ぶ必要がある．すなわち，$\{\mathrm{O}; \boldsymbol{e}_1, \boldsymbol{e}_2, \boldsymbol{e}_3\}$ を指定しなければならない．これを座標系という．これによって空間の任意の点 P をベクトル $\boldsymbol{x}_\mathrm{P} = x_i \boldsymbol{e}_i$ のように表すことができる．

さて，P の近傍の点 Q をベクトル $\boldsymbol{x}_\mathrm{Q}$ で表した場合，（小さい）ベクトル $\boldsymbol{\xi} = \boldsymbol{x}_\mathrm{Q} - \boldsymbol{x}_\mathrm{P}$ は，そのような近傍の点を表すために用いることができる．始点

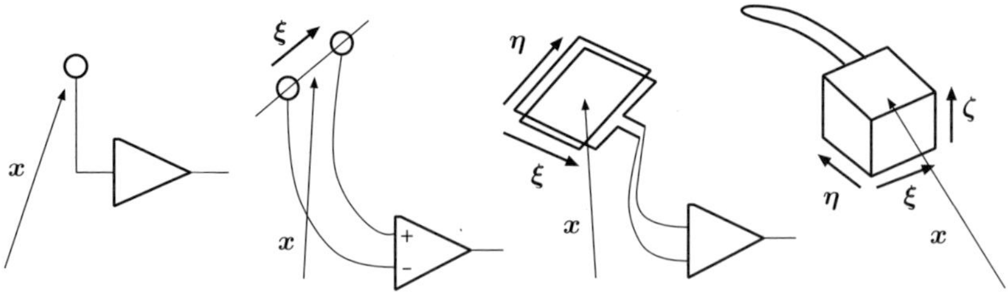

図 4.1　場の測定装置のイメージ．(a) 点スカラー場，(b) 力線ベクトル場，(c) 束密度ベクトル場，(d) 密度スカラー場．微小変位ベクトル $\boldsymbol{\xi}, \boldsymbol{\eta}, \boldsymbol{\zeta}$ は必ずしも直交している必要はない．(b) はコイルによる磁束密度の測定をイメージしているが，静磁場の場合には面積を時間変化させるなどの工夫が必要である．現実のフラックスゲート磁力計，ホール効果磁力計などはいずれも面積に比例した結果を与える．

が P のこのようなベクトルを微小変位ベクトル，**線要素**，あるいは**接ベクトル** (tangent vector) と呼ぶ．このベクトルは長さの次元を持つ．ある位置 P における接ベクトル全体はベクトル空間をつくる*1)．すなわち空間の各点ごとに，それぞれ独立した (3 次元の) ベクトル空間が割り当てられている*2)．この空間は接ベクトル空間と呼ばれる (各空間は独立しており，異なる点に属する接ベクトル同士を足すことはしない)．接ベクトル空間の座標系は $\{\mathrm{P}; \boldsymbol{t}_{P1}, \boldsymbol{t}_{P2}, \boldsymbol{t}_{P3}\}$ のように，基底が点 P ごとに異なっていても構わない．実際，曲線座標系では基底ベクトルはその大きさや向きが場所に依存するように選ばれる．

ある点における 2 つの微小変位ベクトル $\boldsymbol{\xi}, \boldsymbol{\eta}$ がつくる平行四辺形の面積に対応する $\boldsymbol{\sigma} = \boldsymbol{\xi} \times \boldsymbol{\eta} \overset{\mathrm{SI}}{\sim} \mathrm{m}^2$ は向きと大きさを持つのでベクトルと考えることができる．このようなベクトルを**面積要素**と呼ぶことにする．$\boldsymbol{\sigma}$ は成分を 3 つ持つという意味では，線要素と同じくベクトルであるが，$\boldsymbol{\xi}, \boldsymbol{\eta}$ がつくる面に関係していることを意識した方がよい．

---

*1)　微小変位に大きい数を掛けると，微小ではなくなる場合もありうる．

*2)　各点ごとにもとの空間と同じ次元のベクトル空間を 1 つずつ割り当てるのは大変な無駄にも思えるが，それなりに有用なのである．

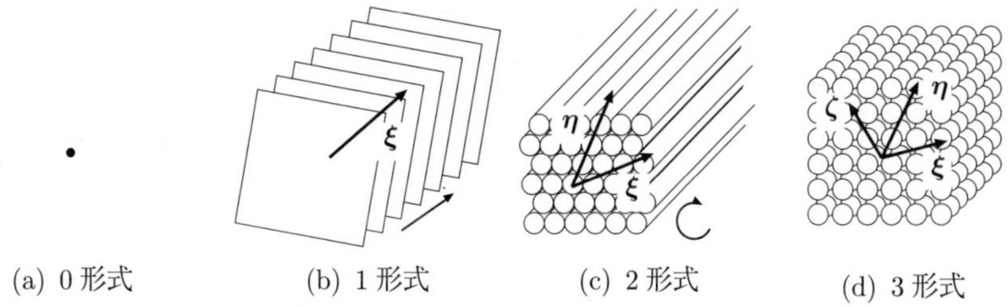

図 4.2 微分形式のイメージ．図 4.1 の測定装置と関連づけて眺めるとよい．

3 つの微小変位ベクトル $\boldsymbol{\xi}, \boldsymbol{\eta}, \boldsymbol{\zeta}$ がつくる平行六面体の体積 $v = (\boldsymbol{\xi} \times \boldsymbol{\eta}) \cdot \boldsymbol{\zeta} = [\boldsymbol{\xi\eta\zeta}] \overset{\mathrm{SI}}{\sim} \mathrm{m}^3$ はスカラーで表される．このようなスカラーを**体積要素**と呼ぶことにする．

4.2 テンソル場 — ブラックボックスとしての場

空間のある点の場を測定することを念頭において，スカラー場，ベクトル場といった場を操作的に定義してみよう．場の測定装置の概念図を図 4.1 に示す．前節で定義した，線要素，面積要素，体積要素は測定装置を特徴づける量になっている．一方，反対称テンソル場の幾何学的イメージを図 4.2 にまとめておく．空間の各点に反対称テンソルが配置されており，図 4.1 の対応する測定装置でスカラー量に変換することで場が測られるのである．

4.2.1 点スカラー場

温度場 $\theta(\boldsymbol{x})$ を例として考えよう．温度は点 $\boldsymbol{x}$ に温度プローブをおけば測定できる（図 4.1 (a)）．このように，プローブの位置を決めるだけで測定できる場を**点スカラー** (point scalar field) **場**と呼ぶことにする．そしてプローブを走査することによって，場全体の様子を知ることができる．

4.2.2 力線ベクトル場

次に，（静）電場 $\boldsymbol{E}(\boldsymbol{x})$ の場合を例にとる．電場の測定には基準となる線要

素 $\boldsymbol{\xi}$ が必要である．線要素 $\boldsymbol{\xi}$ の両端にそれぞれ電圧（電位）$V(\boldsymbol{x})$ のセンサーを取り付け，測定結果の差を出力として出す装置を考えよう（図 4.1 (b)）．スカラー量である測定結果は，プローブの位置だけではなく，プローブの向きと大きさにも依存し

$$\phi = \phi(\boldsymbol{x};\boldsymbol{\xi})\ \ (= V(\boldsymbol{x}+\boldsymbol{\xi}/2) - V(\boldsymbol{x}-\boldsymbol{\xi}/2)\,) \overset{\mathrm{SI}}{\sim} \mathrm{V} \tag{4.1}$$

のように，$\boldsymbol{\xi}$ に関する線形関数で表される．これは第 3 章の言葉でいえば，1 階のテンソル（コベクトル）である．線形性から，$\boldsymbol{\xi} = \xi_i \boldsymbol{e}_i$ を代入すると，

$$\phi(\boldsymbol{\xi}) = \phi(\xi_i \boldsymbol{e}_i) = E_i \xi_i, \quad E_i = \phi(\lambda \boldsymbol{e}_i)/\lambda$$

が得られる．λ は十分小さい長さである．また，$\phi(\boldsymbol{x};\boldsymbol{\xi})$ を簡単のために $\phi(\boldsymbol{\xi})$ と表した．以後同様である．さらに，双対基底を用いて*3)

$$\boldsymbol{E} = E_i \boldsymbol{n}_i \tag{4.2}$$

と表すことにすれば，

$$\boldsymbol{E}\cdot\boldsymbol{\xi} = E_i \boldsymbol{n}_i \cdot \xi_j \boldsymbol{e}_j = E_i \xi_j \delta_{ij} = E_i \xi_i = \phi(\boldsymbol{\xi}) \tag{4.3}$$

のようにスカラー積を用いて $\phi(\sqcup)$ の作用を表すことができる．

電場 $\boldsymbol{E}$ のように，線要素とスカラー積をとることのできるベクトル場を**力線ベクトル** (lines-of-force vector) **場**と呼ぶことにする*4)．力線ベクトルは，長さの逆数の次元を含む．たとえば，$\boldsymbol{E} \overset{\mathrm{SI}}{\sim} \mathrm{V/m}$ である．

問題 4.1　測定装置が必ずしも正規直交でない，独立な 3 つの線要素 $\{\boldsymbol{t}_i\} \overset{\mathrm{SI}}{\sim} \mathrm{m}$ に対する測定値 $V_i = \lambda^{-1}\boldsymbol{E}\cdot(\lambda \boldsymbol{t}_i)$ $(i = 1, 2, 3)$ を出力する場合，これらからベクトル $\boldsymbol{E} = V_1\boldsymbol{m}_1 + V_2\boldsymbol{m}_2 + V_3\boldsymbol{m}_3 = E_1\boldsymbol{e}_1 + E_2\boldsymbol{e}_2 + E_3\boldsymbol{e}_3$ を構成する方法を示せ．特に，$\boldsymbol{m}_i \cdot \boldsymbol{t}_j = \delta_{ij}$ となる双対基底 $\{\boldsymbol{m}_i\}$ の決め方を考えよ．

---

*3)　この章では，コベクトルを意識するために，その双対空間の基底として記号 $\{\boldsymbol{n}_i\}$ を用いる．ただし，正規直交基底を仮定しているので，$\{\boldsymbol{n}_i\} = \{\boldsymbol{e}_i\} \overset{\mathrm{SI}}{\sim} 1$ である．

*4)　幾何学的イメージからは層密度ベクトル場と呼ぶほうが適切であろう．

4.2.3 束密度ベクトル場

磁束密度 $\boldsymbol{B}(\boldsymbol{x})$ の測定を考える．面積要素 $\boldsymbol{\sigma} = \boldsymbol{\xi} \times \boldsymbol{\eta}$ を通る磁束 Φ を測定する必要がある（図 4.1 (c)）．測定結果

$$\Phi = \Phi(\boldsymbol{x}; \boldsymbol{\xi}, \boldsymbol{\eta}) \overset{\mathrm{SI}}{\sim} \mathrm{Wb} \tag{4.4}$$

は，ベクトル $\boldsymbol{\xi}, \boldsymbol{\eta}$，それぞれに関して線形である．また，ベクトルの入れ換えに関して反対称である: $\Phi(\boldsymbol{\eta}, \boldsymbol{\xi}) = -\Phi(\boldsymbol{\xi}, \boldsymbol{\eta})$．$\boldsymbol{x}$ 依存性は省略した．このように，ブラックボックスとしての磁束密度の作用は，2 階の反対称テンソルと見なすことができる．$\boldsymbol{\xi} = \xi_i \boldsymbol{e}_i$, $\boldsymbol{\eta} = \eta_j \boldsymbol{e}_j$ を代入すると，

$$\Phi(\xi_i \boldsymbol{e}_i, \eta_j \boldsymbol{e}_j) = B_{ij} \xi_i \eta_j, \quad B_{ij} = \Phi(\lambda \boldsymbol{e}_i, \lambda \boldsymbol{e}_j)/\lambda^2 \tag{4.5}$$

となり，2 階のテンソル B の成分表示

$$\mathsf{B} = B_{ij} \boldsymbol{n}_i \boldsymbol{n}_j \tag{4.6}$$

が得られる．すなわち，

$$\Phi(\boldsymbol{\xi}, \boldsymbol{\eta}) = \mathsf{B} : \boldsymbol{\xi}\boldsymbol{\eta} \tag{4.7}$$

と書ける．反対称性から，0 でない成分は，

$$\begin{aligned} B_{23} &= -B_{32}\,(= B_1), \\ B_{31} &= -B_{13}\,(= B_2), \\ B_{12} &= -B_{21}\,(= B_3) \end{aligned} \tag{4.8}$$

あるいは $B_{jk} = \epsilon_{ijk} B_i$．これを用いると，

$$\Phi(\boldsymbol{\xi}, \boldsymbol{\eta}) = B_1(\xi_2\eta_3 - \xi_3\eta_2) + B_2(\xi_3\eta_1 - \xi_1\eta_3) + B_3(\xi_1\eta_2 - \xi_2\eta_1) \tag{4.9}$$

と書け，さらに反対称積を用いて

$$\mathsf{B} = B_1 \boldsymbol{n}_2 \wedge \boldsymbol{n}_3 + B_2 \boldsymbol{n}_3 \wedge \boldsymbol{n}_1 + B_3 \boldsymbol{n}_1 \wedge \boldsymbol{n}_2 \tag{4.10}$$

となる．関係

$$
\begin{aligned}
B : \boldsymbol{\xi}\boldsymbol{\eta} &= B_{jk}\xi_j\eta_k = \epsilon_{ijk}B_i\xi_j\eta_k \\
&= \boldsymbol{B}\cdot(\boldsymbol{\xi}\times\boldsymbol{\eta}) = B_i\sigma_i = \boldsymbol{B}\cdot\boldsymbol{\sigma}
\end{aligned}
\tag{4.11}
$$

は，2階の反対称テンソル B が，ベクトル $\boldsymbol{B}$ で代用できる事情をよく示している．ここで，$\boldsymbol{\sigma} = \boldsymbol{\xi}\times\boldsymbol{\eta}$ は面積要素である．

このように，面積要素とスカラー積をとることのできるベクトル場，すなわち2階の反対称テンソル場をベクトル場と見なしたものを，ここでは**束密度ベクトル** (flux-density vector) **場**と呼ぶことにする．束密度ベクトルは面積の逆数の次元を含む．たとえば，$\boldsymbol{B} \overset{\mathrm{SI}}{\sim} \mathrm{Wb/m^2}$ である．

4.2.4 密度スカラー場

電荷密度場 $\varrho(\boldsymbol{x})$ を考えよう．点 $\boldsymbol{x}$ にセンサーを置けばよいが，測定している（小さい）体積を明らかにしなければならない．$\boldsymbol{\xi}$, $\boldsymbol{\eta}$, $\boldsymbol{\zeta}$ がつくる体積要素について，その中の電荷量を

$$
Q = Q(\boldsymbol{x}; \boldsymbol{\xi}, \boldsymbol{\eta}, \boldsymbol{\zeta}) \overset{\mathrm{SI}}{\sim} \mathrm{C} \tag{4.12}
$$

と表す．各ベクトルに関して線形，ベクトルの入れ換えに関しては反対称である（負の体積も考える）．さて，$\boldsymbol{\xi} = \xi_i\boldsymbol{e}_i$, $\boldsymbol{\eta} = \eta_j\boldsymbol{e}_j$, $\boldsymbol{\zeta} = \zeta_k\boldsymbol{e}_k$ を代入すると，

$$
Q(\xi_i\boldsymbol{e}_i, \eta_j\boldsymbol{e}_j, \zeta_k\boldsymbol{e}_k) = \varrho_{ijk}\xi_i\eta_j\zeta_k,\ \varrho_{ijk} = Q(\lambda\boldsymbol{e}_i, \lambda\boldsymbol{e}_j, \lambda\boldsymbol{e}_k)/\lambda^3 \tag{4.13}
$$

となり，3階の反対称テンソルの成分表示

$$
\mathcal{R} = \varrho_{ijk}\boldsymbol{n}_i\boldsymbol{n}_j\boldsymbol{n}_k \tag{4.14}
$$

が得られる．独立な成分は1つ，

$$
\varrho_{123} = \varrho_{231} = \varrho_{312} = -\varrho_{213} = -\varrho_{321} = -\varrho_{132}\,(=\varrho) \tag{4.15}
$$

だけである．すなわち，$\varrho_{ijk} = \varrho\epsilon_{ijk}$. そして式 (4.13) は

$$
Q(\boldsymbol{\xi}, \boldsymbol{\eta}, \boldsymbol{\zeta}) = \varrho(\xi_1\eta_2\zeta_3 + \xi_2\eta_3\zeta_1 + \xi_3\eta_1\zeta_2 - \xi_2\eta_1\zeta_3 - \xi_3\eta_2\zeta_1 - \xi_1\eta_3\zeta_2) \tag{4.16}
$$

表 4.1　電磁場に登場する場のテンソルとしての階数.

階数	場			
0	ϕ			
1	$\boldsymbol{A}$,	$\boldsymbol{E}$,	$\boldsymbol{H}$,	$\boldsymbol{M}$
2		B,	D,	P, J
3				$\mathcal{R}$

となる．反対称積を用いて，式 (4.14) は

$$\mathcal{R} = \varrho \boldsymbol{n}_1 \wedge \boldsymbol{n}_2 \wedge \boldsymbol{n}_3 \tag{4.17}$$

とも書ける．関係

$$\mathcal{R} \vdots \boldsymbol{\xi\eta\zeta} = \varrho \epsilon_{ijk} \xi_i \eta_j \zeta_k = \varrho[\boldsymbol{\xi\eta\zeta}] = \varrho \upsilon \tag{4.18}$$

は 3 階の反対称テンソルがスカラーで表せる事情をよく示している．$\upsilon = [\boldsymbol{\xi\eta\zeta}]$ は体積要素である．

このような場を**密度スカラー** (density scalar) **場**と呼ぶことにする．密度スカラーは，体積の逆数の次元を含む．たとえば，$\varrho \overset{\mathrm{SI}}{\sim} \mathrm{C/m^3}$ である．

問題 4.2　（なぞなぞ）表 4.1 にまとめたように，電磁気学におけるベクトルで，力線ベクトルに属すのは，$\boldsymbol{A}$, $\boldsymbol{E}$, $\boldsymbol{H}$, $\boldsymbol{M}$, 束密度ベクトルに属するのは，$\boldsymbol{B}$, $\boldsymbol{D}$, $\boldsymbol{J}$, $\boldsymbol{P}$ であるが，これを見かけで判断する（非論理的な）方法を考えよ．

4.3　反対称テンソル場 — 微分形式

表 4.2, 表 4.3 に示したように電磁気で現れるスカラー場，ベクトル場は，テンソル場という概念で括ることができる．

一般のテンソル場の成分は，階数を n として 3^n であるが，反対称テンソルについては独立な成分の数が $1, 3, 3, 1, 0, \cdots$ と変化する．そこで，通常は $n = 0, 3$ をスカラー場，$n = 1, 2$ をベクトル場と分類しているのである．2 階の反対称テンソルをベクトル化する際には面積要素 $\boldsymbol{\sigma} = \boldsymbol{\xi} \times \boldsymbol{\eta}$ が，3 階の反対称テンソルをスカラー化する際には体積要素 $\upsilon = [\boldsymbol{\xi\eta\zeta}]$ の導入が必要であった．

表 4.2 接ベクトルとテンソル場の関係．$*$ は任意の次元を表す．

空間要素	次元	場の物理量	次元	テンソルの階数
点	1	点スカラー	$*$	0
線要素 $\boldsymbol{\xi}$	L	力線ベクトル	$*L^{-1}$	1
面積要素 $\boldsymbol{\sigma} = \boldsymbol{\xi} \times \boldsymbol{\eta}$	L^2	束密度ベクトル	$*L^{-2}$	2
体積要素 $\upsilon = (\boldsymbol{\xi} \times \boldsymbol{\eta}) \cdot \boldsymbol{\zeta}$	L^3	密度スカラー	$*L^{-3}$	3

表 4.3 場のさまざまな表記法．

階数	線形関数	スカラー/ベクトル	テンソル	添字
0	θ	θ	θ	θ
1	$\phi(\boldsymbol{\xi})$	$\boldsymbol{E} \cdot \boldsymbol{\xi}$	$\boldsymbol{E} \cdot \boldsymbol{\xi}$	$E_i \xi_i$
2	$\Phi(\boldsymbol{\xi}, \boldsymbol{\eta})$	$\boldsymbol{B} \cdot (\boldsymbol{\xi} \times \boldsymbol{\eta}) = \boldsymbol{B} \cdot \boldsymbol{\sigma}$	$\mathsf{B} : \boldsymbol{\xi}\boldsymbol{\eta}$	$B_{jk} \xi_j \eta_k = \epsilon_{ijk} B_i \xi_j \eta_k$
3	$Q(\boldsymbol{\xi}, \boldsymbol{\eta}, \boldsymbol{\zeta})$	$\varrho[\boldsymbol{\xi}\boldsymbol{\eta}\boldsymbol{\zeta}] = \varrho \upsilon$	$\mathcal{R} \vdots \boldsymbol{\xi}\boldsymbol{\eta}\boldsymbol{\zeta}$	$\varrho_{ijk} \xi_i \eta_j \zeta_k = \varrho \epsilon_{ijk} \xi_i \eta_j \zeta_k$

入力すべき接ベクトル（の組）の“前処理”によってスカラー化，ベクトル化が果たされている．たとえば，$\boldsymbol{\sigma} = \boldsymbol{\xi} \times \boldsymbol{\eta} = \boldsymbol{\xi}' \times \boldsymbol{\eta}'$ の場合，$\Phi(\boldsymbol{\xi}, \boldsymbol{\eta}) = \Phi(\boldsymbol{\xi}', \boldsymbol{\eta}')$ が成り立つので，ある程度は理にかなった前処理であるといえる．

電磁気で現れる 2 階，3 階のテンソル場はほとんどが反対称テンソル場である．0 階，1 階のテンソル場も反対称であると拡大解釈すれば，すべてが反対称テンソル場であるといえる．反対称テンソル場は**微分形式** (differential form)，あるいは n **形式** (n-form) と呼ばれる．

第 5 章
ベクトル解析と微分形式

ベクトル解析の中心は，ガウスの定理とストークスの定理といってよいだろう．ここでは，これらの定理を微分積分学の基本定理のテンソルへの一般化として，（できるだけ）座標に依存しない方法で証明する．これによって grad, curl, div など，マクスウェル方程式の重要な要素である微分演算子が自然かつ必然的に導入される*1)．

5.1 微分積分学の基本定理

関数 $f(x)$ の変化の様子を知るために微分が用いられる．x が $x+\xi$ に変化した場合の f の変化は

$$f(x+\xi) - f(x) \ \sim \ \frac{\mathrm{d}f}{\mathrm{d}x}(x')\xi \tag{5.1}$$

と表すことができる．x' は区間 $[x, x+\xi]$ 上の適当な点である．f の変化は，ξ があまり大きくなければ ξ に比例しており，その比例係数が微係数 $\mathrm{d}f/\mathrm{d}x$ である．

式 (5.1) は線分 $[x, x+\xi]$ と関数 f の関係を述べている．左辺は線分の両端

*1) これらの微分演算子は座標に依存する形で天下り的に与えられることが多い．たとえば，$\mathrm{div}\,\boldsymbol{B} = \dfrac{\partial B_1}{\partial x_1} + \dfrac{\partial B_2}{\partial x_2} + \dfrac{\partial B_3}{\partial x_3}$ のように．しかし，これでは必然性がさっぱりわからない．

における関数の値の差，右辺は線分の位置における微係数 $\mathrm{d}f/\mathrm{d}x$ と，線分の長さ ξ の積になっている．左辺は外部的な量，右辺は内部的な量に関連していることに注目しておこう．

x の変化が小さくない場合に f の変化量を見るには積分が必要となる．区間 $[x,y]$ を小さい線分 $L_i=[x_{i-1},x_i]$ $(i=1,\cdots,n,\ x_0=x,\ x_n=y)$ に分割する．それぞれの線分 L_i に対する f の変化は

$$f(x_i)-f(x_{i-1})\ \sim\ \frac{\mathrm{d}f}{\mathrm{d}x}(x'_i)\xi_i \quad (i=1,2,\cdots,n) \tag{5.2}$$

である．ただし $\xi_i=x_i-x_{i-1}$，x'_i は線分 L_i 上の適当な点を表す．i について和をとると，

$$f(x_n)-f(x_{n-1})+f(x_{n-1})-\cdots+f(x_1)-f(x_0)\ \sim\ \sum_{i=1}^{n}\frac{\mathrm{d}f}{\mathrm{d}x}(x'_i)\xi_i \tag{5.3}$$

すなわち，

$$f(x_n)-f(x_0)\ \sim\ \sum_{i=1}^{n}\frac{\mathrm{d}f}{\mathrm{d}x}(x'_i)\xi_i \tag{5.4}$$

となる．左辺において，線分の繋目における f の値がすべて打ち消されることに注意する．分割が十分細かい場合には，右辺は積分の形で表され，

$$f(y)-f(x)=\int_x^y\frac{\mathrm{d}f}{\mathrm{d}x}(x')\mathrm{d}x' \tag{5.5}$$

となる．この式は微分積分学の基本定理と呼ばれ，微分と積分の関係を示す重要な定理である．左辺が区間の端の値，右辺が中身の値に関係している．これから調べる，ガウスの公式，ストークスの公式などのベクトル解析の公式群は，すべてこの定理の自然な一般化になっている．

5.2 線積分，面積分，体積積分

3次元空間では，力線ベクトル場，束密度ベクトル場，密度スカラー場に対応して，それぞれ線積分，面積分，体積積分の3種類の積分が考えられる．点スカラー場に対応する積分はない（が，後に無理に定義する）．図5.1を用いながら説明する．

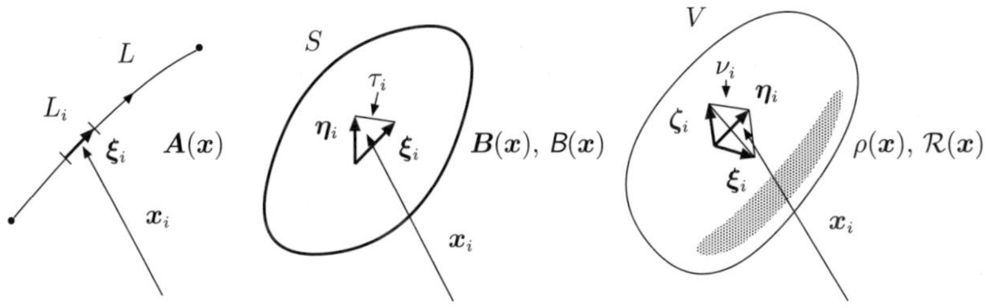

図 5.1　積分のための分割: (a) 線積分，(b) 面積分，(c) 体積積分.

5.2.1　線積分

力線ベクトル場（1 形式）$\boldsymbol{A}(\boldsymbol{x})$ と，(向きづけされた) 曲線 L を考える．曲線 L を n 個の小さい直線 L_i で折れ線近似する．L_i の向きは L の向きを基準にする．L_i は $\boldsymbol{x}_i$ における接ベクトル $\boldsymbol{\xi}_i$ と見なすことができる．同じ点における力線ベクトル場 $\boldsymbol{A}(\boldsymbol{x}_i)$ にこの接ベクトルを作用させて得られるスカラーを

$$I(\boldsymbol{A}, L_i) \sim \boldsymbol{A}(\boldsymbol{x}_i) \cdot \boldsymbol{\xi}_i \tag{5.6}$$

と表す．これらを i について足したものを，

$$I\left(\boldsymbol{A}, \sum_i L_i\right) := \sum_i I(\boldsymbol{A}, L_i) = \sum_i \boldsymbol{A}(\boldsymbol{x}_i) \cdot \boldsymbol{\xi}_i \tag{5.7}$$

とする．$\sum_i L_i$ は，L_i を繋いで得られる折れ線を記号的に表したものであり，曲線 L を近似している．分割を細かくした場合の極限を

$$I\left(\boldsymbol{A}, \sum_i L_i\right) \to I(\boldsymbol{A}, L) = \int_L \boldsymbol{A}(\boldsymbol{x}) \cdot \mathrm{d}\boldsymbol{l} \quad (n \to \infty,\ \max_i |\boldsymbol{\xi}_i| \to 0) \tag{5.8}$$

と表し，曲線 L に沿った，$\boldsymbol{A}$ の線積分と呼ぶ．線積分できるのは力線ベクトル場だけであり，束密度ベクトル場は次の面積分の対象である．

5.2.2　面積分

束密度ベクトル場 $\boldsymbol{B}(\boldsymbol{x})$ あるいは 2 形式 $B(\boldsymbol{x})$ と，（向きづけられた曲面）S を考える．曲面 S を小さい n 個の三角形 τ_i の連なりで近似する．τ_i の向き

は，S の向きを基準にする．各三角形は，それぞれ2つのベクトル $\boldsymbol{\xi}_i, \boldsymbol{\eta}_i$，あるいは面積要素ベクトル $\boldsymbol{\tau}_i = \boldsymbol{\xi}_i \times \boldsymbol{\eta}_i/2$ で特徴づけることができる．τ_i と $\boldsymbol{B}$ から作られるスカラー

$$I(\boldsymbol{B}, \tau_i) = \boldsymbol{B}(\boldsymbol{x}_i) \cdot \boldsymbol{\tau}_i = \mathsf{B}(\boldsymbol{x}_i) : \boldsymbol{\xi}_i \boldsymbol{\eta}_i/2 \tag{5.9}$$

と定義する．これらの和を

$$I\left(\boldsymbol{B}, \sum_i \tau_i\right) := \sum_i I(\boldsymbol{B}, \tau_i). \tag{5.10}$$

と表す．$\sum_i \tau_i$ は τ_i をつないでできた折面であり，もとの曲面 S を近似する．分割を細かくした場合の極限を

$$I\left(\boldsymbol{B}, \sum_i \tau_i\right) \to I(\boldsymbol{B}, S) = \int_S \boldsymbol{B}(\boldsymbol{x}) \cdot \mathrm{d}\boldsymbol{S}$$

$$(n \to \infty,\ \max_i |\boldsymbol{\tau}_i| \to 0) \tag{5.11}$$

と表し，面 S 上の $\boldsymbol{B}$ の面積分と呼ぶ．面積分の対象になるのは束密度ベクトル場だけである．

5.2.3 体積積分

密度スカラー場 $\varrho(\boldsymbol{x})$ あるいは3形式 $\mathcal{R}(\boldsymbol{x})$ と，（符号付き）体積 V を考える．V を n 個の小さい四面体 ν_i の連なりで近似する．各四面体は，3つのベクトル $\boldsymbol{\xi}_i, \boldsymbol{\eta}_i, \boldsymbol{\zeta}_i$，あるいは体積要素 $\nu_i = (\boldsymbol{\xi}_i \times \boldsymbol{\eta}_i) \cdot \boldsymbol{\zeta}_i/6$ で特徴づけることができる．体積 ν_i と ϱ から作られるスカラーを

$$\varrho(\boldsymbol{x}_i)\nu_i = \varrho(\boldsymbol{x}_i)[\boldsymbol{\xi}_i\ \boldsymbol{\eta}_i\ \boldsymbol{\zeta}_i]/6 = \mathcal{R}(\boldsymbol{x}_i) \vdots \boldsymbol{\xi}_i \boldsymbol{\eta}_i \boldsymbol{\zeta}_i/6 \tag{5.12}$$

とし，これらを足したものを

$$I\left(\varrho, \sum_i \nu_i\right) := \sum_i I(\varrho, \nu_i) \tag{5.13}$$

と定義する．$\sum_i \nu_i$ は四面体の集まりで，V を近似している．さらに分割を細かくした場合の極限を

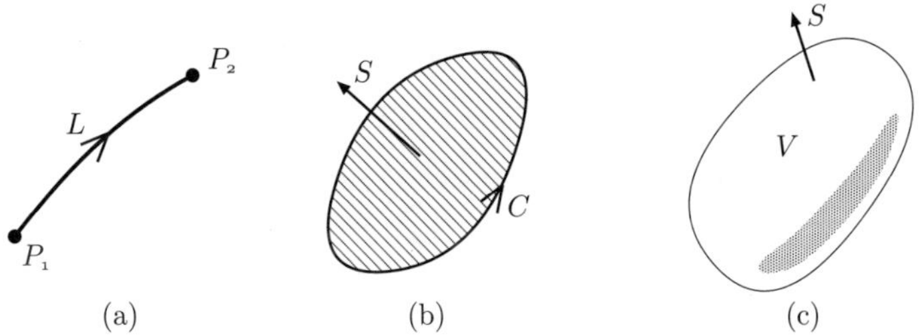

図 5.2　(a) 曲線 L の端 $\partial L = P_2 - P_1$，(b) 曲面 S の周囲 $\partial S = L$，(c) 体積 V の表面 $\partial V = S$.

$$I\left(\varrho, \sum_i \nu_i\right) \to I(\varrho, V) = \int_V \varrho(\boldsymbol{x})\mathrm{d}V$$
$$(n \to \infty,\ \max_i |\nu_i| \to 0) \tag{5.14}$$

と表し，体積 V にわたる ϱ の体積積分と呼ぶ．体積積分の対象になるのは密度スカラー場だけである．

5.2.4　点積分

点スカラー場（0 形式）に対応する積分はないのだが，形式的にそれを定義しておくと，式が統一的に書けて便利である．点スカラー場 $\phi(\boldsymbol{x})$ と点 P に対して，

$$I(\phi, \pm P) := \pm\phi(\boldsymbol{x}_P) = \phi|_{\pm P} \tag{5.15}$$

と書くことにする．符号の意味は後に明らかになる．

5.3　領域の境界

領域の境界を ∂ で表す．図 5.2 のように体積 V の表面を $S = \partial V$，曲面 S の周辺にあたる曲線を $L = \partial S$，曲線 L の両端を $P_2 - P_1 = \partial L$ と表す．P_1，P_2 は L のそれぞれ始点，終点である．

曲面 ∂V は閉じていて縁がない ($\partial^2 V = 0$)．曲線 ∂S は閉じていて端がない ($\partial^2 S = 0$)．

体積 V の表面，すなわち閉じた面 ∂V に対する面積分を特に

$$I(\boldsymbol{B}, \partial V) = \oint_{\partial V} \boldsymbol{B} \cdot \mathrm{d}\boldsymbol{S} \tag{5.16}$$

と表す．$\mathrm{d}\boldsymbol{S}$ は，体積 V が正の場合に内部から外部へ向かう方向を正にとる．

曲面 S の周囲，すなわち閉じた線 ∂S に対する線積分を特に

$$I(\boldsymbol{A}, \partial S) = \oint_{\partial S} \boldsymbol{A} \cdot \mathrm{d}\boldsymbol{l} \tag{5.17}$$

と表す．$\mathrm{d}\boldsymbol{l}$ は面の方向に対して右ねじ方向を正にとる．

曲線の端点 $\partial L = P_2 - P_1$ に関する積分を形式的に次のように表す：

$$I(\phi, \partial L) = \phi|_{\partial L} = \phi(\boldsymbol{x}_{P2}) - \phi(\boldsymbol{x}_{P1}). \tag{5.18}$$

5.4 関数の勾配

点スカラー場（0形式）$\phi(\boldsymbol{x})$ の線要素 $\boldsymbol{\xi}$ がつくる線分 $\mathrm{d}\boldsymbol{l}$ の両端における値の差（の近似値）を

$$D(\phi;\, \boldsymbol{\xi}) \sim \phi(\boldsymbol{x} + \boldsymbol{\xi}) - \phi(\boldsymbol{x}) \tag{5.19}$$

と表す*2)．これは $\boldsymbol{\xi}$ に対する線形関数，すなわち1階のテンソルである:

$$\begin{aligned} D(\phi;\, \boldsymbol{\xi}_1 + \boldsymbol{\xi}_2) &= D(\phi;\, \boldsymbol{\xi}_1) + D(\phi;\, \boldsymbol{\xi}_2) \\ D(\phi;\, \alpha\boldsymbol{\xi}) &= \alpha D(\phi;\, \boldsymbol{\xi}) \quad (\alpha \in \mathbb{R}). \end{aligned} \tag{5.20}$$

問題 5.1 式 (5.20) を確かめよ．

このテンソルは成分を用いると，λ を小さい長さとして，

$$D(\phi;\, \xi_i \boldsymbol{e}_i) = D(\phi;\, \lambda \boldsymbol{e}_i)\xi_i/\lambda = \frac{\partial \phi}{\partial x_i}\xi_i \tag{5.21}$$

と表すことができる．さらに $\boldsymbol{\nabla}\phi = \dfrac{\partial \phi}{\partial x_i}\boldsymbol{e}_i$，あるいは $\boldsymbol{\nabla} = \dfrac{\partial}{\partial x_i}\boldsymbol{e}_i$，のようなベクトル記号を用いれば*3)，

$$D(\phi;\, \boldsymbol{\xi}) = (\boldsymbol{\nabla}\phi) \cdot \boldsymbol{\xi} = (\boldsymbol{\xi} \cdot \boldsymbol{\nabla})\phi \tag{5.22}$$

と，スカラー積の形で書くことができる．$\boldsymbol{\nabla} = \partial/\partial\boldsymbol{x}$ は**ナブラ** (nabla) 演算子

---

*2) 厳密には，$D(\phi;\, \boldsymbol{\xi}) = \lim_{\epsilon \to 0}[\phi(\boldsymbol{x} + \epsilon\boldsymbol{\xi}) - \phi(\boldsymbol{x})]/\epsilon$.

*3) 本来は，双対基底 $\{\boldsymbol{n}_i\}$ を用いるのが適当である．

と呼ばれ，関数（スカラー場）に作用させることでベクトル（場）を作る．点スカラー場 $\phi(\boldsymbol{x})$ から導かれる $\boldsymbol{\nabla}\phi = \mathrm{grad}\,\phi$ は ϕ の**勾配場**と呼ばれる．勾配場は力線ベクトル場（1 形式場）である．

3 次元空間の 2 点 $\boldsymbol{x}$ と $\boldsymbol{y}$ をつなぐ曲線 L を折れ線 $\boldsymbol{\xi}_i = \boldsymbol{x}_i - \boldsymbol{x}_{i-1}$ $(i = 1, \cdots, n)$, $\boldsymbol{x}_0 = \boldsymbol{x}$, $\boldsymbol{x}_n = \boldsymbol{y}$ で近似する．各線分 $[\boldsymbol{x}_{i-1}, \boldsymbol{x}_i]$ の両端での ϕ の差は

$$D(\phi; \boldsymbol{\xi}_i) = \phi(\boldsymbol{x}_i) - \phi(\boldsymbol{x}_{i-1}) = (\boldsymbol{\xi}_i \cdot \boldsymbol{\nabla})\phi(\boldsymbol{x}'_i). \tag{5.23}$$

$\boldsymbol{x}'_i$ は線分上の点を表す．この差を足し上げると，

$$\begin{aligned} &\phi(\boldsymbol{x}_n) - \phi(\boldsymbol{x}_{n-1}) + \phi(\boldsymbol{x}_{n-1}) - \cdots + \phi(\boldsymbol{x}_1) - \phi(\boldsymbol{x}_0) \\ &\quad \sim \sum_{i=1}^{n} (\boldsymbol{\xi}_i \cdot \boldsymbol{\nabla})\phi(\boldsymbol{x}'_i). \end{aligned} \tag{5.24}$$

左辺は $\phi(\boldsymbol{x}_n) - \phi(\boldsymbol{x}_0)$ である．右辺は式 (5.7) から，$\sum_i I(\boldsymbol{\nabla}\phi, L_i)$ であり，刻みを細かくすると，$I(\boldsymbol{\nabla}\phi, L)$ に近づく．したがって，

$$\phi(\boldsymbol{y}) - \phi(\boldsymbol{x}) = \int_L \boldsymbol{\nabla}\phi \cdot \mathrm{d}\boldsymbol{l} \tag{5.25}$$

が得られる．これは，

$$I(\phi, \partial L) = I(\boldsymbol{\nabla}\phi, L) \quad \text{あるいは} \quad \phi|_{\partial L} = \int_L \boldsymbol{\nabla}\phi \cdot \mathrm{d}\boldsymbol{l} \tag{5.26}$$

とも書ける．式 (5.5) の一般化になっている．

5.5 ストークスの公式

力線ベクトル場（1 形式）$\boldsymbol{A}(\boldsymbol{x})$ の空間変化はスカラー量

$$\begin{aligned} D(\boldsymbol{A}; \boldsymbol{\xi}, \boldsymbol{\eta}) &= (\boldsymbol{A}(\boldsymbol{x} + \boldsymbol{\xi}) - \boldsymbol{A}(\boldsymbol{x})) \cdot \boldsymbol{\eta} \\ &\sim (\boldsymbol{\xi} \cdot \boldsymbol{\nabla})(\boldsymbol{A} \cdot \boldsymbol{\eta}) = \boldsymbol{\nabla}\boldsymbol{A} : \boldsymbol{\xi}\boldsymbol{\eta} \end{aligned} \tag{5.27}$$

で表される．$\boldsymbol{\xi}$ はプローブ位置 $\boldsymbol{x}$ の微小変位，$\boldsymbol{\eta}$ はプローブ（図 4.1 (b)）を特徴づける接ベクトルを表す．これは $\boldsymbol{\xi}$, $\boldsymbol{\eta}$ に対する線形関数，すなわち 2 階のテンソル場 $\boldsymbol{\nabla}\boldsymbol{A}$ と考えることができる．ただし，対称テンソルでも反対称テンソルでもないことに注意する．成分で表すと，

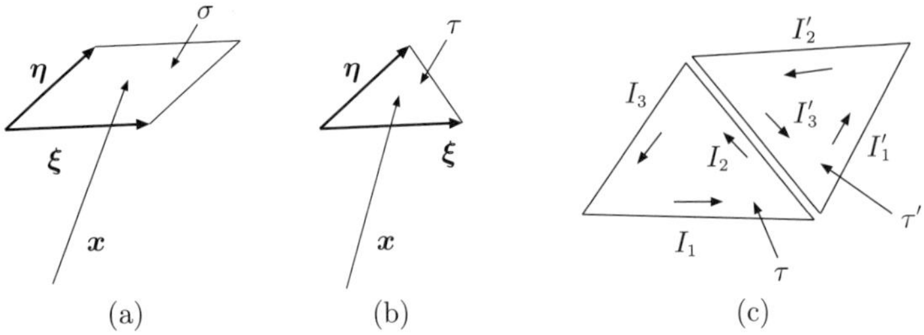

図 5.3　(a) 点 $\boldsymbol{x}$ において接ベクトル $\boldsymbol{\xi}, \boldsymbol{\eta}$ がつくる平行四辺形 σ. (b) 接ベクトル $\boldsymbol{\xi}, \boldsymbol{\eta}$ がつくる三角形 τ. (c) 2 つの三角形 τ, τ' に関する積分から平行四辺形に関する積分が得られる. 同様の操作を繰り返すと大きい面積に対する積分が得られる.

$$D(\boldsymbol{A}; \xi_i \boldsymbol{e}_i, \eta_j \boldsymbol{e}_j) = \xi_i \eta_j (\boldsymbol{e}_i \cdot \boldsymbol{\nabla})(\boldsymbol{A} \cdot \boldsymbol{e}_j) = \xi_i \eta_j \frac{\partial}{\partial x_i} A_j. \tag{5.28}$$

力線ベクトル場 $\boldsymbol{A}(\boldsymbol{x})$ を小さいベクトル $\boldsymbol{\xi}, \boldsymbol{\eta}$ がつくる平行四辺形 σ の周辺に沿って線積分してみよう（図 5.3 (a)）. 平行四辺形の中心は位置 $\boldsymbol{x}$ にあるとする:

$$\begin{aligned} I(\boldsymbol{A}, \partial\sigma) &= I_1 + I_2 + I_3 + I_4 \\ &\sim \boldsymbol{A}\left(\boldsymbol{x} - \frac{\boldsymbol{\eta}}{2}\right) \cdot \boldsymbol{\xi} + \boldsymbol{A}\left(\boldsymbol{x} + \frac{\boldsymbol{\xi}}{2}\right) \cdot \boldsymbol{\eta} - \boldsymbol{A}\left(\boldsymbol{x} + \frac{\boldsymbol{\eta}}{2}\right) \cdot \boldsymbol{\xi} - \boldsymbol{A}\left(\boldsymbol{x} - \frac{\boldsymbol{\xi}}{2}\right) \cdot \boldsymbol{\eta} \\ &\sim D(\boldsymbol{A}; \boldsymbol{\xi}, \boldsymbol{\eta}) - D(\boldsymbol{A}; \boldsymbol{\eta}, \boldsymbol{\xi}) = (\boldsymbol{\nabla}\boldsymbol{A}) : (\boldsymbol{\xi}\boldsymbol{\eta} - \boldsymbol{\eta}\boldsymbol{\xi}). \end{aligned} \tag{5.29}$$

さらに，式 (3.49), (3.50) を用いると，

$$\begin{aligned} (\boldsymbol{\nabla}\boldsymbol{A}) : (\boldsymbol{\xi}\boldsymbol{\eta} - \boldsymbol{\eta}\boldsymbol{\xi}) &= (\boldsymbol{\nabla} \wedge \boldsymbol{A}) : \boldsymbol{\xi}\boldsymbol{\eta} \\ &= (\boldsymbol{\nabla} \times \boldsymbol{A}) \cdot \boldsymbol{\sigma} = I(\boldsymbol{\nabla} \times \boldsymbol{A}, \sigma). \end{aligned} \tag{5.30}$$

ただし，$\boldsymbol{\sigma} = \boldsymbol{\xi} \times \boldsymbol{\eta}$. この過程において，$\boldsymbol{\xi}, \boldsymbol{\eta}$ に対する反対称テンソル $\boldsymbol{\nabla} \wedge \boldsymbol{A}$ が得られたことに注意する．このテンソルの成分は

$$(\boldsymbol{\nabla} \wedge \boldsymbol{A})_{ij} = \frac{\partial}{\partial x_i} A_j - \frac{\partial}{\partial x_j} A_i. \tag{5.31}$$

平行四辺形の代わりに，$\boldsymbol{\xi}, \boldsymbol{\eta}$ を 2 辺とする三角形 τ を用いて同様の式を導いて見よう（図 5.3 (b)）：

$$
\begin{aligned}
I(\boldsymbol{A}, \partial\tau) &= I_1 + I_2 + I_3 \\
&\sim \boldsymbol{A}\left(\boldsymbol{x} + \frac{\boldsymbol{\xi} - 2\boldsymbol{\eta}}{6}\right)\cdot\boldsymbol{\xi} + \boldsymbol{A}\left(\boldsymbol{x} + \frac{\boldsymbol{\xi} + \boldsymbol{\eta}}{6}\right)\cdot(\boldsymbol{\eta} - \boldsymbol{\xi}) \\
&\quad + \boldsymbol{A}\left(\boldsymbol{x} + \frac{\boldsymbol{\eta} - 2\boldsymbol{\xi}}{6}\right)\cdot(-\boldsymbol{\eta}) \sim (\boldsymbol{\nabla}\boldsymbol{A}) : (\boldsymbol{\xi}\boldsymbol{\eta} - \boldsymbol{\eta}\boldsymbol{\xi})/2 \\
&= (\boldsymbol{\nabla} \wedge \boldsymbol{A}) : \boldsymbol{\xi}\boldsymbol{\eta}/2 = (\boldsymbol{\nabla} \times \boldsymbol{A})\cdot\boldsymbol{\tau} = I(\boldsymbol{\nabla} \times \boldsymbol{A}, \tau). \qquad (5.32)
\end{aligned}
$$

ただし，$\boldsymbol{\tau} = \boldsymbol{\xi} \times \boldsymbol{\eta}/2$ とした．三角形の場合には，面積の大きさを半分にしておけばよいことがわかる．

図 5.3(c) のような，1 つの辺を共有する 2 つの三角形 τ, τ' に関して，式 (5.32) の 1 番目の等式の両辺をそれぞれ加えると，

$$
\begin{aligned}
I(\boldsymbol{A}, \partial\tau) + I(\boldsymbol{A}, \partial\tau') &= I_1 + I_2 + I_3 + I_1' + I_2' + I_3' \\
&= I_1 + I_1' + I_2' + I_3 = I(\boldsymbol{A}, \partial(\tau + \tau')) \qquad (5.33)
\end{aligned}
$$

となる．$I_2 = -I_3'$ を用いた．$\tau + \tau'$ は四辺形である．一方，式 (5.32) の最右辺に関する和は，

$$
I(\boldsymbol{\nabla} \times \boldsymbol{A}, \tau) + I(\boldsymbol{\nabla} \times \boldsymbol{A}, \tau') = I(\boldsymbol{\nabla} \times \boldsymbol{A}, \tau + \tau'). \qquad (5.34)
$$

任意の曲面 S を，小さい平行四辺形や三角形に分割して，上の議論を繰り返し適用すると，$I\left(\boldsymbol{A}, \partial\sum_i \tau_i\right) = I\left(\boldsymbol{\nabla} \times \boldsymbol{A}, \sum_i \tau_i\right)$ となる．そして，$n \to \infty$ とすれば，

$$
I(\boldsymbol{A}, \partial S) = I(\boldsymbol{\nabla} \times \boldsymbol{A}, S) \qquad (5.35)
$$

あるいは，

$$
\oint_{\partial S} \boldsymbol{A}\cdot \mathrm{d}\boldsymbol{l} = \int_S \boldsymbol{\nabla} \times \boldsymbol{A}\cdot \mathrm{d}\boldsymbol{S} \qquad (5.36)
$$

が得られる．これが**ストークス** (Stokes) **の公式**である．

力線ベクトル場 $\boldsymbol{A}(\boldsymbol{x})$ から導かれる $\boldsymbol{\nabla} \times \boldsymbol{A}\,(= \mathrm{curl}\,\boldsymbol{A})$ は，$\boldsymbol{A}$ の**渦場**と呼ばれる．渦場は束密度ベクトル場である．また，2 形式場 $\boldsymbol{\nabla} \wedge \boldsymbol{A}$ と見ることもできる．

■ 勾配場は渦なし

点スカラー場 ϕ の勾配場を $\boldsymbol{A} = \boldsymbol{\nabla}\phi$ とする．これを式 (5.36) に代入すると，左辺は式 (5.26) から，

$$\oint_{\partial S} \boldsymbol{\nabla}\phi \cdot \mathrm{d}\boldsymbol{l} = \phi|_{\partial(\partial S)} = 0 \tag{5.37}$$

となる．閉曲線 ∂S には端がない ($\partial^2 S = 0$) ので値が 0 になる．あるいは，閉曲線上の任意の点 $\boldsymbol{x}_1$ を用いて，$\phi|_{\boldsymbol{x}_1}^{\boldsymbol{x}_1} = \phi(\boldsymbol{x}_1) - \phi(\boldsymbol{x}_1) = 0$ と考えることもできる．勾配場の閉曲線 ∂S に関する線積分は 0 である．これが任意の S に対して成り立つので，恒等式

$$\boldsymbol{\nabla} \times (\boldsymbol{\nabla}\phi) = 0 \quad \text{あるいは} \quad \mathrm{curl}\,\mathrm{grad}\,\phi = 0 \tag{5.38}$$

が成立する*4)．勾配場は渦なしということである．逆に任意の**渦なし** (curl-free) **場** $\boldsymbol{A}$ は適当な点スカラー場 ϕ の勾配として表すことができる*5)．すなわち，

$$\boldsymbol{\nabla} \times \boldsymbol{A} = 0 \quad \text{なら} \quad \boldsymbol{A} = \nabla\phi. \tag{5.39}$$

ただし，$\phi + C$ (C は定数) も同じ場を与えることに注意する．

5.6 ガウスの公式

束密度ベクトル場 $\boldsymbol{B}(\boldsymbol{x})$ の空間変化は

$$D(\boldsymbol{B}; \boldsymbol{\xi}, \boldsymbol{\eta}, \boldsymbol{\zeta}) = (\mathsf{B}(\boldsymbol{x}+\boldsymbol{\xi}) - \mathsf{B}(\boldsymbol{x})) : \boldsymbol{\eta\zeta} \sim (\boldsymbol{\xi}\cdot\boldsymbol{\nabla})(\mathsf{B} : \boldsymbol{\eta\zeta}) \tag{5.40}$$

で表される．$\boldsymbol{\xi}$ はプローブ位置の微小変位，$\boldsymbol{\eta}, \boldsymbol{\zeta}$ はプローブを特徴づけるベクトルを表す．これは，$\boldsymbol{\xi}, \boldsymbol{\eta}, \boldsymbol{\zeta}$ に関する線形関数，すなわち 3 階のテンソル場 $\boldsymbol{\nabla}\mathsf{B}$ と考えることができる．このテンソルは，$\boldsymbol{\eta}$ と $\boldsymbol{\zeta}$ に関しては反対称であるが，その他の対称性はない．その成分は，

$$\begin{aligned} D(\boldsymbol{B}; \xi_i\boldsymbol{e}_i, \eta_j\boldsymbol{e}_j, \zeta_k\boldsymbol{e}_k) &= \xi_i\eta_j\zeta_k(\boldsymbol{e}_i\cdot\boldsymbol{\nabla})(\mathsf{B} : \boldsymbol{e}_j\boldsymbol{e}_k) \\ &= \xi_i\eta_j\zeta_k\frac{\partial}{\partial x_i}B_{jk}. \end{aligned} \tag{5.41}$$

束密度ベクトル場 $\boldsymbol{B}(\boldsymbol{x})$ を，小さいベクトル $\boldsymbol{\xi}, \boldsymbol{\eta}, \boldsymbol{\zeta}$ がつくる平行六面体 v

*4) これはベクトル解析の公式を用いて直接示すこともできる（付録 A，問題 A.6 参照）．後述の式 (5.52) についても同様である．

*5) ここでは，渦なし条件が空間全体で成り立っているとしている．渦なし条件がある領域に限られている場合には，ϕ の存在や一意性は領域の大域的構造（トポロジー）に依存する．式 (5.53) における $\boldsymbol{A}$ についても同様である．その具体的な状況は 15.2 節に現れる．

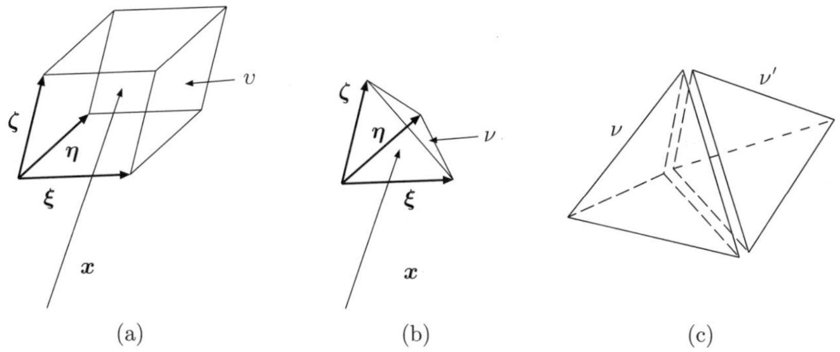

図 5.4 (a) 点 $\boldsymbol{x}$ において接ベクトル $\boldsymbol{\xi}, \boldsymbol{\eta}, \boldsymbol{\zeta}$ がつくる平行六面体 υ. (b) 接ベクトル $\boldsymbol{\xi}, \boldsymbol{\eta}, \boldsymbol{\zeta}$ がつくる四面体 ν. (c) 2つの四面体 ν, ν' に関する積分から六面体に関する積分が得られる. 同様の操作を繰り返すと大きい体積に対する積分が得られる.

の表面に沿って面積分してみよう（図 5.4 (a)）. $\boldsymbol{x}$ は υ の重心にあるとする:

$$
\begin{aligned}
I(\boldsymbol{B}, \partial\upsilon) &= I_1 + I_2 + I_3 + I_4 + I_5 + I_6 \\
&\sim B\left(\boldsymbol{x} - \frac{\boldsymbol{\xi}}{2}\right) : \boldsymbol{\zeta}\boldsymbol{\eta} + B\left(\boldsymbol{x} - \frac{\boldsymbol{\eta}}{2}\right) : \boldsymbol{\xi}\boldsymbol{\zeta} + B\left(\boldsymbol{x} - \frac{\boldsymbol{\zeta}}{2}\right) : \boldsymbol{\eta}\boldsymbol{\xi} \\
&\quad + B\left(\boldsymbol{x} + \frac{\boldsymbol{\xi}}{2}\right) : \boldsymbol{\eta}\boldsymbol{\zeta} + B\left(\boldsymbol{x} + \frac{\boldsymbol{\eta}}{2}\right) : \boldsymbol{\zeta}\boldsymbol{\xi} + B\left(\boldsymbol{x} + \frac{\boldsymbol{\zeta}}{2}\right) : \boldsymbol{\xi}\boldsymbol{\eta} \\
&= D(\boldsymbol{B};\, \boldsymbol{\xi}, \boldsymbol{\eta}, \boldsymbol{\zeta}) + D(\boldsymbol{B};\, \boldsymbol{\eta}, \boldsymbol{\zeta}, \boldsymbol{\xi}) + D(\boldsymbol{B};\, \boldsymbol{\zeta}, \boldsymbol{\xi}, \boldsymbol{\eta}) \\
&= (\boldsymbol{\nabla} B) \vdots (\boldsymbol{\xi}\boldsymbol{\eta}\boldsymbol{\zeta} + \boldsymbol{\eta}\boldsymbol{\zeta}\boldsymbol{\xi} + \boldsymbol{\zeta}\boldsymbol{\xi}\boldsymbol{\eta}).
\end{aligned} \tag{5.42}
$$

さらに，公式 (3.56), (3.57) を用いて，

$$
\begin{aligned}
(\boldsymbol{\nabla} B) \vdots (\boldsymbol{\xi}\boldsymbol{\eta}\boldsymbol{\zeta} + \boldsymbol{\eta}\boldsymbol{\zeta}\boldsymbol{\xi} + \boldsymbol{\zeta}\boldsymbol{\xi}\boldsymbol{\eta}) &= (\boldsymbol{\nabla} \wedge B) \vdots \boldsymbol{\xi}\boldsymbol{\eta}\boldsymbol{\zeta} = (\boldsymbol{\nabla} \cdot \boldsymbol{B})\upsilon \\
&= I(\boldsymbol{\nabla} \cdot \boldsymbol{B}, \upsilon).
\end{aligned} \tag{5.43}
$$

ただし，$\upsilon = [\boldsymbol{\xi}\boldsymbol{\eta}\boldsymbol{\zeta}]$ は体積である．まとめると，

$$
I(\boldsymbol{B}, \partial\upsilon) = I(\boldsymbol{\nabla} \cdot \boldsymbol{B}, \upsilon). \tag{5.44}
$$

この過程で，3 階の反対称テンソル $\boldsymbol{\nabla} \wedge B$ が得られた．その成分は

$$
(\boldsymbol{\nabla} \wedge B)_{ijk} = \frac{\partial}{\partial x_i} B_{jk} + \frac{\partial}{\partial x_k} B_{ij} + \frac{\partial}{\partial x_j} B_{ki}. \tag{5.45}
$$

平行六面体の代わりに図 5.4 (b) のような四面体 ν を用いても，同様に，

$\nu = [\boldsymbol{\xi}\boldsymbol{\eta}\boldsymbol{\zeta}]/6$ としたものが得られる:

$$I(\boldsymbol{B}, \partial\nu) = I(\boldsymbol{\nabla}\cdot\boldsymbol{B}, \nu). \tag{5.46}$$

問題 5.2 $\boldsymbol{\xi}, \boldsymbol{\eta}, \boldsymbol{\zeta}$ でつくられる平行六面体を自然な方法で5つの四面体に分割し，それぞれの体積を求めよ．

上式を1面を共有する2つの四面体 ν, ν'（図 5.4(c)）について加えると，左辺は，

$$I(\boldsymbol{B}, \partial\nu) + I(\boldsymbol{B}, \partial\nu') = \sum_{i=1}^{4} I_i + \sum_{j=1}^{4} I'_j = \sum_{i\neq i'} I_i + \sum_{j\neq j'} I'_j$$
$$= I(\boldsymbol{B}, \partial(\nu+\nu')). \tag{5.47}$$

面 i' と j' が隣接しており，$I_{i'} = -I'_{j'}$ であるとした．右辺は，

$$I(\boldsymbol{\nabla}\cdot\boldsymbol{B}, \nu) + I(\boldsymbol{\nabla}\cdot\boldsymbol{B}, \nu') = I(\boldsymbol{\nabla}\cdot\boldsymbol{B}, \nu+\nu'). \tag{5.48}$$

任意の体積 V を小さい平行六面体や四面体で分割して上の議論を繰り返せば，$I\left(\boldsymbol{B}, \partial\sum_i \nu_i\right) = I\left(\boldsymbol{\nabla}\cdot\boldsymbol{B}, \sum_i \nu_i\right)$ となり，$n\to\infty$ では，

$$I(\boldsymbol{B}, \partial V) = I(\boldsymbol{\nabla}\cdot\boldsymbol{B}, V) \tag{5.49}$$

あるいは，

$$\oint_{\partial V} \boldsymbol{B}\cdot \mathrm{d}\boldsymbol{S} = \int_V \boldsymbol{\nabla}\cdot\boldsymbol{B}\mathrm{d}V \tag{5.50}$$

が得られる．ただし，$S = \partial V$ は V の表面である．これが**ガウス (Gauss) の公式**と呼ばれるものである．

束密度ベクトル場 $\boldsymbol{B}(\boldsymbol{x})$ から導かれる $\boldsymbol{\nabla}\cdot\boldsymbol{B}\,(=\mathrm{div}\,\boldsymbol{B})$ は，$\boldsymbol{B}$ の**湧出し場**と呼ばれる．湧出し場は，密度スカラー場である．3形式場 $\boldsymbol{\nabla}\wedge B$ と見ることもできる．

■ **渦場は湧出しなし**

力線ベクトル場 $\boldsymbol{A}$ の渦場を $\boldsymbol{B} = \boldsymbol{\nabla}\times\boldsymbol{A}$ とする．これを式 (5.50) に代入すると，左辺は，式 (5.36) から，

$$\oint_{\partial V} (\boldsymbol{\nabla}\times\boldsymbol{A})\cdot \mathrm{d}\boldsymbol{S} = \oint_{\partial(\partial V)} \boldsymbol{A}\cdot \mathrm{d}\boldsymbol{l} = 0 \tag{5.51}$$

表 5.1 3 次元の微分積分公式のまとめ．階数が 1 だけ異なる場が微分，積分を通して関係づけられている．

場	階数	公式	場	階数
点スカラー	0	$\phi(\boldsymbol{x})\|_{\partial L} = \int_L \mathrm{grad}\,\phi \cdot \mathrm{d}\boldsymbol{l}$	力線ベクトル	1
力線ベクトル	1	$\oint_{\partial S} \boldsymbol{A} \cdot \mathrm{d}\boldsymbol{l} = \int_S \mathrm{curl}\,\boldsymbol{A} \cdot \mathrm{d}\boldsymbol{S}$	束密度ベクトル	2
束密度ベクトル	2	$\oint_{\partial V} \boldsymbol{B} \cdot \mathrm{d}\boldsymbol{S} = \int_V \mathrm{div}\,\boldsymbol{B}\,\mathrm{d}V$	密度スカラー	3

となる．閉曲面 ∂V には縁がないので，値が 0 になる．したがって，渦場の閉曲面 ∂V に関する面積分は 0 である．これが任意の V に対して成り立つので，恒等式

$$\boldsymbol{\nabla} \cdot (\boldsymbol{\nabla} \times \boldsymbol{A}) = 0 \quad \text{あるいは} \quad \mathrm{div}\,\mathrm{curl}\,\boldsymbol{A} = 0 \tag{5.52}$$

が成立する．渦場は湧出しなしということである．逆に，任意の**湧出しなし** (divergence-free) **場** $\boldsymbol{B}$ は適当な力線ベクトル場 $\boldsymbol{A}$ の渦として表すことができる．すなわち，

$$\boldsymbol{\nabla} \cdot \boldsymbol{B} = 0 \quad \text{なら} \quad \boldsymbol{B} = \boldsymbol{\nabla} \times \boldsymbol{A}. \tag{5.53}$$

ただし，$\boldsymbol{A} + \boldsymbol{\nabla}\Lambda$（$\Lambda$ は任意の点スカラー場）も同じ場を与えることに注意する．

5.7 星印作用素

3 次元の微分積分公式*6) のまとめを表 5.1 に示す．

grad は，スカラー場に対して作用するが，このスカラー場は点スカラー場に限られる．密度スカラー場に作用させることはできない．同様に，curl は力線ベクトル場，div は束密度ベクトル場のみに作用させることができる．これらは，成分にたよらない導出により明らかになったことである．成分の数だけで

*6) ここで導出した一群の公式は非常に有効で応用範囲が広い．その仕組みや考え方は，わかってしまえば，驚くほど簡単なものであるが，これが今の形に整備されるには多くの先人の努力を必要とした．文献 [20] では Newton-Leibniz-Gauss-Green-Ostrogradskii-Stokes-Poincaré の公式と呼んでいる．

スカラーとベクトルを区別する立場からは見えにくい事実である．

しかし，このルールを破らなければならないように思える状況が存在する．例えば $\boldsymbol{D} = \varepsilon_0 \boldsymbol{E}$ から得られる

$$\operatorname{div} \boldsymbol{D} = \varepsilon_0 \operatorname{div} \boldsymbol{E} \tag{5.54}$$

の左辺はルールどおりであるが，右辺では力線ベクトル場の div をとることになってしまっている．こうなってしまう原因はもちろん，等式 $\boldsymbol{D} = \varepsilon_0 \boldsymbol{E}$ である．束密度ベクトルと力線ベクトルが定数を介して等置されている．この矛盾を解く鍵は ε_0 にある．ε_0 は単なる比例定数ではなく，ベクトルの種類を変える作用素の役割も果たしている．すなわち，力線ベクトルを束密度ベクトルに変換しているのである．単位が，F/m のように 1/m を含んでいることも，この考えを支持している．この変換はテンソルの記法を用いると

$$\mathsf{D} = \varepsilon_0 \mathcal{E} \cdot \boldsymbol{E} \quad \text{あるいは} \quad D_{ij} = \varepsilon_0 \epsilon_{ijk} E_k \tag{5.55}$$

のように表すことができる*7)．$\boldsymbol{H} = \mu_0^{-1} \boldsymbol{B}$ の場合も，本来は

$$\boldsymbol{H} = \frac{1}{2} \mu_0^{-1} \mathcal{E} : \mathsf{B} \quad \text{あるいは} \quad H_i = \frac{1}{2} \mu_0^{-1} \epsilon_{ijk} B_{jk} \tag{5.56}$$

という関係になっているのである*8)．(因子 $\frac{1}{2}$ の起源については問題 A.4 参照.)

点スカラーと密度スカラーの間の変換も $\mathcal{E}$ を通して行われる．

問題 5.3 $\boldsymbol{B} = \operatorname{curl} \boldsymbol{A}$, $\operatorname{curl} \boldsymbol{H} = \boldsymbol{J}$ から，$\boldsymbol{H}$, $\boldsymbol{B}$ を，$\boldsymbol{E} = -\operatorname{grad} \phi$, $\operatorname{div} \boldsymbol{D} = \varrho$ から，$\boldsymbol{D}$, $\boldsymbol{E}$ をそれぞれ上記の問題を意識して消去せよ．

問題 5.4 流体における流速ベクトルと流束ベクトルの関係について考察してみよ．

式 (5.55) や (5.56) のように $\mathcal{E}$ を介して微分形式の階数を変化させる場面は多数ある．ここではその一般論をまとめておこう．

まず，0 形式 f を 3 形式 $\mathcal{G}$ に変換するには，

$$G_{ijk} = V^{-1} \epsilon_{ijk} f, \qquad \mathcal{G} = V^{-1} \mathcal{E} f. \tag{5.57}$$

ここで，V は体積の次元を含む量である．逆は

---

*7) 基底を用いれば，$\boldsymbol{E} = E_1 \boldsymbol{n}_1 + E_2 \boldsymbol{n}_2 + E_3 \boldsymbol{n}_3$ に対して，$\mathsf{D} = \varepsilon_0 (E_1 \boldsymbol{n}_2 \wedge \boldsymbol{n}_3 + E_2 \boldsymbol{n}_3 \wedge \boldsymbol{n}_1 + E_3 \boldsymbol{n}_1 \wedge \boldsymbol{n}_2)$ という対応である．

*8) 同様に，$\mathsf{B} = B_{12} \boldsymbol{n}_1 \wedge \boldsymbol{n}_2 + B_{23} \boldsymbol{n}_2 \wedge \boldsymbol{n}_3 + B_{31} \boldsymbol{n}_3 \wedge \boldsymbol{n}_1$ に対して $\boldsymbol{H} = \mu_0^{-1} (B_{12} \boldsymbol{n}_3 + B_{23} \boldsymbol{n}_1 + B_{31} \boldsymbol{n}_2)$ という対応である．

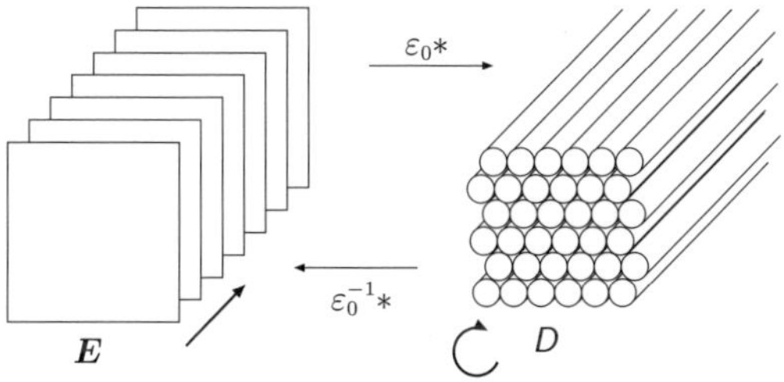

図 5.5　星印作用素による 1 形式 $\boldsymbol{E}$ と 2 形式 D の相互変換．面の向きと管の向きが一致している．また，面の間隔と管の太さが対応している．

$$f = \frac{1}{6}V\epsilon_{ijk}G_{ijk}, \qquad f = \frac{1}{6}V\mathcal{E} \,\vdots\, \mathcal{G}. \tag{5.58}$$

1 形式 $\boldsymbol{E}$ を 2 形式 D に変換するには，

$$D_{ij} = L^{-1}\epsilon_{ijk}E_k, \qquad D = L^{-1}\mathcal{E}\cdot\boldsymbol{E}. \tag{5.59}$$

L は長さの次元を含む量である．逆は，

$$E_i = \frac{1}{2}L\epsilon_{ijk}D_{jk}, \qquad \boldsymbol{E} = \frac{1}{2}L\mathcal{E} : D. \tag{5.60}$$

微分形式の理論では，これらの変換をホッジ (Hodge) の**星印作用素** (star operator) と呼ばれるもので統一的に表す．上の例は，

$$\mathcal{G} = (V^{-1}*)f, \quad f = (V*)\mathcal{G}, \quad D = (L^{-1}*)\boldsymbol{E}, \quad \boldsymbol{E} = (L*)D \tag{5.61}$$

と表される．星印作用素は，n 形式と $(3-n)$ 形式を相互につなぐものである．また $** = 1$ であることに注意する．これは $\frac{1}{6}\epsilon_{ijk}\epsilon_{ijk} = 1$, $\frac{1}{2}\epsilon_{ijk}\epsilon_{ijm} = \delta_{km}$ を 1 つにまとめたものである．

例として，図 5.5 に 1 形式 $\boldsymbol{E}$ と 2 形式 D の相互変換の様子を示す．

5.8　テンソル表記されたマクスウェル方程式

テンソルを用いて マクスウェル方程式 (1.1), (1.2) を書き直しておこう:

$$\nabla\wedge D = \mathcal{R}, \quad \nabla\wedge\boldsymbol{H} - \frac{\partial D}{\partial t} = J, \quad \nabla\wedge B = 0, \quad \nabla\wedge\boldsymbol{E} + \frac{\partial B}{\partial t} = 0,$$
$$D = \varepsilon_0\mathcal{E}\cdot\boldsymbol{E} + P, \quad \boldsymbol{H} = \frac{1}{2}\mu_0^{-1}\mathcal{E} : B - \boldsymbol{M}. \tag{5.62}$$

微分形式では，微分作用 $\nabla\wedge_\sqcup$ を単に $\mathrm{d}_\sqcup$ で表し，**外微分**と呼ぶ．これと星印

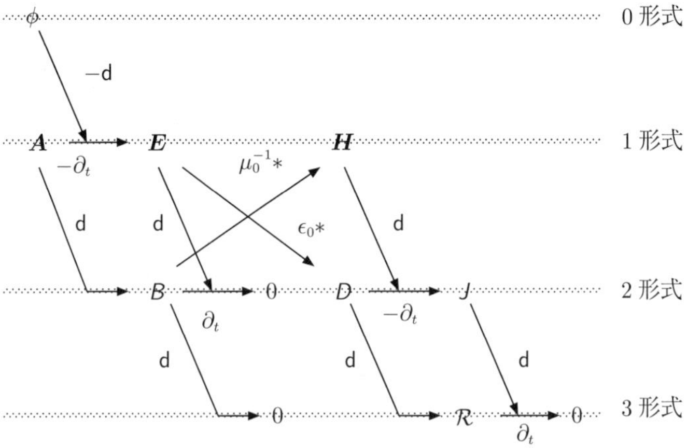

図 5.6　3 次元微分形式としてみた場合の電磁量の関係

作用素を用いると，マクスウェル方程式は

$$\begin{aligned} &\mathsf{d}D = \mathcal{R}, \quad \mathsf{d}\boldsymbol{H} - \partial_t D = J, \quad \mathsf{d}B = 0, \quad \mathsf{d}\boldsymbol{E} + \partial_t B = 0, \\ &D = (\varepsilon_0 *)\boldsymbol{E} + P, \quad \boldsymbol{H} = (\mu_0^{-1} *)B - \boldsymbol{M} \end{aligned} \tag{5.63}$$

のように，より簡単に表すことができる．$\partial_t = \partial/\partial t$ とおいた．

図 5.6 はこれらの式をダイヤグラムとして表したものである [25]．各量をテンソルの階数に整理し，それらの間の関係を矢印で示してある．$P = \boldsymbol{M} = 0$ とした．また，ポテンシャルの定義と電荷の保存の式も含めて示してある:

$$\boldsymbol{E} = -\mathsf{d}\phi - \partial_t \boldsymbol{A}, \quad B = \mathsf{d}\boldsymbol{A}, \quad \mathsf{d}J + \partial_t \mathcal{R} = 0. \tag{5.64}$$

この「電磁界曼陀羅（まんだら）」ともいうべきダイヤグラムは，マクスウェル方程式が単なる公式の羅列ではなく，1 つの美しい構造体であることを示している．相対論版は一層簡明である（図 14.1 参照）．

5.9　ラプラシアン

n 形式に対する**余微分** δ を

$$\delta = (-)^{n+1} * \mathsf{d} * \tag{5.65}$$

と定義する．微分 d が階数を 1 上げるのに対し，余微分 δ は，微分形式の階数を 1 下げる．ただし，3 形式の微分と 0 形式の余微分はいずれも 0 である．$\mathsf{dd} = \delta\delta = 0$ であることに注意する．

ラプラス-ベルトラミの作用素 (Laplace-Beltrami's operator)

$$\triangle := \mathsf{d}\delta + \delta\mathsf{d} \tag{5.66}$$

は，微分形式の階数を保存する．各形式に対する作用を考えてみると，

$$\triangle = \begin{cases} *\,\mathrm{div}*\mathrm{grad} & (0\,\text{形式}) \\ \mathrm{grad}*\mathrm{div}* - *\,\mathrm{curl}*\mathrm{curl} & (1\,\text{形式}) \\ -\,\mathrm{curl}*\mathrm{curl}* + *\,\mathrm{grad}*\mathrm{div} & (2\,\text{形式}) \\ \mathrm{div}*\mathrm{grad}* & (3\,\text{形式}) \end{cases} \tag{5.67}$$

となる．ベクトル・スカラー表記の

$$\triangle = \begin{cases} \mathrm{div}\,\mathrm{grad} & (\text{スカラー}) \\ \mathrm{grad}\,\mathrm{div} - \mathrm{curl}\,\mathrm{curl} & (\text{ベクトル}) \end{cases} \tag{5.68}$$

は，**ラプラシアン**，**ベクトルラプラシアン**にそれぞれ対応している．

例として，マクスウェル方程式 (5.63) から，波動方程式を導く際に星印作用素がどのように利用されているか見ておこう．真空中を仮定し，$\mathcal{R} = \mathsf{J} = \mathsf{P} = \boldsymbol{M} = 0$. まず，$\mathsf{d}\boldsymbol{H} = \partial_t \mathsf{D}$ に $\mathsf{d}*$ を作用させて，

$$\mathsf{d}*\mathsf{d}\boldsymbol{H} = \partial_t \mathsf{d}*\mathsf{D} = \varepsilon_0 \partial_t \mathsf{d}\boldsymbol{E} = -\varepsilon_0 \partial_t \partial_t \mathsf{B}. \tag{5.69}$$

$\mathsf{D} = (\varepsilon_0 *)\boldsymbol{E}$, $\mathsf{d}\boldsymbol{E} = -\partial_t \mathsf{B}$ を用いた．$\boldsymbol{H} = (\mu_0^{-1}*)\mathsf{B}$ より，

$$\mathsf{d}*\mathsf{d}*\mathsf{B} + \mu_0\varepsilon_0 \partial_t^2 \mathsf{B} = 0 \quad \text{つまり} \quad -\mathsf{d}\delta \mathsf{B} + c^{-2}\partial_t^2 \mathsf{B} = 0. \tag{5.70}$$

さらに，$(\delta\mathsf{d} - \triangle)\mathsf{B} + c^{-2}\partial_t^2 \mathsf{B} = 0$ と変形し，$\mathsf{d}\mathsf{B} = 0$ を用いて

$$\left(\triangle - \frac{1}{c^2}\frac{\partial^2}{\partial t^2}\right)\mathsf{B} = 0. \tag{5.71}$$

5.10 勾配，渦，発散のイメージ

本章では，スカラー場，ベクトル場に対する微分積分が通常の 1 変数の関数の微分積分の一般化として導入されることをみてきた．微分については，点スカラー場に対しては，勾配 grad $= \boldsymbol{\nabla}$，力線ベクトル場に対しては，渦 curl $= \boldsymbol{\nabla}\times$，束密度ベクトル場に対しては，発散 div $= \boldsymbol{\nabla}\cdot$ が定義された．

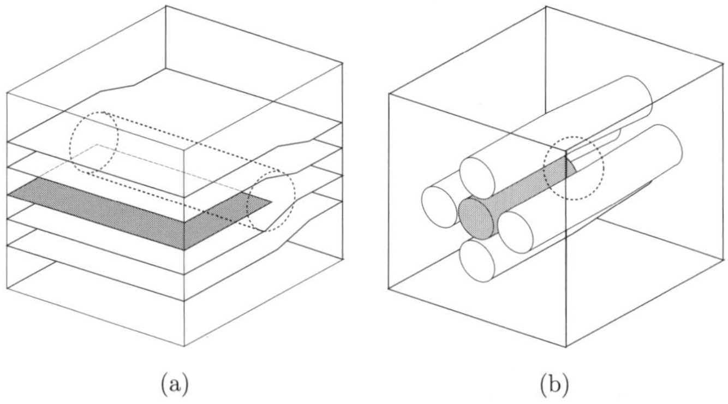

図 5.7　(a) 微分形式による渦 (curl) のイメージ，(b) 発散 (div) のイメージ．

勾配 $\partial\phi/\partial x_i$ は，スカラー場の空間変化に関する情報（自由度 3）をすべて含んでいる．勾配場が与えられれば，もとのスカラー場を定数を除いて一意に定めることができる．

一方，発散と渦は，ベクトル場の空間変化 $\boldsymbol{\nabla A}$（2 階のテンソル，自由度 9）の一部でしかない．前者は 2 階のテンソルのスカラー部分（トレース，自由度 1），後者はベクトル部分（反対称成分，自由度 3）に相当している．力線ベクトル場と束密度ベクトル場を同一視して，その渦 ($\boldsymbol{\nabla} \times \boldsymbol{A}$) と発散 ($\boldsymbol{\nabla} \cdot \boldsymbol{A}$) が与えられたとしても，もとのベクトル場 $\boldsymbol{A}$ を定めるには情報が不足している．

問題 5.5　電場ベクトルや，磁場ベクトルにおいて，残りのトレース 0 の対称テンソルの部分（自由度 5）の役割を考えてみよ（$\mathrm{div}\,\varepsilon_0\boldsymbol{E} = 0$, $\mathrm{curl}\,\boldsymbol{E} = 0$ を同時に満たす $\boldsymbol{E}$ がどのようなものであるかを考えよ）．

図 5.7 は渦 (curl) と発散 (div) を微分形式として描いたものである: (a) 1 形式としての面群に余分な面が挿入されており，その端部を 2 形式の管と見なす．(b) 2 形式としての管束に余分の管が挿入されており，その端部を 3 形式の泡と見なす．

問題 5.6　図 5.7 (a) を一様な磁場中に電流が流れている場合の磁場の強さ $\boldsymbol{H}$ に対応づけて考えよ．同様に，図 5.7 (b) を一様な電場中に電荷が置かれている場合の電束密度 D に対応づけて考えよ．

第 6 章
電場・磁場の幾何学的イメージ

マクスウェル方程式には，4 つの場 $\boldsymbol{E}$, $\boldsymbol{D}$, $\boldsymbol{B}$, $\boldsymbol{H}$ が含まれている．本章ではそれぞれの場の物理的意味を，テンソル場としての性質を参照しながら，明らかにする．またこれらの向きづけについても考える．

6.1 真空中における E と D，B と H の関係

電磁場は，$\boldsymbol{E}$, $\boldsymbol{D}$, $\boldsymbol{B}$, $\boldsymbol{H}$ という 4 つのベクトル場で表すことができる．第 10 章などで見るように，媒質中では，$\boldsymbol{D}$, $\boldsymbol{H}$ は純粋に電磁的な量ではなく，媒質にも関係したハイブリッドな場である．しかし，真空中ではこれらも純粋に電磁的な量である．真空中では $\boldsymbol{E}$ と $\boldsymbol{D}$, $\boldsymbol{B}$ と $\boldsymbol{H}$ はそれぞれ比例しているので，独立な 2 つのベクトル場，たとえば，$\boldsymbol{E}$ と $\boldsymbol{B}$ だけを考えれば十分であると思われている*1)．しかし，電磁場のカラクリを調べるためには，真空中においてさえ，4 つのベクトル場を独立させて考えた方が都合がよい．それは，すでに見てきたようにテンソルとしての階数を考慮すると，$\boldsymbol{E}$ と D, B と $\boldsymbol{H}$ は 3 次元空間において互いに相補的な存在だからである．1 階のテンソル $\boldsymbol{E}$, $\boldsymbol{H}$ は線積分や微分演算子 curl の，2 階のテンソル D, B は面積分や微分演算子

*1) 真空中で $\boldsymbol{E} = \boldsymbol{D}$, $\boldsymbol{B} = \boldsymbol{H}$ となる，すなわち $\varepsilon_0 = \mu_0 = 1$ である CGS ガウス単位系の方が合理的であるとする意見も多いが，これは MKSA 単位系（SI）に対する的外れな批判である．

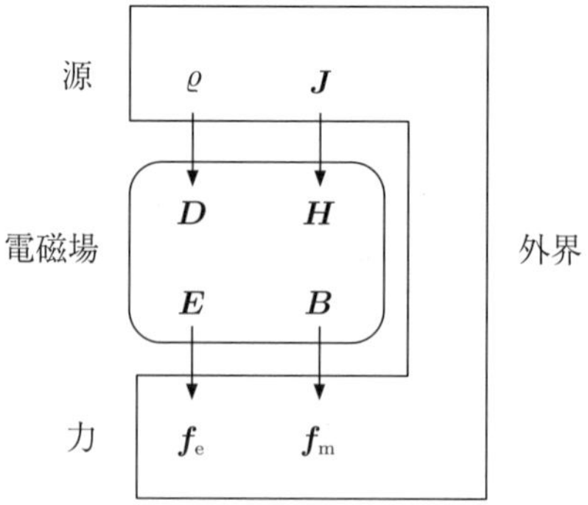

図 6.1 電磁場の量の外部との関係．$\boldsymbol{D}, \boldsymbol{H}$ は源 $\varrho, \boldsymbol{J}$ に関係し，$\boldsymbol{E}, \boldsymbol{B}$ は力と関係している．ただし，媒質中の場合には，$\boldsymbol{D}$ の一部である $\boldsymbol{P}$，$\boldsymbol{H}$ の一部である $\boldsymbol{M}$ は外界に属している．

div の対象であり，これらを混同することは好ましくない*2)．

さらに次の理由からも，区別が必要なことがわかる．電荷や電流は電磁場をつくる*3)（より正確には伴っている）．逆に電荷や電流は電磁場から力を受ける．図 6.1 に示すように，この相互的関係において，前者に関連しているのが $\boldsymbol{D}, \boldsymbol{H}$，後者に関連しているのが $\boldsymbol{E}, \boldsymbol{B}$ である．

電荷や電流が電磁場をつくる様子は，マクスウェル方程式の中の 2 つの式

$$\operatorname{div} \boldsymbol{D} = \varrho, \quad \operatorname{curl} \boldsymbol{H} - \frac{\partial \boldsymbol{D}}{\partial t} = \boldsymbol{J} \tag{6.1}$$

によって表されるが，ここでは，$\boldsymbol{D}, \boldsymbol{H}$ が関与している．一方，電荷や電流がうける力は，ローレンツ力の式

$$\boldsymbol{f} = \varrho \boldsymbol{E} + \boldsymbol{J} \times \boldsymbol{B} \ (\overset{\mathrm{SI}}{\sim} \mathrm{N/m^3}) \tag{6.2}$$

あるいは，

$$\boldsymbol{F} = q\boldsymbol{E} + q\boldsymbol{v} \times \boldsymbol{B} = q\boldsymbol{E} + qB \cdot \boldsymbol{v} \ (\overset{\mathrm{SI}}{\sim} \mathrm{N}) \tag{6.3}$$

*2) 水流に対して流速（単位 m/s）と，流束密度（単位 $\mathrm{kg/m^2s}$）を区別するのと同じ．

*3) 一般に物理の方程式は量の間の関係を規定しているだけで，日常的な意味での因果関係（原因と結果）については何も述べていない（と筆者は考えている）．たとえばオームの法則 $V = RI$ は「抵抗 R に電圧 V を加えると電流 I が流れる」,「抵抗 R に電流 I を流すと電圧 V が生じる」のどちらにも読める．原因，結果というのは案外主観的なもので，式には馴染まない．

で表され，$\boldsymbol{E}$ と $\boldsymbol{B}$ が関係していることがわかる（図 6.1).

このことから，$\boldsymbol{D}$, $\boldsymbol{H}$ を**源場** (source field)，$\boldsymbol{E}$, $\boldsymbol{B}$ を**力場** (force field) と（英語では韻を踏んで）呼ぶことがある．この区別を念頭において，真空の場合における 4 つのベクトル場の意味を操作論的に見直してみよう．

6.1.1 力に関係する場 — $\boldsymbol{E}$ と $\boldsymbol{B}$

電場 $\boldsymbol{E}$ はローレンツ力 (6.3) の第 1 項との関連で定義されていると考えてよい．すなわち，電荷 q を $\Delta\boldsymbol{x}$ だけ移動するために必要な仕事

$$\Delta W_{\mathrm{e}} = -q\boldsymbol{E}\cdot\Delta\boldsymbol{x} \tag{6.4}$$

として測られる．このことから，電場は 1 形式であることがわかる．

磁束密度 $\boldsymbol{B}$ は，速度 $\boldsymbol{v}$ で運動する電荷 q に働くローレンツ力 $q\boldsymbol{v}\times\boldsymbol{B}$ に仕事

$$\Delta W_{\mathrm{m}} = -\Delta\boldsymbol{x}\cdot(q\boldsymbol{v}\times\boldsymbol{B}) = -\mathsf{B}:(q\boldsymbol{v})\Delta\boldsymbol{x} \tag{6.5}$$

をさせることによって測定することができる*4)．2 つのベクトル $q\boldsymbol{v}$, $\Delta\boldsymbol{x}$ からスカラー ΔW_{m} が決まるので，磁束密度は束密度ベクトル，あるいは 2 形式であり，B と書くのが適当である．

6.1.2 源に関係する場 — $\boldsymbol{D}$ と $\boldsymbol{H}$

図 6.2 (a) のような面積 S の平行平板コンデンサを考える．電極間隔 l は $\sqrt{S}$ に比べて十分小さく，電極間の場は一様であるとする．上部電極の電荷を Q とすると，$\operatorname{div}\boldsymbol{D} = \varrho$ にガウスの公式を適用して，$D = Q/S$ であることがわかる．

電束密度 D が 2 形式であることを考えると，

$$\mathsf{D} = \left(\frac{Q}{S}\right)\boldsymbol{e}_2\wedge\boldsymbol{e}_1 \tag{6.6}$$

であり，電極間の任意の位置での接ベクトル $\boldsymbol{\xi}$, $\boldsymbol{\eta}$ に対して

$$\mathsf{D}:\boldsymbol{\xi}\boldsymbol{\eta} = \left(\frac{Q}{S}\right)(\xi_2\eta_1 - \xi_1\eta_2) = Q\frac{\sigma}{S} \tag{6.7}$$

*4) 磁場は一般に仕事をしないが，電荷に適当な拘束を与えれば，間接的に仕事をさせることができる．

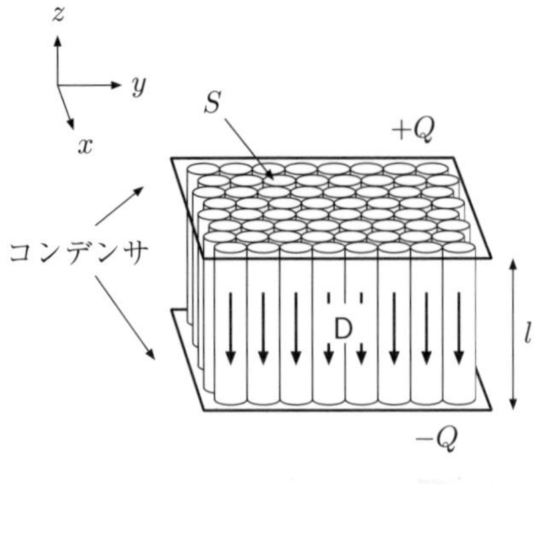

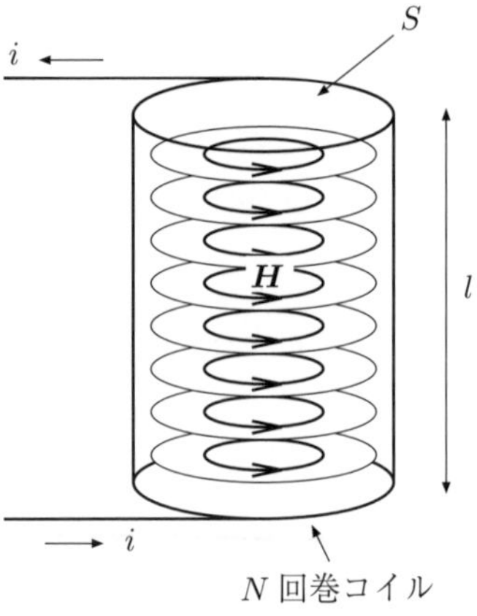

図 6.2 電荷と D，電流と $\boldsymbol{H}$ の関係．(a) 面積 S のコンデンサに電荷 Q が蓄えられていると，極板間には，2階の反対称テンソル D に相当する管束が生成される．管の断面積は Q/S に反比例する．(b) 長さ l の N 回巻のコイルに全電流 $I = Ni$ (i は巻線電流) が流れていると，ソレノイド内には，1階のテンソル $\boldsymbol{H}$ に相当する平面群が生成される．平面の間隔は I/l に反比例する．

を与える作用をしている．この量は，2つのベクトルのつくる平行四辺形をコンデンサの上部電極に射影した面積 σ 中に含まれる電荷を与えている．幾何学的にいえば，図 6.2 (a) のように2形式の管束が面密度 Q/S で電極をつないでいる様子に対応している．

たとえば，$Q = 30\,\mathrm{nC}$ のとき，電束を nC を単位に測ると，電極間には 30 本の電束の管が存在することになる．単位を小さくするとそれに応じて管の数は増える．

コンデンサが存在しない場合の D の物理的意味はやや間接的なものである．ある点の電場 $\boldsymbol{E}$ が与えられたときに，それと全く同じ電場を作るコンデンサを仮想的に考えると，電束密度 D は，このコンデンサの電極の向きと電荷面密度を与える役割を担っている．

電束密度 $\boldsymbol{D}$ は，このように仮想的な源との関連で間接的に捉えられる量であり，(特に真空中では) 軽視される傾向にある．しかし，よく考えてみると，

電場 $\boldsymbol{E}$ も試験電荷を通して間接的に定義される量なので，よく似たものかも知れない．

電荷が存在しない場所では，$\operatorname{div}\boldsymbol{D}=0$ が成り立つことから，管がとぎれることなく繋がっていることが保証されている．

図 6.2 (b) のような長さ l のソレノイドコイルを考える．コイルの断面積 S は l^2 に比べて十分小さく，コイル内の場は一様であるとする．コイルの巻き数を N，巻線電流を i とすると，長さあたりの電流は $I/l=Ni/l$ であり，$\operatorname{curl}\boldsymbol{H}=\boldsymbol{J}$ とストークスの公式から，$H=I/l$ であることがわかる．

磁場の強さ $\boldsymbol{H}$ が 1 形式であることを考えると，

$$\boldsymbol{H}=\left(\frac{I}{l}\right)\boldsymbol{e}_3 \tag{6.8}$$

であり，コイル内の任意の位置の接ベクトル $\boldsymbol{\xi}$ に対して

$$\boldsymbol{H}\cdot\boldsymbol{\xi}=\left(\frac{I}{l}\right)\xi_3=I\frac{L}{l} \tag{6.9}$$

を与えている．これは，ベクトル $\boldsymbol{\xi}$ をコイルの軸に射影した線分 L に対応する区間を流れている電流になっている．幾何学的には，図 6.2 (b) のように 1 形式の平行平面群が線密度 I/l でコイルの軸に垂直に配置された状況になっている．

たとえば，$I=15\,\mathrm{A}$ のとき，A を単位に測ると，コイルの中には 15 枚の平面が存在することになる．

コイルが存在しない場合の $\boldsymbol{H}$ の物理的意味は間接的である．ある点の磁束密度 B が与えられたときに，それと全く同じ磁束密度を作るコイルを仮想的に考えると，磁場の強さ $\boldsymbol{H}$ は，このようなコイルの軸の向きと電流線密度を与える役割を担っている．

また電流が存在しない場所では $\operatorname{curl}\boldsymbol{H}=0$ が成り立つことから，面がとぎれることなく繋がっていることが保証されている（ただし単連結領域に限る）．

6.1.3　$\boldsymbol{E}$ と $\boldsymbol{D}$, $\boldsymbol{B}$ と $\boldsymbol{H}$ の関係

真空中での $\boldsymbol{E}$ と $\boldsymbol{D}$ の関係を調べよう．正確には $\boldsymbol{E}$ と D の関係を調べることになる．これらは階数の異なるテンソルなので直接比較することはできない．そこで一度スカラーに戻して比較する．

互いに直交する3つの空間ベクトル $\boldsymbol{t}_1, \boldsymbol{t}_2, \boldsymbol{t}_3$ ($\overset{\mathrm{SI}}{\sim}$ m) を考える．これらのベクトルの長さはいずれも L であるとする[*5]．$\boldsymbol{t}_i \cdot \boldsymbol{t}_j = L^2\delta_{ij}$ である．電荷（電束）$Q = D : \boldsymbol{t}_2\boldsymbol{t}_3$ は L^2 に，電圧 $V = \boldsymbol{E}\cdot\boldsymbol{t}_1$ は L に比例する．ここで，右手系をなす任意のベクトルの3つ組に対して以下のような比例関係が成り立つことを要請する:

$$\frac{Q}{L^2} \propto \frac{V}{L}. \tag{6.10}$$

すなわち，ε_0 を比例係数として，

$$D : \boldsymbol{t}_2\boldsymbol{t}_3 = (\varepsilon_0 L)\boldsymbol{E}\cdot\boldsymbol{t}_1. \tag{6.11}$$

比例係数の次元は $\varepsilon_0 = Q/(LV) \overset{\mathrm{SI}}{\sim} \mathrm{F/m}$ である．

双対ベクトルの組 $\boldsymbol{n}_1, \boldsymbol{n}_2, \boldsymbol{n}_3$ ($\overset{\mathrm{SI}}{\sim}$ m^{-1}) を導入する．$\boldsymbol{n}_i\cdot\boldsymbol{t}_j = \delta_{ij}$．ベクトルが直交しているので，簡単な関係 $\boldsymbol{n}_i = L^{-2}\boldsymbol{t}_i$ $(i = 1, 2, 3)$ が成り立っている．$\boldsymbol{t}_1 = L^2\boldsymbol{n}_1 = L^{-1}\mathcal{E} : \boldsymbol{t}_2\boldsymbol{t}_3$ を用いると[*6]，式 (6.11) の右辺は

$$\varepsilon_0\boldsymbol{E}\cdot(\mathcal{E} : \boldsymbol{t}_2\boldsymbol{t}_3) = \varepsilon_0(\mathcal{E}\cdot\boldsymbol{E}) : \boldsymbol{t}_2\boldsymbol{t}_3 \tag{6.12}$$

となるので，$\boldsymbol{t}_2, \boldsymbol{t}_3$ の任意性から

$$D = \varepsilon_0\mathcal{E}\cdot\boldsymbol{E} = \varepsilon_0(*\boldsymbol{E}) \tag{6.13}$$

が成り立つことがわかる．

逆の関係は，$\boldsymbol{t}_2\wedge\boldsymbol{t}_3 = L^4\boldsymbol{n}_2\wedge\boldsymbol{n}_3 = L\mathcal{E}\cdot\boldsymbol{t}_1$ を用いると，式 (6.11) の左辺が

$$D : \boldsymbol{t}_2\boldsymbol{t}_3 = \frac{1}{2}D : (\boldsymbol{t}_2\wedge\boldsymbol{t}_3) = \frac{1}{2}LD : (\mathcal{E}\cdot\boldsymbol{t}_1) = \frac{1}{2}L(\mathcal{E} : D)\cdot\boldsymbol{t}_1 \tag{6.14}$$

となるので，

$$\boldsymbol{E} = \frac{1}{2}\varepsilon_0^{-1}\mathcal{E} : D = \varepsilon_0^{-1}(*D). \tag{6.15}$$

真空中の B と $\boldsymbol{H}$ の関係についても，電流 $I = \boldsymbol{H}\cdot\boldsymbol{t}_1$，磁束 $\Phi = B : \boldsymbol{t}_2\boldsymbol{t}_3$ に対して比例関係

$$\frac{I}{L} \propto \frac{\Phi}{L^2} \tag{6.16}$$

---

*5)　次元が大切なので，煩雑ではあるが正規化されていないベクトルを用いる．

*6)　$L^{-3}\mathcal{E} : \boldsymbol{t}_1\boldsymbol{t}_2\boldsymbol{t}_3 = 1$ であることに注意する．

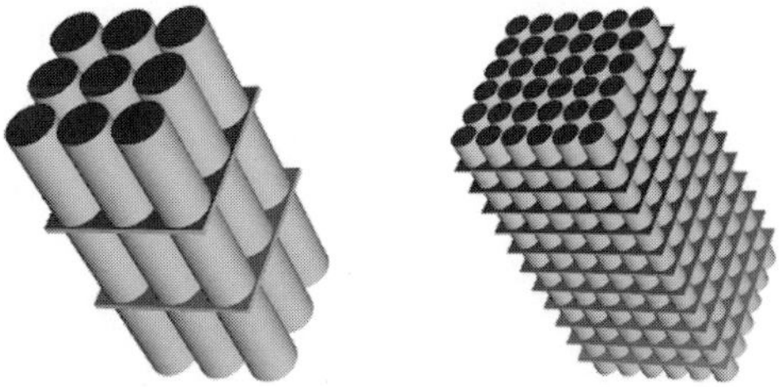

(a)　(b)

図 6.3　星印作用素で関係づけられている 1 形式（平面群）と 2 形式（管束）．面と管は直交している．面の線密度と管の面密度は比例している．(b) は (a) の 4 倍の大きさの場を表している．

を要請すれば，同じ計算から，

$$\boldsymbol{H} = \frac{1}{2}\mu_0^{-1}\mathcal{E} : B = \mu_0^{-1}(*B), \quad B = \mu_0\mathcal{E}\cdot\boldsymbol{H} = \mu_0(*\boldsymbol{H}) \quad (6.17)$$

が得られる．$\mu_0 = \Phi/(LI) \overset{\mathrm{SI}}{\sim} \mathrm{H/m}$ である．

図 6.3 に星印作用素で関係づけられた 1 形式と 2 形式の幾何学的なイメージを示す．

問題 6.1　導電率 σ の媒質中における，電場 $\boldsymbol{E}$ と電流密度 J に関して，同じ議論を繰り返せ．

6.2　反対称テンソルの向きづけ

テンソルとしての電場ベクトル $\boldsymbol{E}$ は平行平面群でよく表されることを見てきたが，向きづけを指定する必要がある．図 5.5 におけるように，接ベクトル $\boldsymbol{\xi}$ のうち，$\boldsymbol{E}\cdot\boldsymbol{\xi} > 0$ となるものを矢印として 1 つ書き添えれば，向きが明らかになる．ただし，平面に対して垂直に近いものを選ばないとわかりづらい．

他の反対称テンソルに関する向きづけの表現法について考えてみよう．そのためには，空間反転について考慮する必要がある．すべての空間ベクトル $\boldsymbol{\xi}$ を $\boldsymbol{\xi}' = -\boldsymbol{\xi}$ で置き換える操作を（能動的）空間反転という*7)．

*7)　具体的には，源，場，測定装置全体を 3 枚の互いに直交する鏡に順次写せばよい．鏡が一枚しかない場合は，180° 回転してから，その軸に垂直に置かれた鏡に写すとよい．

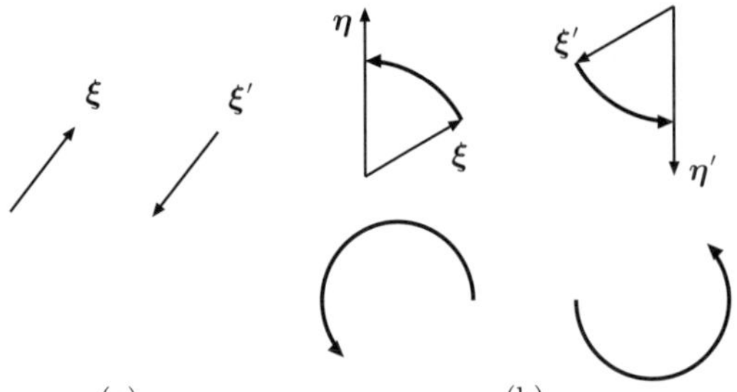

図 6.4　(a) ベクトル $\boldsymbol{\xi}$ の空間反転: $\boldsymbol{\xi}' = -\boldsymbol{\xi}$. (b) ベクトル対 $\boldsymbol{\xi\eta}$ の空間反転: $\boldsymbol{\xi}'\boldsymbol{\eta}' = \boldsymbol{\xi\eta}$. ベクトル対で決まる向きづけを矢印つき円弧で表すことにすれば，空間反転で向きを変えない．

1 形式である電場に対しては

$$\boldsymbol{E}' \cdot \boldsymbol{\xi}' = \boldsymbol{E} \cdot \boldsymbol{\xi} \tag{6.18}$$

が要請される．$\boldsymbol{E}'$ は変換後の電場である．これより，電場は空間反転に際して

$$\boldsymbol{E}' = -\boldsymbol{E} \tag{6.19}$$

のように変換する必要がある．これは図 6.4 (a) に示すように，矢印（接ベクトル）が持っている性質と同じであるので，電場の 1 形式の向きを示すのに相応しい（図 6.5 (a)）．

2 形式の場合，平行な管の束に $\mathsf{B} : \boldsymbol{\xi\eta} > 0$ を満たす，2 つの接ベクトルを順序をつけて書き添えることで，向きづけを示すことができる．ただし，これらのベクトルは管にほぼ直交している方が向きがわかりやすい．

2 形式である磁束密度は $\mathsf{B}' : \boldsymbol{\xi}'\boldsymbol{\eta}' = \mathsf{B} : \boldsymbol{\xi\eta}$ となることが要請される．したがって，磁場は空間反転に際して

$$\mathsf{B}' = \mathsf{B} \tag{6.20}$$

のように符号が反転しない．図 6.4 (b) に示すように，この過程で接ベクトルの順序対 $\boldsymbol{\xi\eta}$ は符号を変えないので，2 形式の向きづけに相応しい．ベクトル対 $\boldsymbol{\xi\eta}$ の代わりに，$\boldsymbol{\xi}$ を回転させて $\boldsymbol{\eta}$ に重ねる際にできる円弧のうち短い方のものに矢印をつけて，向きづけを示すのが一般的である（図 6.5 (b)）．

電束密度に関しては，$\mathsf{D}' : \boldsymbol{\xi}'\boldsymbol{\eta}' = -\mathsf{D} : \boldsymbol{\xi\eta}$ が要請される．すなわち，

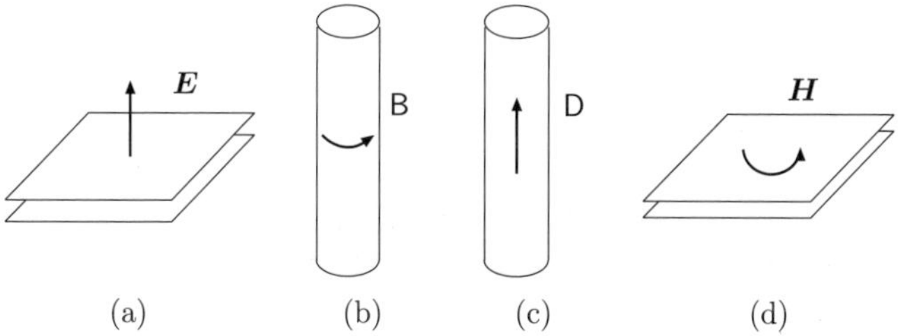

図 6.5　$\boldsymbol{E}$（1 形式），B（2 形式），$\boldsymbol{H}$（擬 1 形式），D（擬 2 形式）の向きづけを含めた表し方．このようなものを**ファラデー-スハウテン** (Faraday-Schouten) **図形**[18], [27] という．これらは電磁場の各量の真相を表しているが，通常は一律に矢印で表されてしまっている．これらは数学的対象物である（擬）反対称テンソルを図として表したものであるが，物理において等電位面や束管として以前から考えられてきたものとよく対応している．束管は電磁場を流体や弾性体に模していた時代に導入されたものであり，物理的実体であるかのような印象を与えがちである．しかし，これらの平行面群や管束は数学的な表現に過ぎないことに注意する．等高線が実際の地形に描かれているわけではないことを思い出そう．

$$D' = -D. \tag{6.21}$$

B のような通常の 2 階のテンソルとは異なった変換をすることに注意する，このような量を擬テンソルあるいは擬形式と呼ぶ．この奇妙な符号に関しては第 16 章で詳しく述べる．D の変換則から，矢印で向きづけをすることが適当であることがわかる（図 6.5 (c)）．

磁場の強さに関しては，$\boldsymbol{H}' \cdot \boldsymbol{\xi}' = -\boldsymbol{H} \cdot \boldsymbol{\xi}$ が要請され，

$$\boldsymbol{H}' = \boldsymbol{H} \tag{6.22}$$

となる．$\boldsymbol{H}$ は擬ベクトルである．向きづけは，B のように円弧で行うのが適当である（図 6.5 (d)）．

電荷密度は擬スカラーであり $\mathcal{R}' : \boldsymbol{\xi}'\boldsymbol{\eta}'\boldsymbol{\zeta}' = -\mathcal{R} : \boldsymbol{\xi}\boldsymbol{\eta}\boldsymbol{\zeta}$ となることが要請されている．これより

$$\mathcal{R}' = \mathcal{R} \tag{6.23}$$

のように通常の 3 階のテンソルとは異なった変換則にしたがう．

第 7 章
デルタ関数と超関数

デルタ関数 (delta function) は電磁気における点電荷に対応している．点電荷は，小さい領域に局在している電荷分布を理想化したもので，原点で電荷密度が無限大になるという特異性をもつ．デルタ関数はディラックによって量子力学の定式化のために導入された．デルタ関数は原点で連続な関数 $f(x)$ に対して

$$\int_{-\infty}^{\infty} f(x)\delta(x)\mathrm{d}x = f(0) \tag{7.1}$$

を与えるものと定義された．これはもちろん数学的には厳密ではない．その後，シュワルツ [30] によって線形汎関数として数学的に再定式化され，**超関数** (distribution) と呼ばれる一般化された関数として位置づけられた．しかし，シュワルツの方法は物理的イメージに直結しないので，ここでは，ライトヒル [31],[32] にしたがって，通常の関数列の極限として超関数を扱う方法をとる．これによって，デルタ関数の物理的な意味が明確になる．またデルタ関数の微分などの操作を自然に導入することができ，点電荷だけでなく，電気双極子，微小環状電流なども表すことができるようになる．

7.1 線形汎関数

関数に対して数を対応させる操作を**汎関数** (functional) と呼ぶ．定積分や，ある点における微係数を求める操作は汎関数である．特に線形性の成り立つ場合を線形汎関数という．関数 f に対し，数 a を対応させる線形汎関数 T の作

用を

$$\langle T, f \rangle = a \ \in \mathbb{R} \tag{7.2}$$

と表すことにする．任意の関数 f, f_1, f_2 と数 $\alpha \in \mathbb{R}$ に対して

$$\langle T, f_1 + f_2 \rangle = \langle T, f_1 \rangle + \langle T, f_2 \rangle, \quad \langle T, \alpha f \rangle = \alpha \langle T, f \rangle \tag{7.3}$$

が成り立つ．適当な関数 g を固定すると

$$\langle g, f \rangle = \int_{-\infty}^{\infty} g(x) f(x) \mathrm{d}x \tag{7.4}$$

は汎関数を定義する．ベクトル $\boldsymbol{f}, \boldsymbol{g}$ に対して，スカラー積

$$\boldsymbol{g} \cdot \boldsymbol{f} = \sum_{i=1}^{n} g_i f_i \tag{7.5}$$

を考えると，$\boldsymbol{g}$ はベクトル $\boldsymbol{f}$ に対する線形関数を定義しており，よい対応が見られる．

ある点，たとえば $x = 0$ における関数の値 $f(0)$ を返す線形汎関数

$$\langle \delta, f \rangle = f(0) \tag{7.6}$$

は非常に基本的なものであるが，積分の形では表すことができない．これをあえて式 (7.1) のように書き下すために考案されたのが，デルタ関数 $\delta(x)$ である．さらに関数の微分値を返す汎関数 δ'

$$\langle \delta', f \rangle = -f'(0) \tag{7.7}$$

なども定義することができる．

デルタ関数の作用を汎関数と位置づけてしまえば，積分による表示 (7.1) は不必要になり，数学的な厳密性が保証される．しかし，操作的にみれば，式 (7.6) と (7.1) は同じようなものであり，硬直的で使いにくいという事態はあまり改善されない．次節では，通常の関数の列，あるいは集まりとしてデルタ関数や超関数を捉える方法について述べる*1)．これによって，通常の関数に対する計算手法が適用できるようになり，実用上は大変便利になる．

---

*1)　無理数を有理数の集まりとして捉えるのと同じ考え方である．われわれは π の近似値としての有理数（3, 3.14, 22/7 など）を沢山持っていて，状況に合わせて適当なものを選んで使っている．

7.2 関数列としての超関数

関数 $\phi(\xi)$ は

$$\int_{-\infty}^{\infty} \phi(\xi)\mathrm{d}\xi = 1 \tag{7.8}$$

を満たし，適当になめらかであるとする．ϕ も ξ も無次元量であるとする．また，$\phi(\xi) \to 0$ $(\xi \to \pm\infty)$ であるとする．これに対して，a (> 0) でパラメータづけられた x の関数

$$g_a(x) = \frac{1}{a}\phi\left(\frac{x}{a}\right) \tag{7.9}$$

を考える．x と a は同じ次元を持つ量であるとする．a によらず，

$$\int_{-\infty}^{\infty} g_a(x)\mathrm{d}x = 1 \tag{7.10}$$

が成り立つ．関数 $g_a(x)$ は，a が小さくなるほど，幅が狭くなり，高さは大きくなってゆく．

原点で連続な関数 $f(x)$ に対して

$$\begin{aligned}\int_{-\infty}^{\infty} g_a(x)f(x)\mathrm{d}x &= \int_{-\infty}^{\infty} \phi(\xi)f(a\xi)\mathrm{d}\xi \\ &\to f(0)\int_{-\infty}^{\infty} \phi(\xi)\mathrm{d}\xi = f(0) \quad (a \to 0)\end{aligned} \tag{7.11}$$

が成り立つので，式 (7.1) と比較して

$$g_a(\sqcup) \to \delta(\sqcup) \quad (a \to 0) \tag{7.12}$$

だと考えてよい．この**スケール変換** (7.9) による，デルタ関数の生成方法は物理的に非常にわかりやすいものである．スケール変換のもとになる関数 $\phi(\sqcup)$ を，本書では**原型関数** (prototype) と呼ぶことにする．

式 (7.9) からわかるように，$g_a(x) \overset{\mathrm{SI}}{\sim} 1/x$ である．それを継承して，$\delta(x) \overset{\mathrm{SI}}{\sim} 1/x$ となる*2)．たとえば，x が長さのとき，$\delta(x)$, $g_a(x)$ は長さの逆数の次元を持つ．

デルタ関数の原型となる関数 $\phi(\xi)$ の選び方には自由度があるので，問題に応じて使いやすいものを使えばよい．関数の形は $a \to 0$ にする過程で見えな

*2) デルタ関数が物理的次元を持ちうることは見逃されがちである．

くなり，面積が1という性質だけが残るからである．

本書で利用するものを含め，面積1の関数の例をいくつか挙げておく:

$$
\begin{aligned}
&\phi_1(\xi) = \frac{\exp(-\xi^2)}{\sqrt{\pi}}, &&\phi_2(\xi) = \frac{\sin\xi}{\pi\xi},\\
&\phi_3(\xi) = \frac{1}{\pi}\sin^2\frac{\xi}{\xi^2}, &&\phi_4(\xi) = \frac{1}{\pi}\frac{1}{\xi^2+1},\\
&\phi_5(\xi) = \begin{cases} 1 & (|\xi| \le 1/2) \\ 0 & (|\xi| > 1/2) \end{cases}, \\
&\phi_6(\xi) = \frac{1}{2}\frac{1}{(\xi^2+1)^{3/2}},\\
&\phi_7(\xi) = \frac{3}{4}\frac{1}{(\xi^2+1)^{5/2}}.
\end{aligned}
\tag{7.13}
$$

問題 7.1　$\phi_2(\xi)$ をスケール変換した $\sin(x/a)/\pi x$ をグラフに表し，これらがデルタ関数として機能することを確認せよ．

7.3　デルタ関数の微分

デルタ関数を生成する元になる関数，すなわち原型関数 $\phi(\xi)$ は必要に応じて滑らかなものを選ぶのがよい．そうすれば，デルタ関数の微分が自然に定義できるからである．原点で微分可能な関数 $f(x)$ に対して

$$
\begin{aligned}
\int_{-\infty}^{\infty} g_a'(x)f(x)\mathrm{d}x &= g_a(x)f(x)\Big|_{-\infty}^{\infty} - \int_{-\infty}^{\infty} g_a(x)f'(x)\mathrm{d}x \\
&\to -f'(0) \quad (a \to 0)
\end{aligned}
\tag{7.14}
$$

となる．ただし，$g_a(\pm\infty) = 0$ を仮定した．これによって

$$
\int_{-\infty}^{\infty} f(x)\delta'(x)\mathrm{d}x = -f'(0) \tag{7.15}
$$

という性質を持つ超関数が定義できる．負号を忘れないよう注意すること．

問題 7.2　$x\delta'(x) = -\delta(x)$ であることを示せ．

n 階の微分 $\delta^{(n)}$ も同様に

$$g_a^{(n)}(x) \to \delta^{(n)}(x) \quad (a \to 0) \tag{7.16}$$

として得られる．$g_a^{(n)}$ は g_a の n 階微分である．これは，

$$\int_{-\infty}^{\infty} f(x)\delta^{(n)}(x)\mathrm{d}x = (-1)^n f^{(n)}(0) \tag{7.17}$$

を満たす．デルタ関数の微分を導入することにより，関数の微分を積分形で表すことができるようになる．$\delta^{(n)}(x) \overset{\mathrm{SI}}{\sim} x^{-n}$ である．

対称な関数 $\phi(-\xi) = \phi(\xi)$ を原型関数にとれば，

$$\int_{-\infty}^{x} \delta(x')\mathrm{d}x' = U(x) \tag{7.18}$$

が成り立つ．ただし，

$$U(x) = \begin{cases} 0 & (x < 0) \\ \dfrac{1}{2} & (x = 0) \\ 1 & (x > 0). \end{cases} \tag{7.19}$$

さらに，

$$\int_{0}^{x} f(x')\delta(x')\mathrm{d}x' = \frac{1}{2}f(0) \quad (x > 0) \tag{7.20}$$

が成り立つ．原型関数が対称でない場合には，$U(0) = 1/2$ と式 (7.20) は成り立たないので注意が必要である．

7.4　畳込み

2つの関数 f, g からつくられる関数

$$(g * f)(x) = \int_{-\infty}^{\infty} g(x - x')f(x')\mathrm{d}x' = \int_{-\infty}^{\infty} g(x')f(x - x')\mathrm{d}x' \tag{7.21}$$

を f と g の**畳込み** (convolution)，あるいは**合成積**という．

畳込みは対称である: $f * g = g * f$．また，$(f * g)(x)$ の次元は，$f(x)$ の次元と $g(x)$ の次元の積に長さの次元を掛けたものである．特に $g \overset{\mathrm{SI}}{\sim} 1/x$ の場合

には，f と $g*f$ は同じ次元を持つ関数になる．

関数 g を固定して考えると，畳込みは，関数 f から関数 $g*f$ への線形写像を与えている．関数から関数への写像は**演算子** (operator) あるいは作用素と呼ばれる．g としてデルタ関数を選ぶと

$$(\delta * f)(x) = \int_{-\infty}^{\infty} \delta(x-x')f(x')\mathrm{d}x' = f(x) \tag{7.22}$$

となるので，デルタ関数は畳込みに関して恒等元の働きをしていることがわかる: $\delta * f = f * \delta = f$．さらに，

$$\begin{aligned}(\delta^{(n)} * f)(x) &= \int_{-\infty}^{\infty} \delta^{(n)}(x-x')f(x')\mathrm{d}x' \\ &= (-1)^n f^{(n)}(x)\end{aligned} \tag{7.23}$$

のように，微分も畳込み積分で表すことができる．

デルタ関数に（超関数の意味で）収束する関数列 $g_a(x)$ は関数 $f(x)$ の**粗視化** (coarse graining) に用いることができる:

$$f_a(x) = (g_a * f)(x) = \int_{-\infty}^{\infty} g_a(x-x')f(x')\mathrm{d}x'. \tag{7.24}$$

関数 f が不連続点などの特異性を持っていても，g_a が滑らかで幅を持っていれば，f_a もそれに応じて滑らかになる．

粗視化については，第 10 章で詳しく述べる．

問題 7.3　$f(x) = b\delta(x-d) - b\delta(x+d)$ を $g_a(x) = \exp(-x^2/a^2)/(a\sqrt{\pi})$ で粗視化せよ．

問題 7.4　$f(x) = b^2\delta'(x)$ を $g_a(x) = \exp(-x^2/a^2)/(a\sqrt{\pi})$ で粗視化せよ．

7.5　3 次元のデルタ関数とその表現

3 次元デルタ関数 $\delta^3(\boldsymbol{x})$ も $\mathbb{E}_3$ 上の関数 $f(\boldsymbol{x})$ に対して定義される:

$$\int_{\mathbb{E}_3} f(\boldsymbol{x})\delta^3(\boldsymbol{x})\mathrm{d}v = f(0) \tag{7.25}$$

■ 直交座標

$f(\boldsymbol{x}) = f(x,y,z)$, $\delta^3(\boldsymbol{x}) = \delta^3(x,y,z)$ と表すと，

$$\int_{-\infty}^{\infty}\int_{-\infty}^{\infty}\int_{-\infty}^{\infty} f(x,y,z)\delta^3(x,y,z)\mathrm{d}x\mathrm{d}y\mathrm{d}z = f(0,0,0) \quad (7.26)$$

と書ける．これより，

$$\delta^3(x,y,z) = \delta(x)\delta(y)\delta(z) \quad (7.27)$$

と書いてよいことがわかる．

■ 極座標

$r=0$ での f の値は，θ, ϕ に依存しない．$\delta^3(r,\theta,\phi)$ *3) も θ, ϕ に依存しないと考えて差し支えない：

$$\int_{0}^{\infty}\int_{0}^{\pi}\int_{0}^{2\pi} r^2\mathrm{d}r\sin\theta\,\mathrm{d}\theta\,\mathrm{d}\phi\, f(r,\theta,\phi)\delta^3(r,\theta,\phi) = f(0,*,*). \quad (7.28)$$

これらに関する積分を行なうと

$$4\pi\int_{0}^{\infty} r^2\mathrm{d}r f(r,*,*)\delta^3(r) = f(0,*,*). \quad (7.29)$$

これより，

$$\delta^3(r) = \frac{\delta(r)}{2\pi r^2} \quad (7.30)$$

と表せることがわかる*4)．ただし，式 (7.20) を利用した*5)．

■ 円筒座標

$\rho = z = 0$ での f の値は，ϕ に依存しない．δ も ϕ に依存しないと考えて差し支えない．

$$\int_{0}^{\infty}\int_{-\infty}^{\infty}\int_{0}^{2\pi} \rho\,\mathrm{d}\rho\,\mathrm{d}z\mathrm{d}\phi\, f(\rho,z,\phi)\delta^3(\rho,z,\phi) = f(0,0,*). \quad (7.31)$$

これに関する積分を行うと

---

*3)　厳密には $\delta^3(\boldsymbol{x})$, $\delta^3(x,y,z)$, $\delta^3(r,\theta,\phi)$ にはそれぞれに記号を充てるべきであるが，ここでは混用する．

*4)　$\delta^3(r)$ と $\delta(r)$ はしっかり区別する必要がある．

*5)　問題の性質から原型関数として，対称関数: $\phi(-\xi) = \phi(\xi)$ を選ぶことが適当である．原型関数の対称性に関する議論は文献 [34] にある．

$$2\pi\int_0^\infty\int_{-\infty}^\infty \rho\,\mathrm{d}\rho\mathrm{d}z f(\rho,z,*)\delta^3(\rho,z)=f(0,0,*). \tag{7.32}$$

これより，

$$\delta^3(\rho,z)=\frac{\delta(\rho)\delta(z)}{\pi\rho}=\delta^2(\rho)\delta(z) \tag{7.33}$$

と書けることがわかる．ただし，$\delta^2(r)=\delta(r)/\pi r$ は 2 次元デルタ関数である．

7.6　2 次元，3 次元でのスケール変換

3 次元の場合，デルタ関数の原型として，

$$\int_0^\infty \phi(\xi)4\pi\xi^2\mathrm{d}\xi=1 \tag{7.34}$$

を満たすもの選び，スケール変換

$$g_a^3(r)=\frac{1}{a^3}\phi\left(\frac{r}{a}\right)\to\delta^3(r)\quad(a\to 0) \tag{7.35}$$

によって点対称なデルタ関数を定義することができる: $\delta^3(r)\overset{\mathrm{SI}}{\sim} r^{-3}$.

たとえば，$\phi(\xi)=(1/\pi\sqrt{\pi})\mathrm{e}^{-\xi^2}$ は，式 (7.34) を満たすので，

$$g_a^3(r)=\frac{1}{\pi\sqrt{\pi}a^3}\mathrm{e}^{-r^2/a^2}\to\delta^3(r)\quad(a\to 0) \tag{7.36}$$

である．ガウス関数の場合はたまたま，

$$g_a^3(r)=g_a(x)g_a(y)g_a(z) \tag{7.37}$$

と表せる．ただし，$g_a(x)=(1/\sqrt{\pi}a)\exp(-x^2/a^2)$.

2 次元の場合には，

$$\int_0^\infty \phi(\xi)2\pi\xi\mathrm{d}\xi=1 \tag{7.38}$$

を満たす関数に対してスケール変換を行えばよい:

$$g_a^2(\rho)=\frac{1}{a^2}\phi\left(\frac{\rho}{a}\right)\to\delta^2(\rho)\quad(a\to 0). \tag{7.39}$$

問題 7.5　式 (7.13) の $\phi_7(\xi)$ に相当する，2 次元，3 次元の原型関数を求めよ．

7.7　クーロンポテンシャルの微分公式

クーロンポテンシャル $1/r$ ($r = |\boldsymbol{x}| = \sqrt{x^2 + y^2 + z^2}$) は，点電荷がつくる電位の場であるが，これから微分によって導かれる場は，いろいろな場面に登場する．1 階の微分である勾配場 $\boldsymbol{\nabla}(1/r)$ は，点電荷がつくる電場や，電気双極子がつくる電位の場などに対応する．2 階の微分は，電気双極子や磁気モーメントがつくる電場，磁場に相当する．特に，2 階微分 $\boldsymbol{\nabla}\boldsymbol{\nabla}(1/r)$ は原点にデルタ関数の特異性を持っており，これがさまざまな局面で重要な働きをしている．

クーロンポテンシャル $1/r$ の 1 階の微分は，

$$\frac{\partial}{\partial x_i}\left(\frac{1}{r}\right) = -\frac{x_i}{r^3} \quad \text{あるいは} \quad \boldsymbol{\nabla}\frac{1}{r} = -\frac{\boldsymbol{x}}{r^3} \tag{7.40}$$

と表される．これはベクトル場である．

2 階の微分 $(\partial/\partial x_i)(\partial/\partial x_j)(1/r)$ は，$1/r$ の原点での特異性が微妙に影響するので，計算がややむずかしい [31], [33]．まず，結果を示しておく:

$$\frac{\partial}{\partial x_i}\frac{\partial}{\partial x_j}\left(\frac{1}{r}\right) = -\frac{\delta_{ij}}{r^3} + \frac{3x_i x_j}{r^5} - \frac{4\pi}{3}\delta_{ij}\delta^3(\boldsymbol{x}). \tag{7.41}$$

後に見るように，この公式は点電荷，双極子，点電流などに関連して，非常に重要な働きをする*6)．座標に依存しない形で表すと，

$$\boldsymbol{\nabla}\boldsymbol{\nabla}\frac{1}{r} = -\frac{\boldsymbol{I}}{r^3} + 3\frac{\boldsymbol{x}\boldsymbol{x}}{r^5} - \frac{4\pi\boldsymbol{I}}{3}\delta^3(\boldsymbol{x}). \tag{7.42}$$

これは，2 階の対称テンソル場である*7)．ただし，$\boldsymbol{I}$ は 2 階の単位テンソルである．

スケール変換の考え方を利用して，公式 (7.41) を導出しておこう．$1/r$ の原点における特異性を除くために，

$$f_a(r) = \frac{1}{\sqrt{r^2 + a^2}} \tag{7.43}$$

を導入する．この関数は原点で発散せず有限の値をとる．$f_a(r) \to 1/r$ ($a \to 0$)

---

*6)　デルタ関数を含むこの公式は大変重要であるにもかかわらず，教科書で取り上げられることは稀である [1], [8]．導出を見ることはさらに稀である．

*7)　原型関数の非等方性を考慮した，より一般的な公式は 12.7 節で導入される．

であることはいうまでもない．これを微分すると，

$$\begin{aligned}\frac{\partial}{\partial x_i}\frac{\partial}{\partial x_j}f_a(r) &= -\frac{\partial}{\partial x_i}\frac{x_j}{(r^2+a^2)^{3/2}}\\ &= -\frac{\delta_{ij}}{(r^2+a^2)^{3/2}}+3\frac{x_i x_j}{(r^2+a^2)^{5/2}}\\ &= \frac{-\delta_{ij}r^2+3x_i x_j}{(r^2+a^2)^{5/2}}-\delta_{ij}\frac{a^2}{(r^2+a^2)^{5/2}} \end{aligned} \tag{7.44}$$

最右辺第1項は，$a\to 0$ で，$-\delta_{ij}r^{-3}+3x_i x_j r^{-5}$ に近づく．特に，$r>a$ の領域では，a を変化させても値はほとんど変化しない．一方，第2項は，$r\neq 0$ に対して $a\to 0$ で 0 に近づくが，$r=0$ では発散し，その特異性はデルタ関数になる．それを確認しよう．まず，

$$\phi(\xi)=\frac{3}{4\pi}\frac{1}{(\xi^2+1)^{5/2}} \tag{7.45}$$

が，3次元デルタ関数の原型になりうること，すなわち体積積分が1になることを示す．

$$\int_0^\infty \phi(\xi)4\pi\xi^2 \mathrm{d}\xi=\int_0^\infty \frac{3\xi^2}{(\xi^2+1)^{5/2}}\mathrm{d}\xi=3\int_0^1 \eta^2 \mathrm{d}\eta=1. \tag{7.46}$$

変数変換 $\eta=\xi/\sqrt{\xi^2+1}$ を用いた．この関数のスケール変換

$$\begin{aligned} g_a^3(r)=\frac{1}{a^3}\phi(r/a)&=\frac{3}{4\pi}\frac{1}{a^3}\frac{1}{(r^2/a^2+1)^{5/2}}\\ &\to \delta^3(r)\quad (a\to 0)\end{aligned} \tag{7.47}$$

によって，3次元デルタ関数が得られる．これより，式(7.44)の最右辺第2項がデルタ関数になることがわかり，公式(7.41)が示された．

問題 7.6　円筒座標系での3次元のデルタ関数に対応する関数

$$g_a^3(\rho,z)=\frac{3}{4\pi}\frac{a^2}{(\rho^2+z^2+a^2)^{5/2}} \tag{7.48}$$

を，z 軸に直交する平面で積分したものが，1次元のデルタ関数を与えることを示せ．

7.8　点電荷に対するポアソンの方程式

式 (7.41) のトレース（対角成分の和）をとると，

$$\nabla^2\left(\frac{1}{r}\right) = \frac{\partial}{\partial x_i}\frac{\partial}{\partial x_i}\left(\frac{1}{r}\right)$$
$$= -\frac{3}{r^3} + \frac{3x_ix_i}{r^5} - 4\pi\delta^3(\boldsymbol{x}) = -4\pi\delta^3(\boldsymbol{x}). \tag{7.49}$$

$x_ix_i = r^2$ を用いた．これより，ポテンシャル $\phi(\boldsymbol{x}) = -1/(4\pi r)$ が，原点に置かれた単位点電荷に対する**ポアソン** (Poisson) **方程式**

$$\nabla^2\phi(\boldsymbol{x}) = \delta^3(\boldsymbol{x}) \tag{7.50}$$

を満たしていることがわかる．一方，式 (7.44) から，

$$\nabla^2 f_a(\boldsymbol{x}) = -4\pi\frac{3}{4\pi}\frac{a^2}{(r^2+a^2)^{5/2}} \tag{7.51}$$

であり，粗視化されたポテンシャル $f_a(\boldsymbol{x})/4\pi$ は電荷分布

$$g_a^3(\boldsymbol{x}) = \frac{3}{4\pi}\frac{a^2}{(r^2+a^2)^{5/2}} \tag{7.52}$$

によるものであることがわかる．前節の式 (7.43) 以降ではすべての関数をこの分布で畳込んでいたことになる．$1/r$ を実際にこの分布で畳込んだものが式 (7.43) になることを示すことができる（旧版 SGC39 の付録 C）．

先にも述べたように，粗視化関数 $g_a^3(\boldsymbol{x})$ の選択には自由度があるが，この関数 (7.52) は計算が比較的簡単に行えるという利点を持っている．ただし，遠方で r^{-5} の振る舞いをするので，これより速く 0 に近づく場（多重極場）の解析には不向きである．

第 8 章
クーロンの法則とビオ-サバールの法則

電場，磁場の生成に関する基本法則はクーロンの法則とビオ-サバールの法則である．ここではこれらの法則がデルタ関数を含む マクスウェル方程式の解として導かれる様子を見ておこう．

8.1 基本法則

原点に置かれた点電荷 q が位置 $\boldsymbol{x}$ につくる電場（電束密度）は**クーロン (Coulomb) の法則**

$$\boldsymbol{D}(\boldsymbol{x}) = \frac{q}{4\pi} \frac{\boldsymbol{x}}{|\boldsymbol{x}|^3} \tag{8.1}$$

で与えられる．点電荷に対する電荷密度分布は

$$\varrho(\boldsymbol{x}) = q\delta^3(\boldsymbol{x}) \overset{\mathrm{SI}}{\sim} \mathrm{C/m^3} \tag{8.2}$$

のようにデルタ関数で表すことができる．ここでは，式 (8.1) がこの電荷分布に対するマクスウェル方程式 $\operatorname{div} \boldsymbol{D} = \varrho$ （および $\operatorname{curl} \boldsymbol{E} = 0$）の解として求められることを示す．特に，デルタ関数の操作や意味に重点をおく．

一方，磁場に関する基本的な法則が**ビオ-サバール (Biot-Savart) の法則**である:

$$\Delta \boldsymbol{H}(\boldsymbol{x}) = \frac{\Delta \boldsymbol{C} \times \boldsymbol{x}}{4\pi|\boldsymbol{x}|^3}. \tag{8.3}$$

電流モーメント $\Delta \boldsymbol{C} = I\Delta \boldsymbol{l}$ は小さいベクトル $\Delta \boldsymbol{l}$ に沿って電流 I が流れていることを表している．これらは荷電粒子やその運動が電場，磁場を作る様子を定量的に記述しており，マクスウェル方程式以前に発見されていたものである．式 (8.1), (8.3) は類似しているが，これらの間には微妙な，しかし本質的な差異が存在する．クーロンの法則は，マクスウェル方程式 $\operatorname{div} \boldsymbol{D} = \varrho$ の直接の帰結である．それに対して，ビオ-サバールの法則を $\operatorname{curl} \boldsymbol{H} = \partial_t \boldsymbol{D} + \boldsymbol{J}$ から導くには少しの手間が必要である．第一の問題は，点電荷に相当する点電流というものが物理的に存在しえないことである．一般に電流は導体でできた線に沿って電子が移動している状態であり，その一部，$\Delta \boldsymbol{I}$ を物理的に切り出すことはできない．もしできたとしても，切り取った線の一方から電子が飛び出し，残された線には正電荷が残る．この電荷は時間変動する電場をつくるので，$\partial_t \boldsymbol{D}$ を通して磁場に影響を与える．そのため，ビオ-サバールの法則は線に沿って式を積分することを前提につくられている．導体では，正電荷（イオン）と負電荷（電子）の密度がかなり正確にバランスしており電場が外に漏れることはほとんどない．したがって，変位電流 $\partial_t \boldsymbol{D}$ の項は 0 と見なしてよい．

一方，点電荷が真空中を運動している場合にも当然電流が流れていると考えられる．しかし，電荷の打ち消しはないので，変位電流の項は無視できない．変位電流と磁場，そして運動する電荷は非常に緊密な関係をもっており，マクスウェル方程式はまさにこの関係を述べている．導体中の電流の場合には電場の打ち消しのために，この関係が隠されている．ここでは，このような事情を念頭において，マクスウェル方程式からビオ-サバールの法則を導くことにする．

8.2 静止した点電荷とデルタ関数

3次元デルタ関数の利用の例として，原点に置かれた点電荷 q のつくる電場を求めてみる．初等的な問題ではあるが，3つの方法を利用し，デルタ関数とその極限操作の意味を考えよう．

原点に置かれた点電荷 q の代わりに，半径 a の球が一様に帯電しているとする．電荷分布は

$$\varrho_a(r) = \begin{cases} \dfrac{3q}{4\pi a^3} & (r \leq a) \\ 0 & (r > a) \end{cases} \tag{8.4}$$

で表すことができる．

8.2.1 幾何学的方法

$\mathrm{div}\, \boldsymbol{D} = \varrho$ の積分形

$$\oint_{\partial V} \boldsymbol{D} \cdot \mathrm{d}\boldsymbol{S} = \int_V \varrho \mathrm{d}V \tag{8.5}$$

から出発する．半径 r の球 V に関する積分を考える．電荷分布の球対称性から $\boldsymbol{D}(\boldsymbol{x})$ は r だけの関数になる．また，r 成分だけが 0 でない*1)．すなわち，$\boldsymbol{D} = D_{a,r}(r)\boldsymbol{e}_r$ とおいて，式 (8.5) に代入すると，

$$4\pi r^2 D_{a,r}(r) = \begin{cases} \left(\dfrac{r}{a}\right)^3 q & (r \leq a) \\ q & (r > a) \end{cases} \tag{8.6}$$

すなわち，

$$D_{a,r}(r) = \begin{cases} \dfrac{qr}{4\pi a^3} & (r \leq a) \\ \dfrac{q}{4\pi r^2} & (r > a) \end{cases} \tag{8.7}$$

が得られる．$a \to 0$ の極限を考えると，点電荷 q のつくる電場は

$$D_{a,r}(r) \to D_r(r) = \frac{q}{4\pi r^2} \quad (r > 0). \tag{8.8}$$

このように，マクスウェル方程式の積分形を用いると，デルタ関数を陽に用いないで計算を進めることができる．デルタ関数の特異性を回避するために，このようなやり方がよく用いられる．しかし，デルタ関数は，点電荷という物理的な理想化を数学的に支援するものであり，回避せずに，むしろ積極的に利用すべき道具である．

8.2.2 解析的方法

$\mathrm{div}\, \boldsymbol{D} = \varrho$ を球座標で表すと，式 (B.60) より

---

*1) $\mathrm{curl}\, \boldsymbol{E} = 0$ は点対称性によって自動的に満足される．

$$\frac{1}{r^2}\frac{\mathrm{d}}{\mathrm{d}r}\left(r^2 D_{a,r}(r)\right) = \varrho_a(r) = \begin{cases} \dfrac{3q}{4\pi a^3} & (r \leq a) \\ 0 & (r > a). \end{cases} \tag{8.9}$$

$r \leq a$ については，$D_{a,r}(0) = 0$ とすると，積分により $D_{a,r}(r) = qr/4\pi a^3$ となる．$r > a$ については，$D_{a,r}(r) = C/r^2$，C は積分定数である．$r = a$ で $D_{a,r}(r)$ が連続であるためには，$C = q/4\pi$ である必要がある．こうして，式 (8.7) が再び得られる．a でパラメータづけられた関数列 $\varrho_a(r)$, $D_{a,r}(r)$ を用いてきたが，これはデルタ関数を用いるのと同じことである．

8.2.3 デルタ関数の利用

3 次元のデルタ関数の極座標表示 (7.30) を用いると，点電荷 q の電荷分布は

$$\varrho(r) = \frac{\delta(r)}{2\pi r^2} q \tag{8.10}$$

と表せる．実際，式 (8.4) に対して式 (7.34), (7.35) を用いると，

$$\varrho_a(r) = q g_a^3(r) \xrightarrow{a \to 0} q\delta^3(r) = q\frac{\delta(r)}{2\pi r^2} \tag{8.11}$$

となるからである．$\mathrm{div}\, \boldsymbol{D}(\boldsymbol{x}) = q\delta^3(\boldsymbol{x})$ を極表示すると，式 (B.60) より

$$\frac{1}{r^2}\frac{\mathrm{d}}{\mathrm{d}r}\left(r^2 D_r(r)\right) = q\frac{\delta(r)}{2\pi r^2}. \tag{8.12}$$

両辺に r^2 を掛け，$r^2 D(r)|_{r=0} = 0$ として，0 から r まで積分すると，

$$D_r(r) = \frac{q}{4\pi r^2} \tag{8.13}$$

が得られる．式 (7.20) を用いた．

8.3 静電場 — クーロンの法則

電荷分布が時間的に変化しない場合には磁場は存在せず，時間的に変化しない電場だけが存在する．この状況は静電場と呼ばれる．一般的な静的電荷分布 $\varrho(\boldsymbol{x})$ に対する電場を求めてみよう．$\boldsymbol{J} = 0, \partial/\partial t = 0$ とすると，

$$\mathrm{div}\, \boldsymbol{D} = \varrho, \quad \mathrm{curl}\, \boldsymbol{H} = 0, \quad \mathrm{div}\, \boldsymbol{B} = 0, \quad \mathrm{curl}\, \boldsymbol{E} = 0 \tag{8.14}$$

である．$\boldsymbol{E}$ が渦なしであることから，適当な点スカラー場 ϕ を用いて

$$\boldsymbol{E} = -\operatorname{grad}\phi \tag{8.15}$$

と表すことができる．$\phi \overset{\mathrm{SI}}{\sim} \mathrm{V}$ を**スカラーポテンシャル** (scalar potential) と呼ぶ．負号は，正の電荷側のポテンシャルが高くなるように選ばれた．ϕ には定数 V_0 だけの自由度があり，$\phi(\boldsymbol{x})$ の代わりに $\phi'(\boldsymbol{x}) = \phi(\boldsymbol{x}) + V_0$ を選んでも構わない．

さて，式 (8.14), (8.15)，および $\boldsymbol{D} = \varepsilon_0 \boldsymbol{E}$ より，$-\varepsilon_0 \operatorname{div}\operatorname{grad}\phi = \varrho$，すなわち，

$$\nabla^2\phi = -\varepsilon_0^{-1}\varrho \tag{8.16}$$

が得られる*2)．

この式を任意の電荷分布 $\varrho(\boldsymbol{x})$ について，最初から解くのはむずかしいので，線形性を利用して，より簡単な問題に帰着することを考える．そのため ϱ をデルタ関数の重ね合わせとして，

$$\varrho(\boldsymbol{x}) = \int_{\mathbb{E}_3} \varrho(\boldsymbol{x}')\delta^3(\boldsymbol{x} - \boldsymbol{x}')\mathrm{d}v' \tag{8.17}$$

のように表現する．$\mathrm{d}v'$ は $\boldsymbol{x}'$ における体積要素である．すると，$\delta^3(\boldsymbol{x} - \boldsymbol{x}')$，すなわち，位置 $\boldsymbol{x}'$ に置かれた点電荷がつくる電場を求め，それらを重ね合わせればよいことになる．しかも，位置 $\boldsymbol{x}'$ にある点電荷がつくる電場は，原点にある点電荷がつくる場を，$\boldsymbol{x}'$ だけずらしたものに等しい．このことから，解くべき式は

$$\nabla^2\phi = -\varepsilon_0^{-1} q\delta^3(\boldsymbol{x}) \tag{8.18}$$

であることがわかる．

微分方程式 (8.18) の解が $q/(4\pi\varepsilon_0|\boldsymbol{x}|)$ であることはすでにわかっているが，念のために，極座標を用いて求めておこう．原点に対する対称性を仮定すると，式 (B.61), (B.57) より

$$\frac{1}{r^2}\frac{\mathrm{d}}{\mathrm{d}r}\left(r^2\frac{\mathrm{d}\phi}{\mathrm{d}r}\right) = -\frac{q}{2\pi\varepsilon_0 r^2}\delta(r) \tag{8.19}$$

---

*2) 磁場についても，$\boldsymbol{H}$ が渦なし [式 (8.14)] であることから，$\boldsymbol{H} = -\operatorname{grad}\phi_{\mathrm{m}}$ とおき，$\boldsymbol{H} = \mu_0^{-1}\boldsymbol{B}$ を用いると，$\nabla^2\phi_{\mathrm{m}} = 0$ が得られる．無限遠で，$\phi_{\mathrm{m}} = 0$ という境界条件を課すると，すべての点で $\phi_{\mathrm{m}} = 0$ となって，$\boldsymbol{B} = \mu_0^{-1}\boldsymbol{H} = 0$ となる．

となる．これを，0 から r まで積分すると，式 (7.20) を用いて，

$$r^2\frac{\mathrm{d}\phi}{\mathrm{d}r} = -\frac{q}{4\pi\varepsilon_0}. \tag{8.20}$$

さらに，積分すると，

$$\phi(r) = \frac{q}{4\pi\varepsilon_0 r} + C \tag{8.21}$$

が得られる．積分定数 C は一般に $\phi(\infty) = 0$ になるように，すなわち $C = 0$ と選ばれる．このようにして原点に置かれた点電荷がつくるポテンシャルは，

$$\phi(\boldsymbol{x}) = \frac{q}{4\pi\varepsilon_0}\frac{1}{|\boldsymbol{x}|} \tag{8.22}$$

と求まった．さらに，電場は $\boldsymbol{E} = -\operatorname{grad}\phi$ から

$$\boldsymbol{E}(\boldsymbol{x}) = \frac{q}{4\pi\varepsilon_0}\frac{\boldsymbol{x}}{|\boldsymbol{x}|^3} \tag{8.23}$$

となる．これがクーロンの法則である．

重ね合わせの原理から，一般の電荷分布 ϱ に対するポテンシャルと電場は

$$\begin{aligned}\phi(\boldsymbol{x}) &= \int_{\mathbb{E}_3} \varrho(\boldsymbol{x}')\frac{1}{4\pi\varepsilon_0}\frac{1}{|\boldsymbol{x}-\boldsymbol{x}'|}\mathrm{d}v' \\ \boldsymbol{E}(\boldsymbol{x}) &= \int_{\mathbb{E}_3} \varrho(\boldsymbol{x}')\frac{1}{4\pi\varepsilon_0}\frac{\boldsymbol{x}-\boldsymbol{x}'}{|\boldsymbol{x}-\boldsymbol{x}'|^3}\mathrm{d}v'\end{aligned} \tag{8.24}$$

と表すことができる．ここで $\varrho(\boldsymbol{x}')$ はデルタ関数やその微分を含んでよい．

8.4 定常電流による磁場 — ビオ-サバールの法則

電流分布が時間的に変化しない場合の磁場を考える．電荷分布は 0 であるとする．この状況はしばしば静磁場と呼ばれる．しかし，磁場は運動する電荷に付随するもので，本質的に動的なものであり，相応しい呼び方とはいえない．そこで，ここでは「定常電流による磁場」とよぶことにする．ビオ-サバールの法則がこの問題に対するクーロンの法則の役割を担っている．この法則をマクスウェル方程式から求めてみる．$\varrho = 0, \partial/\partial t = 0$ とすると，

$$\operatorname{div}\boldsymbol{D} = 0, \quad \operatorname{curl}\boldsymbol{H} = \boldsymbol{J}, \quad \operatorname{div}\boldsymbol{B} = 0, \quad \operatorname{curl}\boldsymbol{E} = 0 \tag{8.25}$$

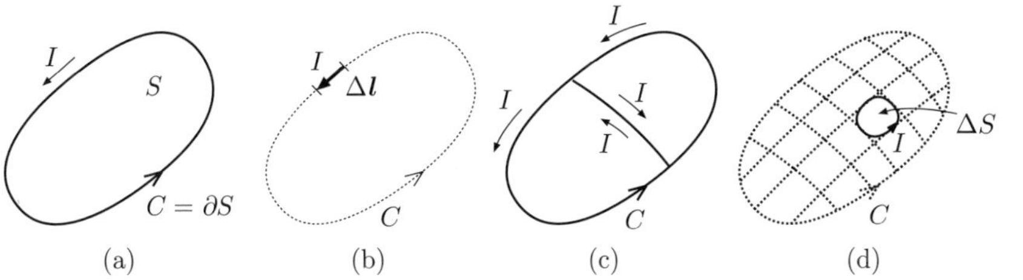

図 8.1　(a) 面積 S の周囲 $C=\partial S$ に沿って流れる電流 I．(b) C を線素 $\Delta\boldsymbol{l}$ に分割すると，それらの寄与の総和として磁場を表すことができる．しかし，この分割は物理的には実現できない．(c) S を 2 分割する．中央の流れる電流は打ち消し合うので，2 つの閉路に流れる電流 I は元の電流と同じ磁場をつくる．(d) さらに細かく分割すると，磁場は各面積要素 ΔS からの寄与の和で表せる．この分割は物理的に実現可能である．

である．電場は無限遠での境界条件を 0 とすると，$\boldsymbol{D}=\varepsilon_0\boldsymbol{E}=0$ となる．

前節の静電場の場合にならって，$\boldsymbol{J}(\boldsymbol{x})=q\boldsymbol{v}\delta(\boldsymbol{x}-\boldsymbol{v}t)$ とおいた式を解けばよいように見えるが，あまりよい方法とはいえない．電荷 q が速度 $\boldsymbol{v}$ で運動している状況は，確かに磁場をつくるが，時間変動する電場もつくってしまうので，問題の設定条件を破っている．逆符号の電荷 $(-q)$ を置けば，一瞬電場を消すことは可能であるが，$\partial\boldsymbol{D}/\partial t$ は 0 にはできない．同じ速度で動かすと，電流も 0 になってしまい，肝心の磁場ができない．

ここでは，やや遠回りな方法を用いて，困難を回避することを試みる．図 8.1 (a) のような閉路 $C=\partial S$ に沿って流れる電流 I のつくる磁場を求める問題を考える．図 8.1 (b) のように C を小さい線分 $\Delta\boldsymbol{l}$ に分割し，$I\Delta\boldsymbol{l}$ のつくる磁場 $\Delta\boldsymbol{H}(\boldsymbol{x})$ を求め $\boldsymbol{H}(\boldsymbol{x})=\sum_C \Delta\boldsymbol{H}(\boldsymbol{x})$ とするのが通常の方法である．しかし，小さい線分に電流を流すと，両端に電荷が現れ，それが時間変動する電場をつくってしまう．そこで，図 8.1 (c), (d) のように，面積 S を小さい面積 $\Delta\boldsymbol{S}$ に分割して，それらの周辺 $\partial(\Delta\boldsymbol{S})$ を流れる電流 I の総和として，元の電流を再現する方法をとる．この方法では閉路電流しか考えないので，電場をつくることはない．

小さい閉路電流のモデルとして，ベクトル $\boldsymbol{a}, \boldsymbol{b}$ でつくられる平行四辺形に沿って流れる電流 I を考える．中心が原点に置かれているときの電流密度は

$$\begin{aligned}\boldsymbol{J}(\boldsymbol{x}) &= I[(\boldsymbol{a}\delta^3(\boldsymbol{x}+\boldsymbol{b}/2)+\boldsymbol{b}\delta^3(\boldsymbol{x}-\boldsymbol{a}/2)-\boldsymbol{a}\delta^3(\boldsymbol{x}-\boldsymbol{b}/2)-\boldsymbol{b}\delta^3(\boldsymbol{x}+\boldsymbol{a}/2)] \\ &\sim I[(\boldsymbol{a}(\boldsymbol{b}\cdot\boldsymbol{\nabla})\delta^3(\boldsymbol{x})-\boldsymbol{b}(\boldsymbol{a}\cdot\boldsymbol{\nabla})\delta^3(\boldsymbol{x})] = -I(\boldsymbol{a}\wedge\boldsymbol{b})\cdot\boldsymbol{\nabla}\delta^3(\boldsymbol{x}) \\ &= -I[(\boldsymbol{a}\times\boldsymbol{b})\times\boldsymbol{\nabla}]\delta^3(\boldsymbol{x}) = -I(\boldsymbol{S}\times\boldsymbol{\nabla})\delta^3(\boldsymbol{x}) \end{aligned} \tag{8.26}$$

と表すことができる．式 (3.51) を用いた．

式 (8.25) の第 2 式の右辺に代入すると，

$$\boldsymbol{\nabla}\times\boldsymbol{H}(\boldsymbol{x}) = -I(\boldsymbol{S}\times\boldsymbol{\nabla})\delta^3(\boldsymbol{x}). \tag{8.27}$$

この式は，$\boldsymbol{\nabla}\times(\boldsymbol{H}-I\boldsymbol{S}\delta^3(\boldsymbol{x}))=0$ と書けるので，適当なスカラー場 $\iota(\boldsymbol{x})$ を用いて，

$$\boldsymbol{H}(\boldsymbol{x}) - I\boldsymbol{S}\delta^3(\boldsymbol{x}) = \boldsymbol{\nabla}\iota \tag{8.28}$$

と書ける．$0=\mathrm{div}\,\boldsymbol{B}=\mu_0\,\mathrm{div}\,\boldsymbol{H}$ を用いると，

$$\nabla^2\iota = -I\boldsymbol{S}\cdot\boldsymbol{\nabla}\delta^3(\boldsymbol{x}) \tag{8.29}$$

となる．これを解くと，

$$\iota(\boldsymbol{x}) = I\boldsymbol{S}\cdot\boldsymbol{\nabla}\frac{1}{4\pi r} \tag{8.30}$$

となる．式 (8.28) に代入すると，磁場は

$$\begin{aligned}\boldsymbol{H}(\boldsymbol{x}) &= \boldsymbol{\nabla}\cdot(I\boldsymbol{S}\cdot\boldsymbol{\nabla})\frac{1}{4\pi r} + I\boldsymbol{S}\delta^3(\boldsymbol{x}) \\ &= \boldsymbol{\nabla}(I\boldsymbol{S}\cdot\boldsymbol{\nabla})\frac{1}{4\pi r} - I\boldsymbol{S}\nabla^2\frac{1}{4\pi r} = -\boldsymbol{\nabla}\times(I\boldsymbol{S}\times\boldsymbol{\nabla})\frac{1}{4\pi r}\end{aligned} \tag{8.31}$$

である．式 (A.18d) を用いた．

S 上の点 $\boldsymbol{x}'$ にある小さい面積 $\mathrm{d}\boldsymbol{S}'$ の周辺の電流 I が，任意の点 $\boldsymbol{x}$ につくる磁場は

$$\mathrm{d}\boldsymbol{H}(\boldsymbol{x}) = \boldsymbol{\nabla}\times(I\mathrm{d}\boldsymbol{S}'\times\boldsymbol{\nabla}')\frac{1}{4\pi|\boldsymbol{x}-\boldsymbol{x}'|} \tag{8.32}$$

である．$\boldsymbol{\nabla}'$ は $\boldsymbol{x}'$ に関する微分を表す．この式の右辺はテンソルに点 $\boldsymbol{x}'$ における面積ベクトル $\mathrm{d}\boldsymbol{S}'$ を代入した形になっている．この式全体は点 $\boldsymbol{x}$ における 1 階のテンソルであり，その点の接ベクトル $\boldsymbol{\xi}$ を入力するとスカラー $\boldsymbol{H}\cdot\boldsymbol{\xi}$

が得られる．すなわち，2 点にまたがったテンソルになっている．

ここで，式の変形に必要な公式

$$\int_S (\mathrm{d}\boldsymbol{S} \times \boldsymbol{\nabla}) f = \oint_{\partial S} f \mathrm{d}\boldsymbol{l} \tag{8.33}$$

を求めておく．まず，ストークスの公式 (5.36) を成分で表す:

$$\int_S \epsilon_{ijk} \partial_j A_k \mathrm{d}S_i = \oint_{\partial S} A_n \mathrm{d}l_n. \tag{8.34}$$

これを参考に，

$$\int_S \epsilon_{ijk} \partial_j f \delta_{km} \mathrm{d}S_i = \oint_{\partial S} f \delta_{nm} \mathrm{d}l_n = \oint_{\partial S} f \mathrm{d}l_m \tag{8.35}$$

を得る．この公式を用いると式 (8.32) の面積 S に関する積分は

$$\begin{aligned}\int_S \mathrm{d}\boldsymbol{H}(\boldsymbol{x}) &= -\boldsymbol{\nabla} \times \int_S \boldsymbol{\nabla}' \times \frac{I \mathrm{d}\boldsymbol{S}'}{4\pi|\boldsymbol{x}-\boldsymbol{x}'|} = -\boldsymbol{\nabla} \times \oint_{\partial S} \frac{I \mathrm{d}\boldsymbol{l}'}{4\pi|\boldsymbol{x}-\boldsymbol{x}'|} \\ &= \frac{1}{4\pi} \oint_{\partial S} \mathrm{d}\boldsymbol{l}' \times \boldsymbol{\nabla} \frac{I}{4\pi|\boldsymbol{x}-\boldsymbol{x}'|} \end{aligned} \tag{8.36}$$

のように，周囲 $C = \partial S$ に関する積分に書き直すことができる．$\boldsymbol{H} = \int_C \mathrm{d}\boldsymbol{H}$ と考えると，

$$\mathrm{d}\boldsymbol{H}(\boldsymbol{x}) = \frac{1}{4\pi} \frac{\mathrm{d}\boldsymbol{C} \times (\boldsymbol{x}-\boldsymbol{x}')}{|\boldsymbol{x}-\boldsymbol{x}'|^3}. \tag{8.37}$$

これが，ビオ-サバールの式である．電流経路に沿った積分なので，被積分関数は，電流要素 $\mathrm{d}\boldsymbol{C} = I\mathrm{d}\boldsymbol{l}'$ がつくる磁場と解釈することは可能であるが，実際にその部分だけを切り出すことは不可能である．

8.5　ガリレイ変換

マクスウェル方程式の時間依存部分（∂_t を含む項）の物理的意味は，静電場や定常磁場を等速度で運動する系（慣性系）から眺めることである程度は理解できる．

ガリレイ変換はローレンツ変換の近似に過ぎないが，日常感覚に合致して

おり，直観的に理解できるので，この近似の範囲で理解できることから始めよう[10]．2, 3 の天下りの仮定を認めれば，マクスウェル方程式の形や場の量の変換則（変数の相対論的な組）を知ることができる．

2 つの慣性系 K, K$'$ を考える．K$'$ の原点は K のそれに対して，速度 $\boldsymbol{v}$ で移動しているとする．点 P の 2 つの系における位置ベクトル $\boldsymbol{r}, \boldsymbol{r}'$ は $\boldsymbol{r}' = \boldsymbol{r} - \boldsymbol{v}t$（ガリレイ変換）を満たす．時刻は共通である: $t' = t$.

8.5.1　静的電束密度のガリレイ変換

K$'$ 系において電荷分布 $\varrho'(\boldsymbol{r}')$ が時間に依存せず，電場（電束密度）$\boldsymbol{D}'(\boldsymbol{r}')$ も定常であるとする．すなわち，$\partial_t \boldsymbol{D}' = 0$, $\boldsymbol{\nabla}' \cdot \boldsymbol{D}' = \varrho'$ が成り立っている．K 系における電場 $\boldsymbol{D}(t, \boldsymbol{r})$ は

$$\boldsymbol{D}(t, \boldsymbol{r}) = \boldsymbol{D}'(\boldsymbol{r}') = \boldsymbol{D}'(\boldsymbol{r} - \boldsymbol{v}t) \tag{8.38}$$

と表される．電荷密度についても同様である．

K 系において固定された面積 S とその周囲 ∂S を考える．K$'$ 系から見ると，S は動いて見えるので $S'(t) = S - \boldsymbol{v}t$ と表すことにする．

K 系において S を通る電束 $\Psi(t) = \int_S \boldsymbol{D}(t, \boldsymbol{r}) \cdot \mathrm{d}\boldsymbol{S}$ の時間的変化を考える:

$$\begin{aligned} \Delta\Psi(t) = \frac{\partial \Psi}{\partial t}\Delta t &= \int_S \boldsymbol{D}(t + \Delta t, \boldsymbol{r}) \cdot \mathrm{d}\boldsymbol{S} - \int_S \boldsymbol{D}(t, \boldsymbol{r}) \cdot \mathrm{d}\boldsymbol{S} \\ &= \int_{S'(t+\Delta t)} \boldsymbol{D}'(\boldsymbol{r}') \cdot \mathrm{d}\boldsymbol{S}' - \int_{S'(t)} \boldsymbol{D}'(\boldsymbol{r}') \cdot \mathrm{d}\boldsymbol{S}'. \end{aligned} \tag{8.39}$$

$\Delta\Psi$ は K$'$ 系においては，接近した 2 枚の面 $S'(t), S'(t + \Delta t)$ に関する静電場 $\boldsymbol{D}'$ の面積分の差として与えられる．これらの 2 つの面と，面の周辺 $\partial S'$ が移動しながらつくる側面 $\partial S' \times \boldsymbol{v}\Delta t$ で囲まれる体積を $V'(t)$ と表すことにする．

K$'$ 系において，静電場に対するガウスの定理を体積 $V'(t)$ に適用すると

$$\begin{aligned} \int_{V'(t)} \varrho'(\boldsymbol{r}')\mathrm{d}v' &= \int_{\partial V'(t)} \boldsymbol{D}'(\boldsymbol{r}') \cdot \mathrm{d}\boldsymbol{S}' \\ &= -\Delta\Psi(t) + \int_{\partial S' \times \boldsymbol{v}\Delta t} \boldsymbol{D}'(\boldsymbol{r}') \cdot \mathrm{d}\boldsymbol{S}' \end{aligned} \tag{8.40}$$

となる．左辺は，$|\Delta t|$ が小さいとして，

$$\int_{V'(t)} \varrho'(\boldsymbol{r}')\mathrm{d}v' = \Delta t \int_{S'(t)} \varrho'(\boldsymbol{r}')\boldsymbol{v} \cdot \mathrm{d}\boldsymbol{S}' = \Delta t \int_S \boldsymbol{J}(t, \boldsymbol{r}) \cdot \mathrm{d}\boldsymbol{S} \tag{8.41}$$

と変形できる．一方，右辺第 2 項は

$$\begin{aligned}\int_{\partial S'\times \boldsymbol{v}\Delta t}\boldsymbol{D}'(\boldsymbol{r}')\cdot \mathrm{d}\boldsymbol{S}' &= \int_{\partial S'}\boldsymbol{D}'(\boldsymbol{r}')\cdot(\mathrm{d}\boldsymbol{l}'\times \boldsymbol{v}\Delta t)\\ &= \Delta t\int_{\partial S'}(\boldsymbol{v}\times \boldsymbol{D}'(\boldsymbol{r}'))\cdot \mathrm{d}\boldsymbol{l}' = \Delta t\int_{\partial S}\boldsymbol{H}(t,\boldsymbol{r})\cdot \mathrm{d}\boldsymbol{l} \qquad (8.42)\end{aligned}$$

と変形することができる．ただし，

$$\boldsymbol{J}(t,\boldsymbol{r}) := \boldsymbol{v}\varrho'(\boldsymbol{r}-\boldsymbol{v}t), \quad \boldsymbol{H}(t,\boldsymbol{r}) := \boldsymbol{v}\times \boldsymbol{D}'(\boldsymbol{r}-\boldsymbol{v}t) \qquad (8.43)$$

とおいた．これらを用いて，

$$\int_S \boldsymbol{J}(t,\boldsymbol{r})\cdot \mathrm{d}\boldsymbol{S} = -\frac{\mathrm{d}}{\mathrm{d}t}\int_S \boldsymbol{D}(t,\boldsymbol{r})\cdot \mathrm{d}\boldsymbol{S} + \int_{\partial S}\boldsymbol{H}(t,\boldsymbol{r})\cdot \mathrm{d}\boldsymbol{l} \qquad (8.44)$$

が得られる．すなわち，**アンペール-マクスウェルの法則**

$$\boldsymbol{J} = -\frac{\partial \boldsymbol{D}}{\partial t} + \boldsymbol{\nabla}\times \boldsymbol{H} \qquad (8.45)$$

が得られたことになる．$\boldsymbol{\nabla}\cdot \boldsymbol{D} = \varrho$ も成り立っている．また，$(\boldsymbol{H}, c\boldsymbol{D})$ が変数対をなすことも分かった．

問題 8.1 本節の議論を微分形の方程式を用いて繰り返せ．

問題 8.2 $\partial_t \boldsymbol{B}' = 0$, $\boldsymbol{\nabla}'\cdot \boldsymbol{B}' = 0$ より，ガリレイ変換を用いて，$\partial_t \boldsymbol{B} = -\boldsymbol{\nabla}\times \boldsymbol{E}$, $\boldsymbol{\nabla}\cdot \boldsymbol{B} = 0$ を導け．$(\boldsymbol{E}, c\boldsymbol{B})$ が対であることも確認せよ．

問題 8.3 $\partial_t \boldsymbol{A}' = 0$, $\boldsymbol{B}' = \boldsymbol{\nabla}'\times \boldsymbol{A}'$ より，ガリレイ変換を用いて，$\boldsymbol{E} = -\boldsymbol{\nabla}\phi - \partial_t \boldsymbol{A}$ を導け．ただし，$\phi = \boldsymbol{v}\cdot \boldsymbol{A}'$, $\boldsymbol{E} = -\boldsymbol{v}\times \boldsymbol{B}'$. $(\phi, c\boldsymbol{A})$ が対であることも確認せよ．

問題 8.4 定常電荷分布 $\partial_t \varrho' = 0$ をガリレイ変換することで，$\partial_t \varrho + \boldsymbol{\nabla}\cdot \boldsymbol{J} = 0$ を導け．$(c\varrho, \boldsymbol{J})$ が対であることも確認せよ．

8.5.2 等速運動する点電荷に対する電磁場

静的な電荷分布を運動している系から見ると，$\partial_t \boldsymbol{D}$ という項を含む，アンペール-マクスウェルの式 (8.45) が得られることが分かった．マクスウェルが理論的考察によって新たに発見したこの項は，**変位電流密度**，あるいは簡単に変位電流とよばれる．この項の存在によって，マクスウェル方程式は速度 $1/\sqrt{\mu_0\varepsilon_0}$

で伝搬する波動解を持つようになる（13.1.1 項参照）.

ここでは特別な場合として，K′ 系において点電荷が静止している場合を考える：

$$\varrho'(\boldsymbol{r}') = q\delta^3(\boldsymbol{r}'), \quad \boldsymbol{D}'(\boldsymbol{r}') = -\frac{q}{4\pi}\boldsymbol{\nabla}'\frac{1}{|\boldsymbol{r}'|}. \tag{8.46}$$

K 系における (8.45) の各項を求める．電流密度，変位電流密度はそれぞれ，

$$\boldsymbol{J}(t,\boldsymbol{r}) = q\boldsymbol{v}\delta^3(\boldsymbol{r}-\boldsymbol{v}t) \tag{8.47}$$

$$\begin{aligned}
\partial_t\boldsymbol{D}(t,\boldsymbol{r}) &= -\frac{\partial}{\partial t}\frac{q}{4\pi}\boldsymbol{\nabla}\frac{1}{|\boldsymbol{r}-\boldsymbol{v}t|} \\
&= \frac{q}{4\pi}(\boldsymbol{v}\cdot\boldsymbol{\nabla})\boldsymbol{\nabla}\frac{1}{|\boldsymbol{r}-\boldsymbol{v}t|} \\
&= \frac{q}{4\pi}\left(-\frac{\boldsymbol{v}}{|\boldsymbol{r}'|^3} + 3\frac{\boldsymbol{r}'\cdot\boldsymbol{v}}{|\boldsymbol{r}'|^5}\boldsymbol{r}'\right) - \frac{1}{3}q\boldsymbol{v}\delta^3(\boldsymbol{r}').
\end{aligned} \tag{8.48}$$

式を簡単にするために変換前の変数 $\boldsymbol{r}' = \boldsymbol{r} - \boldsymbol{v}t$ を用いた.

磁場の強さは $\boldsymbol{H}(t,\boldsymbol{r}) = \boldsymbol{v}\times\boldsymbol{D}'(\boldsymbol{r}-\boldsymbol{v}t)$ より，

$$\begin{aligned}
\mathrm{curl}\,\boldsymbol{H}(t,\boldsymbol{r}) &= -\frac{q}{4\pi}\boldsymbol{\nabla}\times\left(\boldsymbol{v}\times\boldsymbol{\nabla}\frac{1}{|\boldsymbol{r}-\boldsymbol{v}t|}\right) \\
&= \frac{q}{4\pi}\left[(\boldsymbol{v}\cdot\boldsymbol{\nabla})\boldsymbol{\nabla} - \boldsymbol{v}\nabla^2\right]\frac{1}{|\boldsymbol{r}-\boldsymbol{v}t|} \\
&= \frac{q}{4\pi}\left(-\frac{\boldsymbol{v}}{|\boldsymbol{r}'|^3} + 3\frac{\boldsymbol{r}'\cdot\boldsymbol{v}}{|\boldsymbol{r}'|^5}\boldsymbol{r}'\right) + \frac{2}{3}q\boldsymbol{v}\delta^3(\boldsymbol{r}')
\end{aligned} \tag{8.49}$$

となる.

等速運動する点電荷に対しては，式 (8.45) のすべての項がデルタ関数の特異性を含んでいることが分かった.

ところで，文献[9]（第4章）においては，変位電流と電流の2つの項にしかデルタ関数特異性が含まれない．これは実質的に扁平な粗視化，すなわち横平均（12.7 節参照）を行っているためである．式 (8.48), (8.49) の特異項の係数は粗視化関数が等方 ($e=0$) の場合の $f(0)=-1/3$, $g(0)=2/3$ に対応しているが，扁平極限 ($e=1$) では $f(1)=-1$, $g(1)=0$ となって，$\mathrm{curl}\,\boldsymbol{H}$ の特異性が消える．逆に，扁長極限 ($e=-1$) では，$f(-1)=0$, $g(-1)=1$ となって，$\partial_t\boldsymbol{D}$ の特異性が消える.

8.6　デルタ関数で与えられる電荷分布，電流分布

小さい領域に局在する電荷分布や電流分布はデルタ関数を利用して表せる．表 8.1 に主なものを示す．$\boldsymbol{x}_0$ は点源の位置を表す．すでに見たように，点電荷に対する電荷分布は単純にデルタ関数で表すことができる:

$$\varrho(\boldsymbol{x}) = q\delta^3(\boldsymbol{x} - \boldsymbol{x}_0). \tag{8.50}$$

電流分布もデルタ関数で表される:

$$\boldsymbol{J}(\boldsymbol{x}) = \boldsymbol{C}\delta^3(\boldsymbol{x} - \boldsymbol{x}_0). \tag{8.51}$$

電流モーメント (current moment) $\boldsymbol{C}$ は，A m の次元を持つベクトル量である[*3]．$\delta^3(\boldsymbol{x}) \overset{\mathrm{SI}}{\sim} \mathrm{m}^{-3}$，$\boldsymbol{J} \overset{\mathrm{SI}}{\sim} \mathrm{A/m^2}$ であることを考えると，つじつまが合っている．点電荷 q が速度 $\boldsymbol{v}$ で動いている場合は $\boldsymbol{C} = q\boldsymbol{v}$，細い導体に沿って流れている電流 I の一部分（ベクトル $\boldsymbol{a}$ で表す）は，$\boldsymbol{C} = I\boldsymbol{a}$，電気双極子が時間変化している場合は，$\boldsymbol{C} = \mathrm{d}\boldsymbol{p}/\mathrm{d}t = q\mathrm{d}\boldsymbol{a}/\mathrm{d}t + (\mathrm{d}q/\mathrm{d}t)\boldsymbol{a}$ が電流モーメントを与える．

電気双極子モーメント $\boldsymbol{p}$ に対する電荷分布はデルタ関数の空間微分で表すことができる:

$$\varrho(\boldsymbol{x}) = -(\boldsymbol{p}\cdot\boldsymbol{\nabla})\delta^3(\boldsymbol{x} - \boldsymbol{x}_0), \quad \boldsymbol{p} = q\boldsymbol{a}. \tag{8.52}$$

表にはないが，電気 4 重極モーメント Q に対する電荷分布は 2 階微分（一般に電気 2^n 重極は n 階微分）で表すことができる:

$$\varrho(\boldsymbol{x}) = (Q : \boldsymbol{\nabla\nabla})\delta^3(\boldsymbol{x} - \boldsymbol{x}_0), \quad Q = q\boldsymbol{ab}. \tag{8.53}$$

微小環状電流（磁気モーメント）$\boldsymbol{m}$ で表される電流分布も，デルタ関数の微分で表される:

$$\boldsymbol{J}(\boldsymbol{x}) = -(\boldsymbol{m}\times\boldsymbol{\nabla})\delta^3(\boldsymbol{x} - \boldsymbol{x}_0), \quad \boldsymbol{m} = I\boldsymbol{a}\times\boldsymbol{b}. \tag{8.54}$$

さらに $\boldsymbol{S} = \boldsymbol{a}\times\boldsymbol{b}$, $I = q/T$ とおくと

$$\boldsymbol{m} = I\boldsymbol{S} = q\boldsymbol{S}/T = q\boldsymbol{u} \tag{8.55}$$

---

*3)　少し見慣れない量であるが，アンテナの分野などではよく利用される．磁気モーメント $\overset{\mathrm{SI}}{\sim}$ A m^2，電流モーメント $\overset{\mathrm{SI}}{\sim}$ A m，電流 $\overset{\mathrm{SI}}{\sim}$ A，磁場の強さ $\overset{\mathrm{SI}}{\sim}$ A/m，電流密度 $\overset{\mathrm{SI}}{\sim}$ A/m^2 の区別は重要であるが，しばしば混乱が見られる．

表 8.1　点 $\boldsymbol{x}_0$ に置かれた小さい電荷，電流に対応する電荷密度 $\varrho(\boldsymbol{x})$，電流密度 $\boldsymbol{J}(\boldsymbol{x})$ はデルタ関数によって表現される．$\boldsymbol{\nabla}$ は $\boldsymbol{x}$ に関する微分を表す．本来，$\boldsymbol{J}$, $\boldsymbol{m}$, $\boldsymbol{S}$ は 2 階のテンソル，ϱ は 3 階のテンソルで表すべきであるが，ここではベクトル，スカラーで代用した．

名称	イメージ	量	分布
点電荷		q	$\varrho(\boldsymbol{x}) = q\delta^3(\boldsymbol{x}-\boldsymbol{x}_0)$
電気双極子	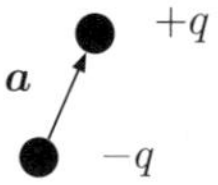	$\boldsymbol{p} = q\boldsymbol{a}$	$\varrho(\boldsymbol{x}) = -(\boldsymbol{p}\cdot\boldsymbol{\nabla})\delta^3(\boldsymbol{x}-\boldsymbol{x}_0)$
運動する 点電荷		$\boldsymbol{C} = q\boldsymbol{v}$	$\boldsymbol{J}(\boldsymbol{x}) = \boldsymbol{C}\delta^3(\boldsymbol{x}-\boldsymbol{x}_0-\boldsymbol{v}t)$ $\varrho(\boldsymbol{x}) = q\delta^3(\boldsymbol{x}-\boldsymbol{x}_0-\boldsymbol{v}t)$
電流要素	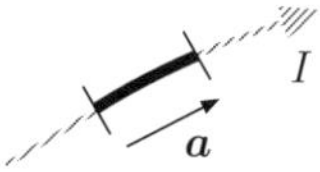	$\boldsymbol{C} = I\boldsymbol{a}$	$\boldsymbol{J}(\boldsymbol{x}) = \boldsymbol{C}\delta^3(\boldsymbol{x}-\boldsymbol{x}_0)$
変化する 電気双極子	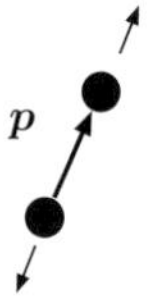	$\boldsymbol{C} = \partial\boldsymbol{p}/\partial t$	$\boldsymbol{J}(\boldsymbol{x}) = \boldsymbol{C}\delta^3(\boldsymbol{x}-\boldsymbol{x}_0)$ $\varrho(\boldsymbol{x}) = -(\boldsymbol{p}(t)\cdot\boldsymbol{\nabla})$ $\times\delta^3(\boldsymbol{x}-\boldsymbol{x}_0)$
微小環状 電流	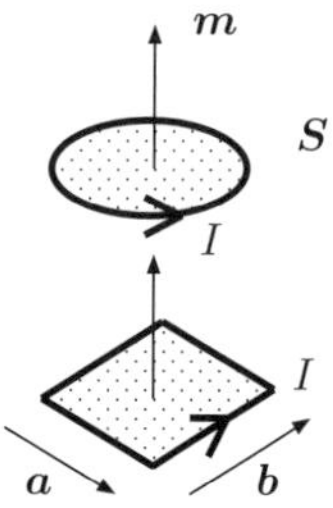	$\boldsymbol{m} = I\boldsymbol{S}$ $\boldsymbol{S} = \boldsymbol{a}\times\boldsymbol{b}$	$\boldsymbol{J}(\boldsymbol{x}) = -(\boldsymbol{m}\times\boldsymbol{\nabla})$ $\times\delta^3(\boldsymbol{x}-\boldsymbol{x}_0)$

と表せる．これは電荷 q が面積 $\boldsymbol{S}$ を周期 T，あるいは面積速度 $\boldsymbol{u} = \boldsymbol{S}/T$ で周回していると読むことができる．

本章の結果を用いるとこれらの電荷分布，電流分布に対する電場，磁場を簡単に求めることができる．

第 9 章
電気双極子と微小環状電流

点電荷，線電流，あるいは運動する点電荷の次に基本的な源である電気双極子と微小環状電流について調べよう．電気双極子は近接した逆符号の電荷の対であり，遠方での電場は正負の電荷の寄与が打ち消しあって非常に小さいものになる．微小環状電流も向かい合う電流の寄与が互いに打ち消すために，遠方での磁場は小さい．一方，それぞれの中心点においては，これらの寄与が強め合う方向に働き，電場，磁場は非常に大きい値をとる．この中心における電場，磁場はデルタ関数を用いて表すことができる．電気双極子と微小環状電流の遠方での場は相似であるが，デルタ関数で与えられる近傍の場は大きく異なっており，対称に扱うことはできない．通常，遠方場の相似性のみが強調されるが，ここでは逆に原点における特異性の差異を問題にしたい．その心は次第に明らかになるだろう．

9.1 電気双極子のつくる電場

原点から $\pm\boldsymbol{a}/2$ ずれた位置に，それぞれ $\pm q$ の電荷があるとしよう．これらの電荷が点 $\boldsymbol{x}$ につくる電束密度は

$$\begin{aligned}\boldsymbol{D}(\boldsymbol{x}) &= \frac{q}{4\pi}\left(\frac{\boldsymbol{x}-\boldsymbol{a}/2}{|\boldsymbol{x}-\boldsymbol{a}/2|^3} - \frac{\boldsymbol{x}+\boldsymbol{a}/2}{|\boldsymbol{x}+\boldsymbol{a}/2|^3}\right)\\ &\sim -q(\boldsymbol{a}\cdot\boldsymbol{\nabla})\frac{\boldsymbol{x}}{4\pi|\boldsymbol{x}|^3} = \boldsymbol{\nabla}(\boldsymbol{p}\cdot\boldsymbol{\nabla})\frac{1}{4\pi r}\end{aligned} \tag{9.1}$$

である．ただし，$\boldsymbol{p} = q\boldsymbol{a}$, $r = |\boldsymbol{x}|$. i-成分に注目して，式 (7.41) を用いると，

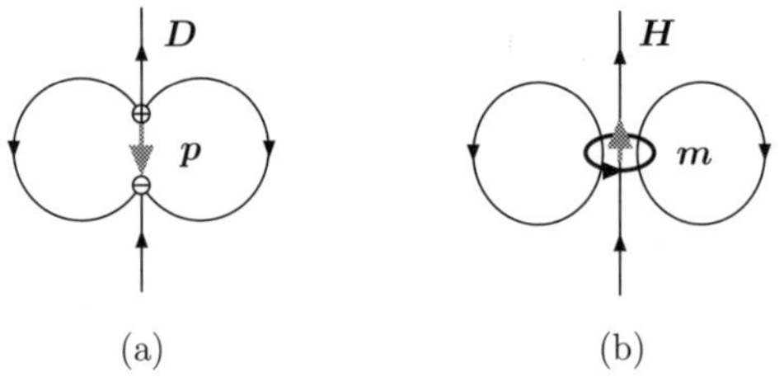

図 9.1 (a) 電気双極子，(b) 微小環状電流のつくる場の模式図．周囲での場の様子は相似であるが，原点での場の向き（太い矢印）が異なることに注意．

$$
\begin{aligned}
D_i(\boldsymbol{x}) &= \frac{1}{4\pi}\frac{\partial}{\partial x_i}p_j\frac{\partial}{\partial x_j}\frac{1}{r} \\
&= \frac{1}{4\pi}p_j\left(-\frac{\delta_{ij}}{r^3}+3\frac{x_i x_j}{r^5}-\frac{4\pi}{3}\delta_{ij}\delta^3(\boldsymbol{x})\right) \\
&= \frac{1}{4\pi}\left(-\frac{p_i}{r^3}+3\frac{x_i(\boldsymbol{p}\cdot\boldsymbol{x})}{r^5}\right)-\frac{1}{3}p_i\delta^3(\boldsymbol{x}).
\end{aligned}
\tag{9.2}
$$

すなわち，

$$
\boldsymbol{D}(\boldsymbol{x}) = \frac{1}{4\pi}\left(-\frac{\boldsymbol{p}}{r^3}+3\frac{\boldsymbol{x}(\boldsymbol{p}\cdot\boldsymbol{x})}{r^5}\right)-\frac{1}{3}\boldsymbol{p}\delta^3(\boldsymbol{x}). \tag{9.3}
$$

原点以外での場の様子は第 1, 2 項で表すことができる．第 3 項のデルタ関数は双極子をつくる正負の電荷の間の電場を表しており，その方向は正電荷から負電荷に向かう．つまり $\boldsymbol{p}$ と逆向きである（図 9.1 (a)）．

問題 9.1 双極子の軸に沿う電場の線積分が 0 となることを示せ．すなわち，$\boldsymbol{p} = p\boldsymbol{e}_3$ の場合，次の式を示せ:

$$
\int_{-\infty}^{\infty}\boldsymbol{E}(z\boldsymbol{e}_3)\cdot\boldsymbol{e}_3\mathrm{d}z = 0. \tag{9.4}
$$

9.2 微小環状電流がつくる磁場

原点に置かれた，ベクトル $\boldsymbol{a}, \boldsymbol{b}$ がつくる微小な平行四辺形に沿って電流 i が流れているとする．この微小環状電流がつくる磁場は式 (8.31) から，

$$
\boldsymbol{H}(\boldsymbol{x}) = -\frac{1}{4\pi}\boldsymbol{\nabla}\times(\boldsymbol{m}\times\boldsymbol{\nabla})\frac{1}{r}. \tag{9.5}
$$

ただし，$\boldsymbol{m} = i(\boldsymbol{a} \times \boldsymbol{b})$．これを具体的に計算すると

$$\begin{aligned} H_i = & -\frac{1}{4\pi}\epsilon_{ijk}\partial_j\epsilon_{klm}m_l\partial_m\frac{1}{r} = -\frac{1}{4\pi}(\delta_{il}\delta_{jm} - \delta_{im}\delta_{jl})m_l\partial_j\partial_m\frac{1}{r} \\ = & -\frac{1}{4\pi}(m_i\partial_j\partial_j - m_j\partial_j\partial_i)\frac{1}{r} \\ = & \, m_i\delta^3(\boldsymbol{x}) + \frac{m_j}{4\pi}\left(-\frac{\delta_{ji}}{r^3} + \frac{3x_jx_i}{r^5} - \frac{4\pi}{3}\delta_{ji}\delta^3(\boldsymbol{x})\right) \\ = & \, \frac{1}{4\pi}\left(-\frac{m_i}{r^3} + \frac{3m_jx_jx_i}{r^5}\right) + \frac{2}{3}m_i\delta^3(\boldsymbol{x}). \end{aligned} \tag{9.6}$$

式 (7.41) を用いた．これをベクトルで表すと，

$$\boldsymbol{H}(\boldsymbol{x}) = \frac{1}{4\pi}\left(-\frac{\boldsymbol{m}}{r^3} + 3\frac{\boldsymbol{x}(\boldsymbol{m}\cdot\boldsymbol{x})}{r^5}\right) + \frac{2}{3}\boldsymbol{m}\delta^3(\boldsymbol{x}). \tag{9.7}$$

第 3 項のデルタ関数はループを貫く磁場に対応しており，$\boldsymbol{m}$ と同じ方向を向いている（図 9.1 (b)）．

問題 9.2　環状電流を含む面について磁束密度の面積分が 0 となることを示せ．すなわち，$\boldsymbol{m} = m\boldsymbol{e}_3$ の場合，次のようになることを示せ:

$$\int_{-\infty}^{\infty}\int_{-\infty}^{\infty}\boldsymbol{B}(x\boldsymbol{e}_1 + y\boldsymbol{e}_2)\cdot\boldsymbol{e}_3\mathrm{d}x\mathrm{d}y = 0. \tag{9.8}$$

9.3　電気双極子と微小環状電流のちがい

9.3.1　粗視化による比較

電気双極子のつくる電場 (9.3) と微小環状電流がつくる磁場 (9.7) を比較しよう．具体的に比較するために，粗視化された場を考える．$\boldsymbol{p} = p\boldsymbol{e}_3, \boldsymbol{m} = m\boldsymbol{e}_3$ とする．軸対称な系なので，$y = 0$ の面を見るだけで十分である．すなわち，

$$\frac{D_z}{p} = \frac{1}{4\pi}\frac{-x^2 + 2z^2}{(x^2 + z^2 + a^2)^{5/2}} + \frac{(-1)}{4\pi}\frac{a^2}{(x^2 + z^2 + a^2)^{5/2}} \tag{9.9}$$

$$\frac{H_z}{m} = \frac{1}{4\pi}\frac{-x^2 + 2z^2}{(x^2 + z^2 + a^2)^{5/2}} + \frac{2}{4\pi}\frac{a^2}{(x^2 + z^2 + a^2)^{5/2}} \tag{9.10}$$

$$\frac{D_x}{p} = \frac{H_x}{m} = \frac{1}{4\pi}\frac{3zx}{(x^2 + z^2 + a^2)^{5/2}}. \tag{9.11}$$

図 9.2 に原点から離れた部分のベクトル場の様子をプロットした．デルタ関数

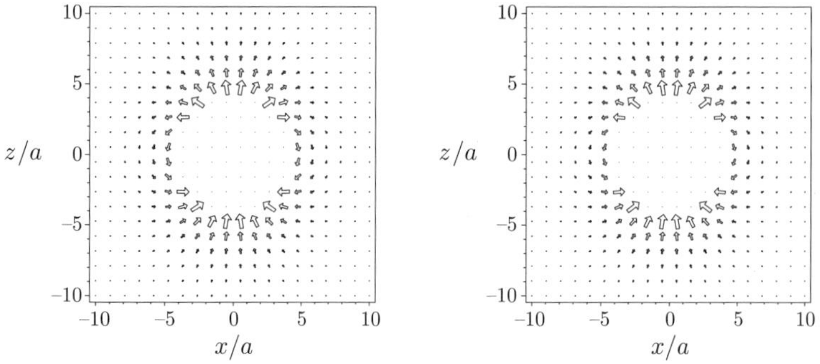

(a)　　(b)

図 9.2　(a) 電気双極子の電場（式 (9.3)），(b) 微小環状電流の磁場（式 (9.7)）．a は粗視化のスケール．遠方での様子を比べるとほとんど同じである．原点近傍 ($x^2 + z^2 < 20a^2$) は矢印が大きくなりすぎるので，強制的に 0 にしてある．

で表される原点における特異性を除いて両者は一致しているので，粗視化のスケール a に比べて十分遠い場所での場はほぼ等しい．このことから，微小環状電流を磁極のつくる双極子に置き換えて考えることがよく行われる．“磁気双極子” という（不正確な）術語が用いられる理由もここにある．

しかし，原点付近における特異性の差は決して無視できるものではない．図 9.3 に原点付近のベクトル場の様子をプロットした．最も顕著な差は，電気双極子の軸上の電場 (a) が極の間で反転しているのに対し，環状電流の対称軸上の磁場 (b) は方向が一定であることである．これらの電場，磁場は非常に小さい空間に閉じ込められているので，極限ではデルタ関数として表せる．絶対値の大きさが異なるのは，電気双極子が 1 次元的な構造であるのに対して，微小環状電流は 2 次元的であることに起因している．

図 9.4 に式 (9.9)～(9.11) を 3 次元プロットしたものを示す．

デルタ関数項は媒質を構成する原子が感じる局所場 (12.98)，電気 2 重層，ソレノイドがつくる場などにおいて重要な役割を演じている[*1]．

*1)　やや込み入ったことに，式 (9.3), (9.7) のデルタ関数項の係数 $-1/3$, $2/3$ はデルタ関数の原型となる関数が球対称の場合にのみ有効な値である．軸対称の場合には別の値をとることになる．その場合でも，これらの係数の差は -1 に保たれている．この件に関しては，12.7 節で議論する．

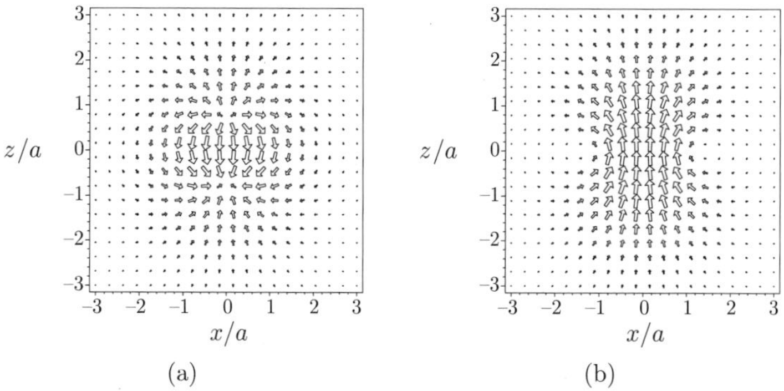

図 9.3　(a) 電気双極子の電場（式 (9.3)），(b) 微小環状電流の磁場（式 (9.7)）．近傍の様子は全く異なっている．矢印の大きさは図 9.2 に比べて縮小してある．

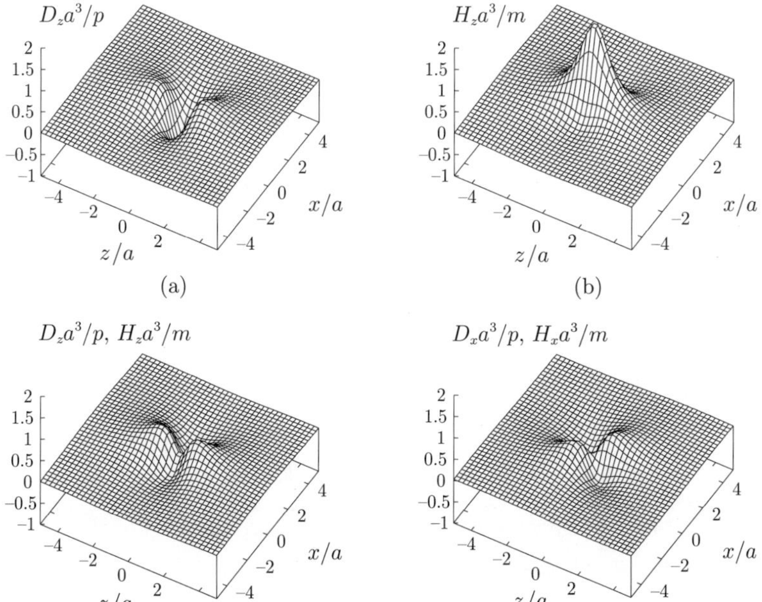

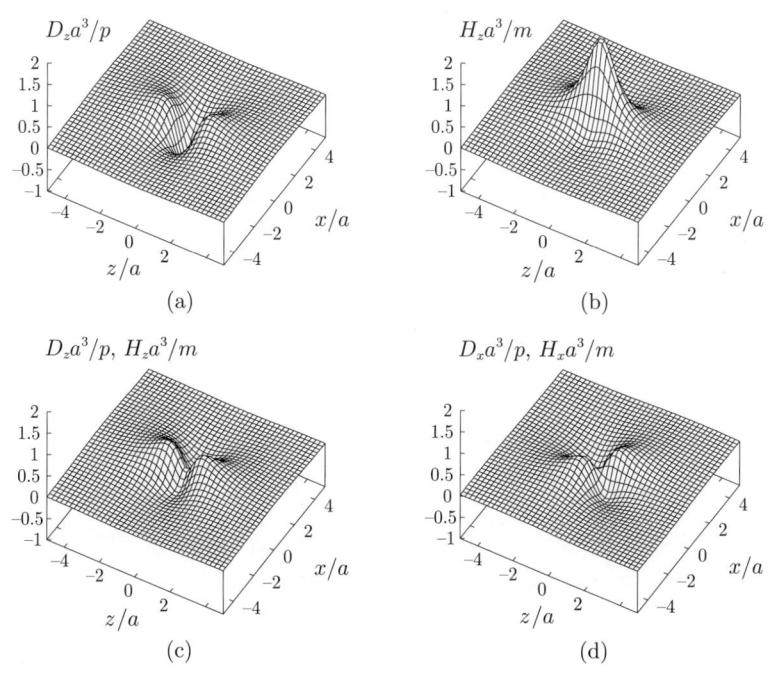

図 9.4　(a) 電気双極子の電場の z 成分，(b) 微小環状電流の磁場の z 成分，(c) デルタ関数項を含めない場合，(d) x 成分．a は粗視化のパラメータ．

問題 9.3　遠方部分のみを取り出した場 $\boldsymbol{F}(\boldsymbol{x}) = -\boldsymbol{a}r^{-3} + 3\boldsymbol{x}(\boldsymbol{a}\cdot\boldsymbol{x})r^{-5}$ について，$\operatorname{div}\boldsymbol{F} \neq 0$, $\operatorname{curl}\boldsymbol{F} \neq 0$ であることを示せ．

9.4　ベクトルポテンシャル

$\operatorname{div}\boldsymbol{B} = 0$ なので，$\boldsymbol{B}$ は適当な力線ベクトル場 $\boldsymbol{A}$ を用いて

$$\boldsymbol{B} = \operatorname{curl}\boldsymbol{A} \tag{9.12}$$

と表すことができる．これは**ベクトルポテンシャル** (vector potential) と名付けられている量である．$\boldsymbol{A} \overset{\mathrm{SI}}{\sim} \mathrm{T\,m} = \mathrm{Wb/m} = \mathrm{V\,s/m}$ である．ベクトルポテンシャルには勾配場だけの自由度がある．すなわち，任意の点スカラー場 $\Lambda(\boldsymbol{x})$ を用いて，

$$\boldsymbol{A}'(\boldsymbol{x}) = \boldsymbol{A}(\boldsymbol{x}) + \operatorname{grad}\Lambda(\boldsymbol{x}) \tag{9.13}$$

を作っても，同じ磁束密度を与える．

ベクトルポテンシャルを用いると，アンペールの法則 $\operatorname{curl}\boldsymbol{H} = \boldsymbol{J}$ は

$$\mu_0^{-1}\operatorname{curl}\operatorname{curl}\boldsymbol{A} = \boldsymbol{J} \quad \text{あるいは} \quad \mu_0^{-1}\boldsymbol{\nabla}\times(\boldsymbol{\nabla}\times\boldsymbol{A}) = \boldsymbol{J}, \tag{9.14}$$

となる．左辺は式 (A.18d)，すなわち $\operatorname{curl}\operatorname{curl} = \operatorname{grad}\operatorname{div} - \nabla^2$ を用いて変形できる．ベクトルポテンシャルの自由度を利用して，$\operatorname{div}\boldsymbol{A} = 0$ となるように，$\boldsymbol{A}$ を選んでおけば*2)，

$$\nabla^2\boldsymbol{A} = -\mu_0\boldsymbol{J} \tag{9.15}$$

が得られる．$\triangle = \nabla^2$ はベクトルに作用する場合，ベクトルラプラシアンとよばれる．直交基底に対する成分は

$$\nabla^2 A_i = -\mu_0 J_i \quad (i = 1, 2, 3) \tag{9.16}$$

を満たす．このように式が成分ごとに分離されるのは，直交座標系のように，基底ベクトルが空間に依存しない場合の特殊事情である．たとえば球座標では大変複雑な式になる．

ベクトルポテンシャルの重要性については後に述べる．

---

*2)　具体的には，最初に選んだ $\boldsymbol{A}'$ に対して，$0 \neq \operatorname{div}\boldsymbol{A}' = \nabla^2\Lambda$ を満たす Λ を求めれば，式 (9.13) から，$\operatorname{div}\boldsymbol{A} = 0$ となる $\boldsymbol{A}$ がつくれる．

9.5 無限長ソレノイド

原点に置かれた微小環状電流 $\boldsymbol{m} = m\boldsymbol{e}_z$ の電流密度は円筒座標系の式 (B.52) を用いて

$$\begin{aligned}\boldsymbol{J}_0(\boldsymbol{x}) &= -(\boldsymbol{m} \times \boldsymbol{\nabla})\delta^3(\boldsymbol{x}) \\ &= -m\boldsymbol{e}_\phi \delta(z)\frac{\mathrm{d}}{\mathrm{d}\rho}\delta^2(\rho)\end{aligned} \tag{9.17}$$

で表される．長さあたり κ の数密度で同じような微小環状電流を z 軸に沿って並べた場合（図 9.5 (d)）の電流密度は

$$\begin{aligned}\boldsymbol{J}(\boldsymbol{x}) &= \int_{-\infty}^{\infty} \boldsymbol{J}_0(\boldsymbol{x} - z'\boldsymbol{e}_z)\kappa \mathrm{d}z' \\ &= -m\kappa\frac{\mathrm{d}}{\mathrm{d}\rho}\delta^2(\rho)\boldsymbol{e}_\phi\end{aligned} \tag{9.18}$$

となる．これは，無限長ソレノイドの電流密度分布に対応しており，z 軸に沿った特異性を持っている．ベクトルポテンシャルは式 (9.15) から，

$$\boldsymbol{A}(\boldsymbol{x}) = \frac{\mu_0 m\kappa}{2\pi\rho}\boldsymbol{e}_\phi = \frac{\Phi}{2\pi\rho}\boldsymbol{e}_\phi \tag{9.19}$$

であり，軸を周回している．一方，磁場は

$$\boldsymbol{H}(\boldsymbol{x}) = m\kappa\delta^2(\rho)\boldsymbol{e}_z = \mu_0^{-1}\Phi\delta^2(\rho)\boldsymbol{e}_z \tag{9.20}$$

であり，外部 $(\rho \neq 0)$ で 0 である．$m\kappa \overset{\mathrm{SI}}{\sim} \mathrm{A\,m}$ はソレノイドの長さ当たりの磁気モーメントである．また，$\Phi = \mu_0 m\kappa \overset{\mathrm{SI}}{\sim} \mathrm{V\,s} = \mathrm{Wb}$ は磁束である．

問題 9.4　微小環状電流に対するベクトルポテンシャル，磁場をそれぞれ積分することによって，無限長ソレノイドのベクトルポテンシャル，磁場を求めよ．単に計算するだけでなく，図 9.4 のグラフの性質が結果にどのように反映されているかを考察すること．

問題 9.5　微小環状電流 $\boldsymbol{m} = m\boldsymbol{e}_3$ を，面（数）密度 σ で xy 面に含まれる面 S に並べた場合（図 9.5 (c)）の電流分布を求めよ．また，$m\sigma$ の次元は何か．

この線状の特異性（渦糸）は，回転（curl）を理解する上で最も有用な状況

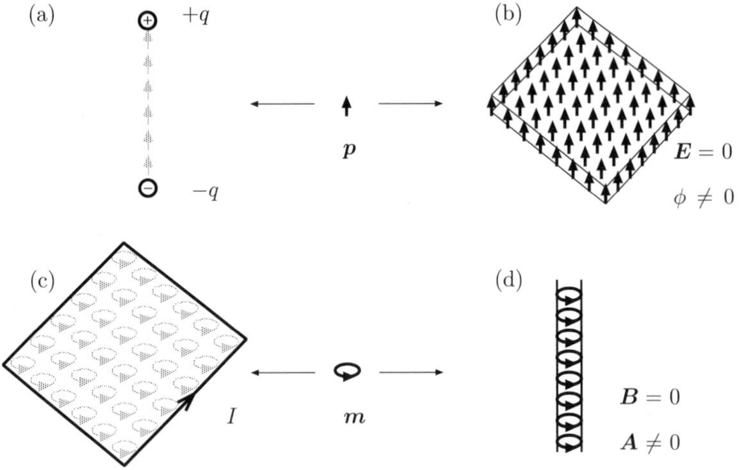

図 9.5　(a) 電気双極子 $\boldsymbol{p}$ を 1 次元的に整列したものは両端に正負の電荷 $\pm q$ を置いた状況と等価である（クーロンの法則）. (b) 2 次元的に整列させたものは電気 2 重層と呼ばれる．面を大きくすると外部の電場は 0 に近づくが，面の上下に有限の電位差（スカラーポテンシャル）が残る．(c) 微小環状電流 $\boldsymbol{m}$ を 2 次元的に整列させたものは，周辺を周回する電流 I と等価である．これはビオ-サバールの法則の導出過程（図 8.1）と同じ状況である．(d) 1 次元的に並べたものはソレノイドと等価である．長さを長くすると外部の磁場は 0 に近づくが，ベクトルポテンシャルは有限に留まる（双極子と微小環状電流の差，あるいは電気と磁気の相補性はここにも明瞭に現れている）．

である．本質的には 2 次元的な状況であるので，$z = 0$ の (x, y)-平面を考えるだけで十分である．原点を含まない領域では，$(\boldsymbol{B} =)\ \mathrm{curl}\,\boldsymbol{A} = 0$ であり，$\boldsymbol{A}$ は勾配場として表現できるはずである．実際 $h(\boldsymbol{x}) = a\phi$ の勾配を計算すると，$\mathrm{grad}\,h = \boldsymbol{A} = a\rho^{-1}\boldsymbol{e}_\phi$ であり，式 (9.19) を再現できている．原点を N 回囲む閉曲線 L に関しては，

$$\oint_L \boldsymbol{A} \cdot \mathrm{d}\boldsymbol{l} = 2\pi N a \tag{9.21}$$

になっている．この状況は，螺旋階段を考えるとわかりやすい．螺旋階段のステップを十分小さいとし，斜面とみなす．2 次元上の斜面を表す関数 $h(\boldsymbol{x}) = a\phi$ は一価関数ではなく，無限の多価関数になっているため，斜面上を移動して元の（2 次元上の）点に戻っても同じ高さにいるとは限らず，$2\pi Na$ だけ高さが変化している．

無限長ソレノイド周辺のベクトルポテンシャルが本質的役割を果たすケースとしてアハラノフ-ボーム効果があるが，これについては第 15 章で述べる．ベクトルポテンシャルは古典力学的には直接測定する方法がないので，ここでは，式 (9.19) において，定数 $\varPhi$ が時間に比例している場合，$\varPhi = -2\pi bt$ を考える．マクスウェル方程式 $\mathrm{curl}\,\boldsymbol{E} = -\partial_t \boldsymbol{B} = -\partial_t\,\mathrm{curl}\,\boldsymbol{A}$ より，

$$\mathrm{curl}\left(\boldsymbol{E} + \frac{\partial}{\partial t}\boldsymbol{A}\right) = 0. \tag{9.22}$$

これを解いて，

$$\boldsymbol{E} = \frac{b}{\rho}\boldsymbol{e}_\phi + \mathrm{grad}\,\varphi \tag{9.23}$$

が得られる．φ は任意のスカラー場である．右辺第 1 項は，先のベクトルポテンシャル (9.19) と同じ形をしており，螺旋階段で表すことができる．第 2 項はベクトルポテンシャルの場合にはゲージ変換の自由度に相当するが，今の場合には外部から与えられた電場を表している．これにより，螺旋階段の勾配は変形を受けるが，回転により $2\pi b$ ずつ上昇，下降する様子は変わらない．

電場の変形の例として，狭い間隙を持った半径 R のリング状の細い導体を設置してみよう．リングは xy 面内にあり，中心は z 軸上にあるとする．時間変化する磁束による起電力によって金属内の電荷は移動する．この移動は導体に沿った電場が 0 になるような電荷分布に落ち着くところで止る．電荷の大半は間隙の両端に集まり，1 周分の起電力が間隙にかかるようになる．この電荷分布とそれによる電界はラプラス方程式 $\nabla^2\varphi_{\mathrm{r}} = 0$ を境界条件

$$\varphi_{\mathrm{r}}(R, \phi, 0) = -b\phi \quad (\phi \neq \pi), \quad \varphi_{\mathrm{r}}(\infty) = 0 \tag{9.24}$$

の下で解くことで求められる．$\phi = \pi$ は間隙の位置である．こうして求めた保存的な場 φ_{r} と先のソレノイドによる場 $\varphi_{\mathrm{s}} = b\phi$ の和が実際の場になっている．リングに沿っては両者の勾配が打ち消されており，電場の接線成分は 0 である．ただし間隙の部分には 1 周分に相当する電位差 $2\pi b$ が残る．この様子

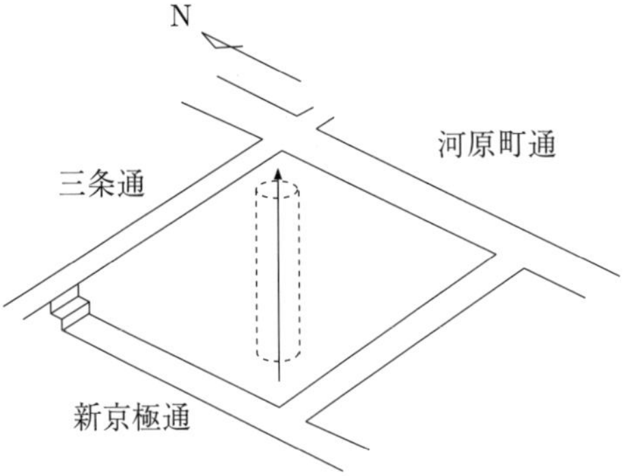

図 9.6　「三条新京極の謎」．三条通から新京極通に入るところに，ちょっとした階段（今は坂になっている）があるのだが，周辺には坂が見あたらないことから，京都の七不思議の 1 つとされている．近所に同様の場所を探してみてはいかが．

は，E.M. エッシャーの代表作「滝」に象徴的に描かれている．図 9.6 に別の例を示す．平坦な道が導体のリングに，階段が間隙に相当する．

9.6　電気 2 重層

原点に置かれた電気双極子 $\boldsymbol{p} = p\boldsymbol{e}_3$ の電荷密度は

$$\varrho_0(\boldsymbol{x}) = -(\boldsymbol{p}\cdot\boldsymbol{\nabla})\delta^3(\boldsymbol{x}) = -p\sigma\delta^2(x,y)\frac{\mathrm{d}}{\mathrm{d}z}\delta(z) \tag{9.25}$$

で表される．面積あたり σ の数密度で同じような電気双極子を xy 面に沿って並べた場合（図 9.5 (b)）の電荷密度は

$$\varrho(\boldsymbol{x}) = \int_{-\infty}^{\infty}\int_{-\infty}^{\infty}\varrho_0(\boldsymbol{x}-x'\boldsymbol{e}_1-y'\boldsymbol{e}_2)\sigma\mathrm{d}x'\mathrm{d}y' = -p\sigma\frac{\mathrm{d}}{\mathrm{d}z}\delta(z) \tag{9.26}$$

となる．このような電荷密度分布は **電気 2 重層** (electric double layer) と呼ばれるもので，xy 面に沿った特異性を持っている*3)．対応するポテンシャルは，

$$\phi(\boldsymbol{x}) = \varepsilon_0^{-1}p\sigma\,\mathrm{sgn}(z)/2 \tag{9.27}$$

*3)　磁気 2 重層もしばしば導入されるが，本書の立場からは不適切な概念である（第 12 章）．

ただし，$\mathrm{sgn}(z) = z/|z|$ である．つまり，面の上下で異なる値 $\pm p\sigma/2\varepsilon_0$ をとる．また，電束密度は

$$\boldsymbol{D}(\boldsymbol{x}) = -p\sigma\delta(z)\boldsymbol{e}_z \tag{9.28}$$

であり面外では 0 である．電気 2 重層を特徴づける量 $p\sigma$ は C/m の次元を持っている．また $\varepsilon_0^{-1}p\sigma$ は V，すなわち電圧の次元を持つ．

問題 9.6　電気双極子に対するポテンシャル，電束密度をそれぞれ積分することによって，電気 2 重層のポテンシャル，電束密度を求めよ．

問題 9.7　電気双極子 $\boldsymbol{p} = p\boldsymbol{e}_3$ を，線（数）密度 κ で z 軸に含まれる線分 L に並べた場合（図 9.5 (a)）の電荷分布を求めよ．また，$p\kappa$ の次元は何か．

問題 9.8　誘電体をはさんだコンデンサにおいて，電極と誘電体表面には逆符号の電荷が向かい合っている．しかし，これは電気 2 重層といえない．なぜか．

9.7　電気双極子と微小環状電流が受ける力

電気双極子が電場から受ける力を計算してみよう．原点に置かれた電気双極子 $\boldsymbol{p}$ の電荷分布 $\varrho(\boldsymbol{x}) = -(\boldsymbol{p}\cdot\boldsymbol{\nabla})\delta^3(\boldsymbol{x})$ を用いると，

$$\boldsymbol{F} = \int_{\mathbb{E}_3} \varrho(\boldsymbol{x})\boldsymbol{E}(\boldsymbol{x})\mathrm{d}v = (\boldsymbol{p}\cdot\boldsymbol{\nabla})\boldsymbol{E}. \tag{9.29}$$

さらに右辺は $(\boldsymbol{p}\cdot\boldsymbol{\nabla})\boldsymbol{E} = -\boldsymbol{p}\times(\boldsymbol{\nabla}\times\boldsymbol{E}) + \boldsymbol{\nabla}(\boldsymbol{p}\cdot\boldsymbol{E})$ と変形することができる．静電場に対しては，$\boldsymbol{\nabla}\times\boldsymbol{E} = 0$ なので，

$$\boldsymbol{F} = -\boldsymbol{\nabla}V_{\boldsymbol{p}}, \quad V_{\boldsymbol{p}} = -\boldsymbol{p}\cdot\boldsymbol{E}(0) \tag{9.30}$$

のように（$\boldsymbol{p}$ の方向に依存した）ポテンシャルの勾配力として表すことができる．

原点に置かれた微小環状電流 $\boldsymbol{m}$ の電流分布は $\boldsymbol{J} = -(\boldsymbol{m}\times\boldsymbol{\nabla})\delta^3(\boldsymbol{x})$ であり，これに対するローレンツ力は

$$\boldsymbol{F} = \int_{\mathbb{E}_3} \boldsymbol{J}(\boldsymbol{x})\times\boldsymbol{B}(\boldsymbol{x})\mathrm{d}v = (\boldsymbol{m}\times\boldsymbol{\nabla})\times\boldsymbol{B} = \boldsymbol{\nabla}(\boldsymbol{m}\cdot\boldsymbol{B}). \tag{9.31}$$

ただし，$\boldsymbol{\nabla}\cdot\boldsymbol{B} = 0$ を用いた．さらに，

$$\boldsymbol{F} = -\boldsymbol{\nabla} V_{\boldsymbol{m}}, \quad V_{\boldsymbol{m}} = -\boldsymbol{m} \cdot \boldsymbol{B}(0) = -\tfrac{1}{2} \mathsf{m} : \mathsf{B}(0) \tag{9.32}$$

のように（$\boldsymbol{m}$ の方向に依存した）ポテンシャルの勾配力として表すことができる．

このように電気双極子と微小環状電流に対する力の式 (9.30), (9.32) は結果的に類似したものになったが，起源は随分異なっている．$\boldsymbol{p}$ の場合は軸方向の，$\boldsymbol{m}$ の場合は直交平面内での場の空間変化が力の原因になっている．特に場に対する条件: $\operatorname{curl} \boldsymbol{E} = 0$, $\operatorname{div} \boldsymbol{B} = 0$ を利用することで，同じ形の式が得られたことに注意する．

9.8　半無限ソレノイドと磁気的クーロンの法則

半無限の十分細いソレノイドの端部は磁気単極とみなすことができる（無限に長いソレノイドが外部に作る磁場は 0 であることを思いだそう）．2 つのこのような半無限ソレノイド間の力が，磁荷に対するクーロンの法則に一致すること示す [15]．ただし，ソレノイドは交叉しないものとする（図 9.7）．

ソレノイドの構成要素として無限小ループ電流を考える．原点におかれた無限小ループ電流の電流密度は

$$\boldsymbol{J}_{\boldsymbol{m}}(\boldsymbol{r}) = (-\boldsymbol{m} \times \boldsymbol{\nabla}) \delta^3(\boldsymbol{r}) \tag{9.33}$$

と表わせる．このような無限小ループ電流を曲線 $L_{\rm a}$ に沿って一定の線密度（長さあたり $\kappa_{\rm a}$）で一様に積み重ねると細いソレノイドが得られる*4)．ただし，$\boldsymbol{m}$ と曲線の接線の方向が一致するように配置するものとする．線要素 $\mathrm{d}\boldsymbol{l}_{\rm a}$ に対応するソレノイドの電流密度分布は

$$\mathrm{d}\boldsymbol{J}(\boldsymbol{r}) = (-C_{\rm a} \mathrm{d}\boldsymbol{l}_{\rm a} \times \boldsymbol{\nabla}) \delta^3(\boldsymbol{r} - \boldsymbol{r}_{\rm a}) \tag{9.34}$$

である．$C_{\rm a} = \kappa_{\rm a} m \overset{\rm SI}{\sim} \mathrm{A\,m}$ は長さあたりの磁気モーメントでソレノイドの強度を特徴づける量である．$\boldsymbol{m} \parallel \mathrm{d}\boldsymbol{l}_{\rm a}$ であることに注意する．$m = |\boldsymbol{m}|$, $\boldsymbol{r}_{\rm a}$ は線要素の位置を表す．

---

*4)　実際のソレノイドコイルでは，軸に沿った往復電流成分が存在するが，この寄与は原理的にいくらでも小さくできる．

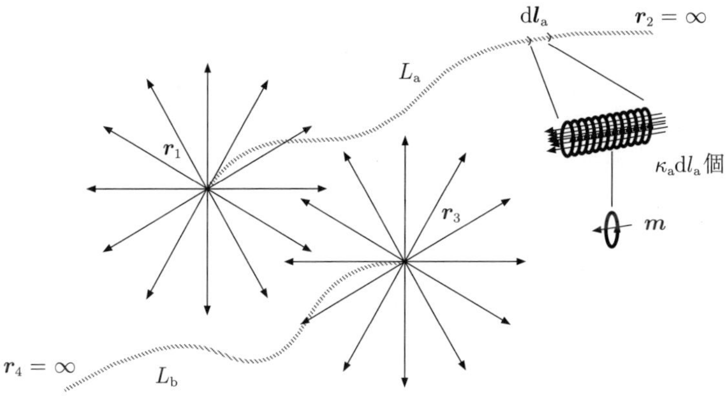

図 9.7　2 つの半無限ソレノイド

原点におかれた磁気モーメント $\boldsymbol{m}$ が位置 $\boldsymbol{r}$ に作る磁場の強さは式 (9.33) とビオ-サバールの法則 (8.37) を用いて

$$
\begin{aligned}
\boldsymbol{H}(\boldsymbol{r}) &= \int_{\mathbb{E}_3} \mathrm{d}v' \boldsymbol{J}_{\boldsymbol{m}}(\boldsymbol{r}') \times \frac{\boldsymbol{r}-\boldsymbol{r}'}{4\pi|\boldsymbol{r}-\boldsymbol{r}'|^3} = (-\boldsymbol{m} \times \boldsymbol{\nabla}) \times \frac{\boldsymbol{r}}{4\pi|\boldsymbol{r}|^3} \\
&= -(\boldsymbol{m} \cdot \boldsymbol{\nabla}) \frac{\boldsymbol{r}}{4\pi|\boldsymbol{r}|^3} + \boldsymbol{m}\delta^3(\boldsymbol{r}) \qquad (9.35)
\end{aligned}
$$

と求められる．ソレノイド a を構成する線要素 $\mathrm{d}\boldsymbol{l}_{\mathrm{a}}$ が作る磁場は式 (9.34) より

$$
\mathrm{d}\boldsymbol{H}(\boldsymbol{r}) = -(C_{\mathrm{a}}\mathrm{d}\boldsymbol{l}_{\mathrm{a}} \cdot \boldsymbol{\nabla}_{\mathrm{a}}) \frac{\boldsymbol{r}-\boldsymbol{r}_{\mathrm{a}}}{4\pi|\boldsymbol{r}-\boldsymbol{r}_{\mathrm{a}}|^3} + C_{\mathrm{a}}\mathrm{d}\boldsymbol{l}_{\mathrm{a}}\delta^3(\boldsymbol{r}-\boldsymbol{r}_{\mathrm{a}}) \qquad (9.36)
$$

である．ただし，$\boldsymbol{\nabla}_{\mathrm{a}} = \partial/\partial\boldsymbol{r}_{\mathrm{a}}$．これを曲線 L_{a} に沿って積分すると，

$$
\boldsymbol{H}(\boldsymbol{r}) = \int_{L_{\mathrm{a}}} \mathrm{d}\boldsymbol{H} = -C_{\mathrm{a}} \frac{\boldsymbol{r}-\boldsymbol{r}_1}{4\pi|\boldsymbol{r}-\boldsymbol{r}_1|^3} + C_{\mathrm{a}} \int_{L_{\mathrm{a}}} \delta^3(\boldsymbol{r}-\boldsymbol{r}_{\mathrm{a}})\mathrm{d}\boldsymbol{l}_{\mathrm{a}} \qquad (9.37)
$$

右辺第 2 項はソレノイド内部における磁束密度に相当しており，ソレノイドの外では 0 である．右辺第 1 項はソレノイドの外の磁場であるが，端点 $\boldsymbol{r}_1$ におかれた点磁荷 $g_{\mathrm{a}} = \mu_0 C_{\mathrm{a}}$ がつくる磁束密度 $\boldsymbol{B}_{\mathrm{e}}(\boldsymbol{r}) = -g_{\mathrm{a}}(\boldsymbol{r}-\boldsymbol{r}_{\mathrm{a}})/4\pi|\boldsymbol{r}-\boldsymbol{r}_1|^3$ に等しい．

点 $\boldsymbol{r}_{\mathrm{b}}$ におかれた無限小ループ電流 $\boldsymbol{m}$ が，磁場 $\boldsymbol{B}_{\mathrm{e}}(\boldsymbol{r})$ から受ける力は式 (9.31) と式 (9.33) より

$$\begin{aligned} \boldsymbol{F} &= \int_{\mathbb{E}_3} \boldsymbol{J_m}(\boldsymbol{r}-\boldsymbol{r}_\mathrm{b}) \times \boldsymbol{B}_\mathrm{e}(\boldsymbol{r})\mathrm{d}v \\ &= [(\boldsymbol{m} \times \boldsymbol{\nabla}) \times \boldsymbol{B}_\mathrm{e}](\boldsymbol{r}_\mathrm{b}) = [(\boldsymbol{m} \cdot \boldsymbol{\nabla})\boldsymbol{B}_\mathrm{e}](\boldsymbol{r}_\mathrm{b}) \end{aligned} \tag{9.38}$$

である [47]．ただし，静磁場条件 $\mathrm{div}\,\boldsymbol{B}_\mathrm{e} = 0$, $\mathrm{curl}(\boldsymbol{B}_\mathrm{e}/\mu_0) = 0$ （ソレノイド a の外部）を用いた．したがって，ソレノイド b を構成する線要素 $\mathrm{d}\boldsymbol{l}_\mathrm{b}$ が受ける力は

$$\mathrm{d}\boldsymbol{F} = (C_\mathrm{b}\mathrm{d}\boldsymbol{l}_\mathrm{b} \cdot \boldsymbol{\nabla}_\mathrm{b})\boldsymbol{B}_\mathrm{e}(\boldsymbol{r}_\mathrm{b}) \tag{9.39}$$

ただし，$C_\mathrm{b} = \kappa_\mathrm{b} m$．これを曲線 L_b に沿って積分すると

$$\boldsymbol{F} = \int_{L_\mathrm{b}} \mathrm{d}\boldsymbol{F} = C_\mathrm{b} \int_{L_\mathrm{b}} (\mathrm{d}\boldsymbol{l}_\mathrm{b} \cdot \boldsymbol{\nabla}_\mathrm{b})\boldsymbol{B}_\mathrm{e} = C_\mathrm{b}\boldsymbol{B}_\mathrm{e}(\boldsymbol{r}_3) \tag{9.40}$$

が得られる．これは点 $\boldsymbol{r}_3$ におかれた点磁荷 $g_\mathrm{b} = \mu_0 C_\mathrm{b}$ が受ける力に等しい．

上の結果を総合して，ソレノイド a が作る磁場によってソレノイド b 全体が受ける力を計算すると，

$$\boldsymbol{F}_\mathrm{ba} = C_\mathrm{b}\boldsymbol{B}_\mathrm{e}(\boldsymbol{r}_3) = \mu_0 C_\mathrm{b} C_\mathrm{a} \frac{\boldsymbol{r}_3 - \boldsymbol{r}_1}{4\pi|\boldsymbol{r}_3 - \boldsymbol{r}_1|^3} \tag{9.41}$$

と表すことができる．これは大きさ $g_\mathrm{a}, g_\mathrm{b}$ の磁気単極に対するクーロンの法則

$$\boldsymbol{F}_{31} = \frac{g_\mathrm{a} g_\mathrm{b}}{4\pi\mu_0} \frac{\boldsymbol{r}_3 - \boldsymbol{r}_1}{|\boldsymbol{r}_3 - \boldsymbol{r}_1|^3} \tag{9.42}$$

に形の上では対応している．

これら 2 つの式は類似しているが，前者は電流間の力，後者は磁荷間の力である．磁荷間の力 (9.42) は電荷間の力との対応が考えやすいが，マクスウェル方程式とローレンツ力の式からは導けないものである．一方，半無限ソレノイドの電流の間の力 (9.41) がこのような簡単な形になることは想像しがたく，導出にも少し手間がかかるので提示されることは少ない．

第 10 章
巨視的マクスウェル方程式

電荷の担い手である電子やイオンなどは，その大きさが非常に小さいので点電荷という理想化によく適合している．これまでデルタ関数やその微分を用いて，このような点源がつくる電場や磁場を求めてきた．複数の点源が存在する場合には，重ね合わせの原理を用いればよいのだが，非常に数多くの点源が関わっている場合に，一つひとつの寄与を足し合わせてゆくことは現実的ではない．そこで**分布関数**を導入する．一般に分布関数は対象が空間に連続的に分布している場合に用いられるが，デルタ関数を用いると，離散的分布の場合にも分布関数が定義できるようになる．さらにこれを粗視化することで，連続的な分布関数が得られる．点状の電荷や電流の分布関数やそれを粗視化した分布は，物質の場（位置の関数）と見なすことができるので，電磁場の方程式，すなわちマクスウェル方程式との整合性がよい．

10.1 点状分布と連続分布

分布の例として，2 次元上の人口分布を調べよう．一人ひとりの位置の集合 $\{\boldsymbol{x}_1, \boldsymbol{x}_2, \cdots\}$ は完全な情報を与えている．しかし，対象となる人間の数が多い場合には，情報量が多すぎて扱いにくい．このような点状分布を表すために，（超）関数

$$p(\boldsymbol{x}) = \sum_i \delta^2(\boldsymbol{x} - \boldsymbol{x}_i) \tag{10.1}$$

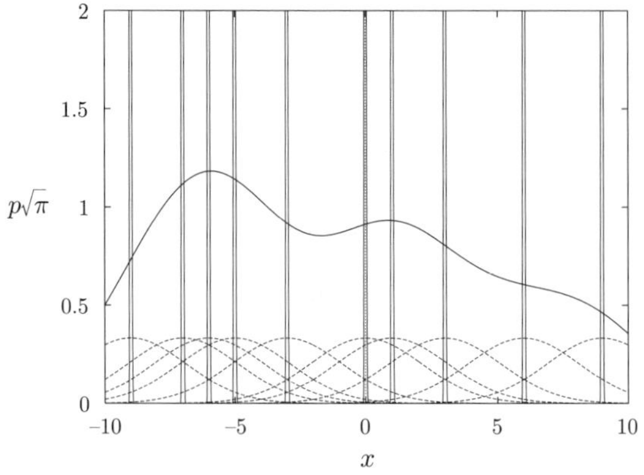

図 10.1　分布関数 $p(x)$ の粗視化の方法．1 次元上の点状の分布に対して，連続的な分布を求めてみよう．位置の集合が $\{-9,-7,-6,-5,-3,0,1,3,6,9\}$ であるとする．各点にデルタ関数を置く（実線）．デルタ関数は実際には描けないので，ここでは代わりに，$g_{0.03}(x)$ を用いた．それぞれを粗視化関数 $g_3(x)$ で置き換える（点線）．ただし，$g_a(x)=\exp[-(x/a)^2]/\sqrt{\pi}\,a$．これらの和をとると，滑らかな分布関数（太線）が得られる．

を導入する．これは点状分布に対する分布関数の形である．このままではまだ扱いにくいので，畳込みによる粗視化を行う：

$$P(\boldsymbol{x})=\langle p\rangle(\boldsymbol{x})=(g_a^2*p)(\boldsymbol{x})=\sum_i g_a^2(\boldsymbol{x}-\boldsymbol{x}_i). \tag{10.2}$$

"$\langle\ \rangle$" は空間に関する粗視化を表す．$g_a^2(\boldsymbol{x})$ は 2 次元の粗視化関数で，

$$\int_{\mathbb{R}^2\mathrm{m}} g_a^2(\boldsymbol{x})\mathrm{d}s=1 \tag{10.3}$$

を満たし，a^2 程度の広がりを持つ．そして，

$$g_a^2(\boldsymbol{x})\to\delta^2(\boldsymbol{x})\quad(a\to 0). \tag{10.4}$$

が成り立つ．a を適当な長さ（市街地ではたとえば km）にとっておけば，分布はなめらかな関数になって使いやすい．$p(\boldsymbol{x}), P(\boldsymbol{x})$ はどちらも同じ次元 $\overset{\mathrm{SI}}{\sim}\mathrm{m}^{-2}$ を持つ．$\delta^2(\boldsymbol{x}), g_a^2(\boldsymbol{x})$ が次元を担っている．

粗視化の操作 (10.2) は畳込み積分であるが，もとの分布がデルタ関数の和であるときには，それぞれを粗視化関数で置き換えるだけでよい（図 10.1）．

人口分布に付随した分布を考えることができる．たとえば，人の消費エネルギー分布を考えてみる．i さんの消費エネルギーを e_i とすると，全情報は $\{(\boldsymbol{x}_1, e_1), (\boldsymbol{x}_2, e_2), \cdots\}$ であるが，

$$e(\boldsymbol{x}) = \sum_i e_i \delta^2(\boldsymbol{x} - \boldsymbol{x}_i), \tag{10.5}$$

$$E(\boldsymbol{x}) = \langle e \rangle(\boldsymbol{x}) = \sum_i e_i g_a(\boldsymbol{x} - \boldsymbol{x}_i) \tag{10.6}$$

のような分布を考えると状況を簡単化できる．

（ある瞬間の）運動量分布も考えられる*1)．i さんの質量 m_i，速度 $\boldsymbol{v}_i$ に対して

$$\boldsymbol{\pi}(\boldsymbol{x}) = \sum_i m_i \boldsymbol{v}_i \delta^2(\boldsymbol{x} - \boldsymbol{x}_i), \tag{10.7}$$

$$\boldsymbol{\Pi}(\boldsymbol{x}) = \langle \boldsymbol{\pi} \rangle(\boldsymbol{x}) = \sum_i m_i \boldsymbol{v}_i g_a^2(\boldsymbol{x} - \boldsymbol{x}_i) \tag{10.8}$$

というベクトル量の分布が得られる．$\boldsymbol{\Pi} \overset{\text{SI}}{\sim} \mathrm{kg\,m^{-1}s^{-1}}$ である．

粗視化のスケール a は取り扱う状況に応じて適切に選ぶ必要がある．今の場合，a を cm 程度以下にすると，人間をデルタ関数で近似すること自体が不適当になる．逆に地球のサイズまで大きくするとあまり意味がなくなる．一般的には，a を多少変化させても分布関数が変化しない場合に粗視化は意味を持つ．

10.2 巨視的マクスウェル方程式

10.2.1 微視的マクスウェル方程式

媒質内のマクスウェル方程式について考えてみよう．適当なスケールまで拡大して眺めると，媒質は多数の小さな点状の粒子（原子や分子）の集合であり，それぞれが電荷や電流を担っている．そして，粒子と粒子の間は真空と考えてよい．真空中の電磁量（小文字で表す）に対しては，構成方程式

$$\boldsymbol{d} = \varepsilon_0 \boldsymbol{e}, \quad \boldsymbol{h} = \mu_0^{-1} \boldsymbol{b} \tag{10.9}$$

が成り立つ．そして，マクスウェル方程式は

*1) 大きい駅や商店街の人混みを眺めていると，こういう分布を考えたくなる．

$$\begin{aligned} &\operatorname{div} \boldsymbol{d} = r, \quad \operatorname{curl} \boldsymbol{h} - \frac{\partial \boldsymbol{d}}{\partial t} = \boldsymbol{j}, \\ &\operatorname{div} \boldsymbol{b} = 0, \quad \operatorname{curl} \boldsymbol{e} + \frac{\partial \boldsymbol{b}}{\partial t} = 0 \end{aligned} \tag{10.10}$$

である．右辺は媒質の構成要素が担っている電荷分布 r，電流分布 $\boldsymbol{j}$ を表す（媒質の状態は電磁場の影響を受けて変化するが，当面は与えられた配置にあるものと考える）．このように，個々の電荷，電流を正確に扱うものを**微視的マクスウェル方程式**と呼ぶ．右辺の電荷，電流分布はデルタ関数やその空間微分で表される．それに呼応して，左辺に含まれる微視的な電磁場の量は，空間的に大きく変動する．式 (10.10) は通常の関数ではなく，超関数（一般化関数）の関係式と見なすのが適当である．

10.2.2 電荷分布とデルタ関数

電荷の分布の様子として，自由電荷と電気双極子の場合を考える．

■ 自由電荷

原点に置かれた電荷 q に対応する電荷密度分布は $r(\boldsymbol{x}) = q\delta^3(\boldsymbol{x}) \overset{\text{SI}}{\sim} \text{C/m}^3$ である．複数の点電荷が $\{(\boldsymbol{x}_i, q_i)\}$ のように分布している場合には，

$$r_{\text{free}}(\boldsymbol{x}) = \sum_i q_i \delta^3(\boldsymbol{x} - \boldsymbol{x}_i) \tag{10.11}$$

となる．i 番目の点電荷 q_i が位置 $\boldsymbol{x}_i$ にあるとした．

■ 電気双極子

電気双極子は，絶対値の等しい正負の電荷が近接して置かれている状態である．2 つの電荷が完全に重なっていれば，電気的に中性になるが，少しずれていると，ずれに応じて電気力線の一部が外に漏れ出す．電荷 $-q$ から電荷 $+q$ に向かう（小さい）ベクトル $\boldsymbol{l}$ に q を掛けたものを，電気双極子ベクトル $\boldsymbol{p} = q\boldsymbol{l} \overset{\text{SI}}{\sim} \text{Cm}$ と呼ぶ．$q\boldsymbol{l} = q'\boldsymbol{l}'$ であれば，これら 2 つの双極子がつくる電場は巨視的に見れば同じである．したがって，電気双極子は，q と $\boldsymbol{l}$ ではなく $\boldsymbol{p}$ で特徴づけるのが適当である．

原点に置かれた電気双極子 $\boldsymbol{p}$ の電荷分布が

$$\begin{aligned} r(\boldsymbol{x}) &= q\delta^3(\boldsymbol{x} - \boldsymbol{l}/2) - q\delta^3(\boldsymbol{x} + \boldsymbol{l}/2) \\ &\sim -q\boldsymbol{l} \cdot \boldsymbol{\nabla}\delta^3(\boldsymbol{x}) = -\boldsymbol{p} \cdot \boldsymbol{\nabla}\delta^3(\boldsymbol{x}) \end{aligned} \tag{10.12}$$

となることはすでに見た．数学的には，$l \to 0$ の極限を考えるが，その場合，$ql = p$ を一定値に保つ必要がある．すなわち，$q = p/l \to \infty$ としなければならない*2)．

多数の電気双極子が分布した状況 $\{(\boldsymbol{x}_j, q_j, \boldsymbol{l}_j)\}$，あるいは $\{(\boldsymbol{x}_j, \boldsymbol{p}_j)\}$ は，

$$\boldsymbol{p}(\boldsymbol{x}) = \sum_j \boldsymbol{p}_j \delta^3(\boldsymbol{x} - \boldsymbol{x}_j) \overset{\mathrm{SI}}{\sim} \mathrm{C/m^2} \tag{10.13}$$

で与えられる*3)．j 番目の双極子 $\boldsymbol{p}_j = q_j \boldsymbol{l}_j$ の位置を $\boldsymbol{x}_j$ とした．対応する電荷密度は，

$$r_{\mathrm{dipole}}(\boldsymbol{x}) = -\sum_j \boldsymbol{p}_j \cdot \boldsymbol{\nabla} \delta^3(\boldsymbol{x} - \boldsymbol{x}_j) = -\boldsymbol{\nabla} \cdot \boldsymbol{p}(\boldsymbol{x}). \tag{10.14}$$

10.2.3 電流分布とデルタ関数

電流に関しては，自由電流，微小環状電流，分極電流の 3 通りの分布を考える．

■ 自由電流

1 つは，自由な電荷の運動に起因する電流である: 運動する電荷の集合 $\{(\boldsymbol{x}_i, q_i, \boldsymbol{v}_i)\}$ に対して

$$\boldsymbol{j}_{\mathrm{free}}(\boldsymbol{x}) = \sum_i q_i \boldsymbol{v}_i \delta^3(\boldsymbol{x} - \boldsymbol{x}_i). \tag{10.15}$$

■ 微小環状電流

2 つ目は微小な環状電流である．原子内の電子の軌道角運動量やスピン，原子核のスピンなどに起因するものである．電流 I が小さい面積 S のループを循環しているとする．ループから十分離れたところでは，向かい合う逆向きの電流がつくる磁場がほぼ打ち消し合う．残差の磁場の大きさは $m = IS$ に比例する．m を磁気モーメントの大きさという．

原点に置かれた微小な平行四辺形（辺 $\boldsymbol{a}$, $\boldsymbol{b}$）に沿って流れる環状電流 I の電流密度は

---

*2) 実際の双極子の q はもちろん無限大ではない．たとえば原子の双極子モーメントの典型的な値は，$q = e = 1.6 \times 10^{-19}\mathrm{C}$（素電荷），$l = a_0 = 4\pi\varepsilon_0\hbar^2/me^2 = 0.53 \times 10^{-10}\mathrm{m}$（ボーア半径）から，$p = 0.85 \times 10^{-29}\mathrm{Cm}$．ここで有限のサイズ $l = a_0$ は巨視的立場からは意味がないので，p を一定に保ったまま $l \to 0$ という理想化を行うのである．無限大の電荷という非現実を持ち込んでいることに注意する．

*3) $\boldsymbol{p}_j$ と $\boldsymbol{p}(\boldsymbol{x})$ の次元が異なることに注意する．

$$\begin{aligned}\boldsymbol{j}(\boldsymbol{x}) &= I[\boldsymbol{a}\delta^3(\boldsymbol{x}+\boldsymbol{b}/2)+\boldsymbol{b}\delta^3(\boldsymbol{x}-\boldsymbol{a}/2)-\boldsymbol{a}\delta^3(\boldsymbol{x}-\boldsymbol{b}/2)-\boldsymbol{b}\delta^3(\boldsymbol{x}+\boldsymbol{a}/2)] \\ &\sim I[\boldsymbol{a}(\boldsymbol{b}\cdot\boldsymbol{\nabla})\delta^3(\boldsymbol{x})-\boldsymbol{b}(\boldsymbol{a}\cdot\boldsymbol{\nabla})\delta^3(\boldsymbol{x})] = I[(\boldsymbol{a}\wedge\boldsymbol{b})\cdot\boldsymbol{\nabla}]\delta^3(\boldsymbol{x}) \\ &= -I[(\boldsymbol{a}\times\boldsymbol{b})\times\boldsymbol{\nabla}]\delta^3(\boldsymbol{x}) = -(\boldsymbol{m}\times\boldsymbol{\nabla})\delta^3(\boldsymbol{x}). \end{aligned} \tag{10.16}$$

式 (3.51) を用いた．磁気モーメントは，$\boldsymbol{m}=I(\boldsymbol{a}\times\boldsymbol{b})\overset{\mathrm{SI}}{\sim}\mathrm{A\,m^2}$ であり，面積要素に比例することがわかる．

環状電流の集合 $\{(\boldsymbol{x}_j, I_j, \boldsymbol{a}_j, \boldsymbol{b}_j)\}$，あるいは $\{(\boldsymbol{x}_j, \boldsymbol{m}_j)\}$ に対して，その分布は

$$\boldsymbol{m}(\boldsymbol{x}) = \sum_j \boldsymbol{m}_j\delta^3(\boldsymbol{x}-\boldsymbol{x}_j) \overset{\mathrm{SI}}{\sim} \mathrm{A/m} \tag{10.17}$$

である．$\boldsymbol{m}_j = I_j\boldsymbol{a}_j\times\boldsymbol{b}_j$ とおいた．対応する電流密度は

$$\boldsymbol{j}_{\mathrm{loop}}(\boldsymbol{x}) = -\sum_j(\boldsymbol{m}_j\times\boldsymbol{\nabla})\delta^3(\boldsymbol{x}-\boldsymbol{x}_j) = \boldsymbol{\nabla}\times\boldsymbol{m}(\boldsymbol{x}). \tag{10.18}$$

■ 分極の時間変化による電流

電気双極子が変化する場合には電流が流れる．原点に置かれた双極子 $\boldsymbol{p}$ が時間変化する場合の電流密度は

$$\boldsymbol{j}(\boldsymbol{x}) = \left(\frac{\mathrm{d}}{\mathrm{d}t}\boldsymbol{p}(t)\right)\delta^3(\boldsymbol{x}) \tag{10.19}$$

なので，集合に対しては

$$\boldsymbol{j}_{\mathrm{dipole}}(\boldsymbol{x}) = \sum_j\left(\frac{\mathrm{d}}{\mathrm{d}t}\boldsymbol{p}_j(t)\right)\delta^3(\boldsymbol{x}-\boldsymbol{x}_j) = \frac{\partial}{\partial t}\boldsymbol{p}(\boldsymbol{x},t). \tag{10.20}$$

10.2.4　粗視化

粗視化のために，適当な広がりを持った関数 $g_a(\boldsymbol{x})$ を準備する．a は粗視化の分解能を表す．a は a^3 の体積中に，十分多くの粒子が入る程度に大きくなるように選ぶ．

■ 電荷分布の粗視化

まず，式 (10.10) の第 1 式

$$\mathrm{div}\,\boldsymbol{d} = r_{\mathrm{free}} + r_{\mathrm{dipole}} \tag{10.21}$$

を粗視化する．粗視化と div などの空間微分の操作は順序を交換しても構わないので，$\langle\mathrm{div}\,\boldsymbol{d}\rangle = \mathrm{div}\,\langle\boldsymbol{d}\rangle$ である．$\langle\boldsymbol{d}\rangle$ は $g_a^3(\boldsymbol{x})$ を用いて

$$\boldsymbol{D}_0(\boldsymbol{x}) := \langle \boldsymbol{d} \rangle(\boldsymbol{x}) = (g_a^3 * \boldsymbol{d})(\boldsymbol{x}) = \int_{\mathbb{E}_3} g_a^3(\boldsymbol{x} - \boldsymbol{x}')\boldsymbol{d}(\boldsymbol{x}')\mathrm{d}v' \tag{10.22}$$

と書ける．$\boldsymbol{D}_0$ は微視的な電束密度 $\boldsymbol{d} = \varepsilon_0 \boldsymbol{e}$ を粗視化したものである．右辺第1項は，式 (10.11) から

$$\varrho_{\mathrm{free}}(\boldsymbol{x}) := \langle r_{\mathrm{free}} \rangle(\boldsymbol{x}) = \sum_j q_j g_a^3(\boldsymbol{x} - \boldsymbol{x}_j) \tag{10.23}$$

となる．第2項は，式 (10.14) から

$$\langle r_{\mathrm{dipole}} \rangle(\boldsymbol{x}) = -\sum_j (\boldsymbol{p}_j \cdot \boldsymbol{\nabla}) g_a^3(\boldsymbol{x} - \boldsymbol{x}_j) \tag{10.24}$$

一方，双極子分布 (10.13) も粗視化すると，（巨視的）分極

$$\boldsymbol{P}(\boldsymbol{x}) := \langle \boldsymbol{p} \rangle(\boldsymbol{x}) = \sum_j \boldsymbol{p}_j g_a^3(\boldsymbol{x} - \boldsymbol{x}_j) \tag{10.25}$$

が得られる．これらを比較して，

$$\langle r_{\mathrm{dipole}} \rangle(\boldsymbol{x}) = -\boldsymbol{\nabla} \cdot \boldsymbol{P}(\boldsymbol{x}) = -\operatorname{div} \boldsymbol{P}(\boldsymbol{x}) \tag{10.26}$$

と書ける．これらの結果より，式 (10.21) の粗視化は，

$$\operatorname{div} \boldsymbol{D}_0 = -\operatorname{div} \boldsymbol{P} + \varrho_{\mathrm{free}} \tag{10.27}$$

で与えられる．これは，$\boldsymbol{D} := \boldsymbol{D}_0 + \boldsymbol{P} = \varepsilon_0 \boldsymbol{E} + \boldsymbol{P}$ と置くと，

$$\operatorname{div} \boldsymbol{D} = \varrho_{\mathrm{free}} \tag{10.28}$$

とも書ける．ただし，$\langle \boldsymbol{d} \rangle = \epsilon_0 \langle \boldsymbol{e} \rangle, \boldsymbol{E} := \langle \boldsymbol{e} \rangle$ を用いた．このように $\boldsymbol{D}$ を定義することによって，双極子分布の寄与が右辺から左辺に移動したことに注意する．$\boldsymbol{D}$ は電磁場 ($\boldsymbol{D}_0$) と物質 ($\boldsymbol{P}$) の両方に依存する量であることに注意する．

問題 10.1 $\langle \operatorname{div} \boldsymbol{d} \rangle = \operatorname{div} \langle \boldsymbol{d} \rangle$ を確認せよ．

■ 電流分布の粗視化

次に，式 (10.10) の第2式

$$\operatorname{curl} \boldsymbol{h} - \partial_t \boldsymbol{d} = \boldsymbol{j}_{\mathrm{free}} + \boldsymbol{j}_{\mathrm{loop}} + \boldsymbol{j}_{\mathrm{dipole}} \tag{10.29}$$

を粗視化する．まず，左辺は

$$\langle \operatorname{curl} \boldsymbol{h} - \partial_t \boldsymbol{d} \rangle = \operatorname{curl} \langle \boldsymbol{h} \rangle - \partial_t \langle \boldsymbol{d} \rangle = \boldsymbol{H}_0 - \partial_t \boldsymbol{D}_0. \tag{10.30}$$

表 10.1　巨視的マクスウェル方程式（左）と微視的マクスウェル方程式（右）の比較．微視的方程式を適当なスケールで粗視化すると，巨視的方程式が得られる．微視的方程式の右辺中の $\{\}$ で囲まれた項は，巨視的方程式では左辺に移動していることに注意する．

巨視的マクスウェル方程式	微視的マクスウェル方程式
$\operatorname{div}\boldsymbol{D} = \varrho_{\text{free}}$	$\operatorname{div}\boldsymbol{d} = r_{\text{free}} + \{r_{\text{dipole}}\}$
$\operatorname{curl}\boldsymbol{H} - \dfrac{\partial \boldsymbol{D}}{\partial t} = \boldsymbol{J}_{\text{free}}$	$\operatorname{curl}\boldsymbol{h} - \dfrac{\partial \boldsymbol{d}}{\partial t} = \boldsymbol{j}_{\text{free}} + \{\boldsymbol{j}_{\text{loop}}\} + \{\boldsymbol{j}_{\text{dipole}}\}$
$\operatorname{div}\boldsymbol{B} = 0$	$\operatorname{div}\boldsymbol{b} = 0$
$\operatorname{curl}\boldsymbol{E} + \dfrac{\partial \boldsymbol{B}}{\partial t} = 0$	$\operatorname{curl}\boldsymbol{e} + \dfrac{\partial \boldsymbol{b}}{\partial t} = 0$
$\boldsymbol{D} = \varepsilon_0\boldsymbol{E} + \boldsymbol{P}$	$\boldsymbol{d} = \varepsilon_0\boldsymbol{e}$
$\boldsymbol{H} = \mu_0^{-1}\boldsymbol{B} - \boldsymbol{M}$	$\boldsymbol{h} = \mu_0^{-1}\boldsymbol{b}$

ただし，$\boldsymbol{H}_0 := \langle \boldsymbol{h} \rangle$ は微視的な磁場の強さ $\boldsymbol{h} = \mu_0^{-1}\boldsymbol{b}$ を粗視化したものである．右辺第 1 項は，式 (10.15) から

$$\boldsymbol{J}_{\text{free}}(\boldsymbol{x}) := \langle \boldsymbol{j}_{\text{free}} \rangle(\boldsymbol{x}) = \sum_j q_j \boldsymbol{v}_j g_a^3(\boldsymbol{x} - \boldsymbol{x}_j). \tag{10.31}$$

第 2 項は，式 (10.17) を粗視化して得られる（巨視的な）磁化

$$\boldsymbol{M}(\boldsymbol{x}) := \langle \boldsymbol{m} \rangle(\boldsymbol{x}) = \sum_j \boldsymbol{m}_j g_a^3(\boldsymbol{x} - \boldsymbol{x}_j) \tag{10.32}$$

を用いて

$$\begin{aligned}\langle \boldsymbol{j}_{\text{loop}} \rangle(\boldsymbol{x}) &= -\sum_j (\boldsymbol{m}_j \times \boldsymbol{\nabla}) g_a^3(\boldsymbol{x} - \boldsymbol{x}_j) \\ &= \sum_j \boldsymbol{\nabla} \times \boldsymbol{m}_j g_a^3(\boldsymbol{x} - \boldsymbol{x}_j) = \boldsymbol{\nabla} \times \boldsymbol{M}(\boldsymbol{x})\end{aligned} \tag{10.33}$$

となる．さらに第 3 項は式 (10.20) より

$$\langle \boldsymbol{j}_{\text{dipole}} \rangle(\boldsymbol{x}) = \frac{\partial}{\partial t}\boldsymbol{P}(\boldsymbol{x}, t) \tag{10.34}$$

で与えられる．これらを方程式に代入すると，式 (10.29) の粗視化は

$$\operatorname{curl}\boldsymbol{H}_0 - \frac{\partial}{\partial t}\boldsymbol{D}_0 = \boldsymbol{J}_{\text{free}} + \operatorname{curl}\boldsymbol{M} + \frac{\partial}{\partial t}\boldsymbol{P} \tag{10.35}$$

となるが，さらに，$\boldsymbol{H} := \boldsymbol{H}_0 - \boldsymbol{M} = \mu_0^{-1}\boldsymbol{B} - \boldsymbol{M}$ とおくと，

$$\mathrm{curl}\,\boldsymbol{H} - \frac{\partial}{\partial t}\boldsymbol{D} = \boldsymbol{J}_{\mathrm{free}} \tag{10.36}$$

が得られる．ここで，$\langle \boldsymbol{h} \rangle = \mu_0^{-1}\langle \boldsymbol{b} \rangle$, $\boldsymbol{B} := \langle \boldsymbol{b} \rangle$ を用いた．$\boldsymbol{H}$ は $\boldsymbol{D}$ と同じく電磁場と物質に関係する量である．

これまでの結果をまとめると，巨視的マクスウェル方程式は表 10.1 の左列のようになる．見かけは，右列の微視的マクスウェル方程式に類似しているが，それぞれの量が担っている意味が大きく異なっている場合があるので注意すべきである．原則として粗視化は同じスケール a を用いて，マクスウェル方程式全体に対して一斉に行う必要があることにも注意する．

10.3　電気双極子，微小環状電流の粗視化の意味

これまでは式の上で粗視化を行ってきたが，その幾何学的な意味を調べておこう．図 10.2 に電荷の粗視化の様子を模式的に示した．上段の白い丸 (a) は正電荷，黒い丸 (b) は負電荷を示している．白と黒を並置したもの (c) は電気双極子を表している．点電荷は小さくて見えないので，適当な大きさを与えてある．これらを粗視化したものを下段に示す．単独の電荷は広がりが増し，それに応じて電荷密度の値は小さくなっている．双極子の場合には粗視化によって中央付近で正負の打ち消しが起きる．その結果，正負それぞれのピークが外の領域に移動し，もともと電荷が存在しなかった場所に電荷分布のピークが存在するように見える．これを**みかけの電荷**と呼ぼう．みかけの電荷間の距離 l は粗視化のスケール a にほぼ等しい．双極子の大きさ $p = ql$ は粗視化によって変化しないので，$l \sim a$ を大きくすると対応する電荷の大きさ $q(a/l)$ は小さくなる*4)．

図 10.3 のように，長方形の中にほぼ一様に分布した双極子の集合を考える．分極の向きは揃っているとする．これは誘電体をモデル化したものである．粗視化のスケールが双極子間の距離よりも大きいと，正負の電荷の打ち消しが起きる．そのため粗視化によって長方形の内部では電荷密度がほぼ 0 になる．しかし

*4)　通常，双極子の電荷の間隔 l は nm 以下であるのに対して，粗視化のスケール a は桁違いに大きく μm 以上である．蜃気楼のように，実際の双極子から全く離れたところに出現する様子や電荷を取り出すことができないことなどを「みかけ」という言葉で表現している．巨視的な電場の源になっているという意味では「リアル」な電荷である．

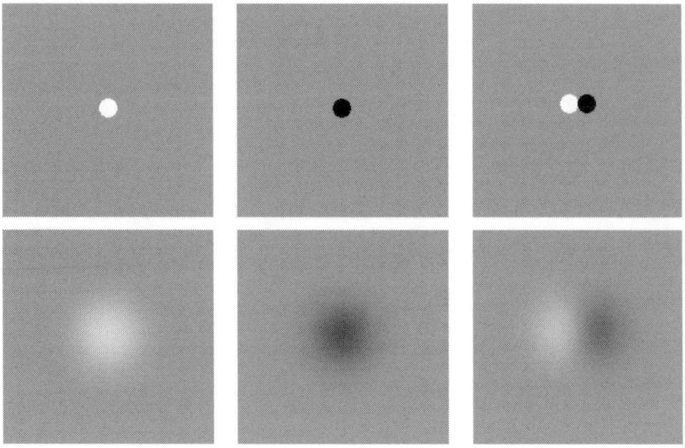

図 10.2　(a) 正電荷（白丸），(b) 負電荷（黒丸），(c) 電気双極子（白黒の対）に対応する電荷分布をそれぞれ粗視化した．

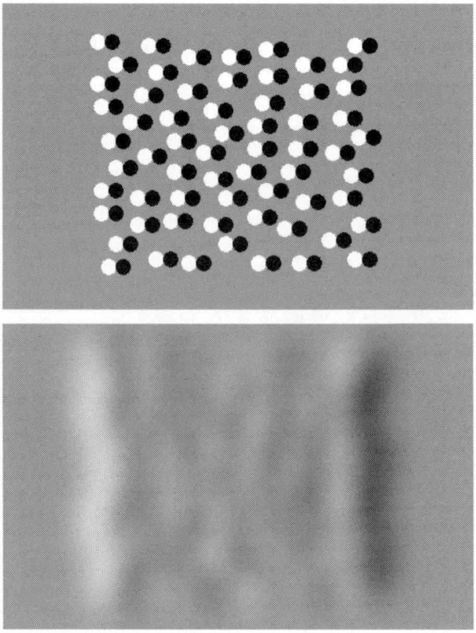

図 10.3　電気双極子の集合（分極した誘電体）を粗視化した．粗視化の結果，みかけの電荷が両端に出現する．双極子の数を増やすと，中央部分での打ち消しは，より完全になる．

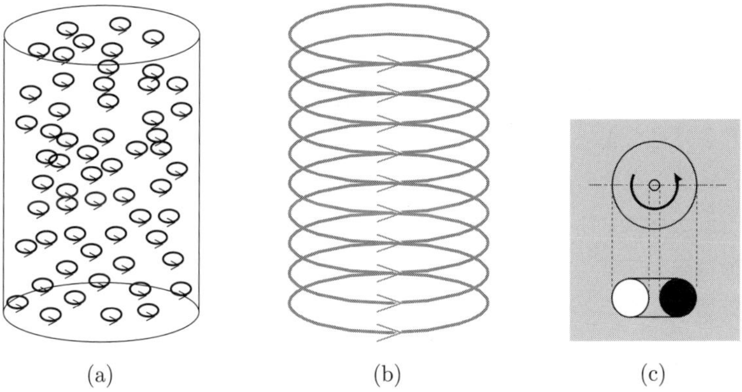

図 10.4　微小環状電流の集合の粗視化．(a) 多数の微小環状電流が筒状の領域に含まれている．(b) 粗視化を行うと筒の表面に流れる電流分布が得られる．これらの図の断面は，図 10.3 とよい対応を示している．(c) 微小環の断面に対して白をこちらに向かう電流，黒をあちらに向かう電流と解釈すればよい．

長方形の両端では打ち消しが不完全なために，電荷密度が 0 にならない領域が存在する．これが，$-\operatorname{div}\boldsymbol{P}$ に相当する電荷密度であり，粗視化によるみかけの電荷である．**分極電荷**とも呼ばれる．注意すべきことは，このみかけの電荷は実際の双極子の位置よりも粗視化のスケール a 程度外側に位置することである．

図 10.4 に，微小環状電流の円柱状の集合を示す．磁気モーメントは円柱の軸方向に整列しているとする．これを粗視化すると，粗視化のスケールが微小環状電流の間隔より大きい場合には電流の打ち消しが生じて円柱内の電流密度はほぼ 0 になる．しかし，円柱の側面では打ち消しが不十分で，円柱を周回するみかけの電流が残る．$\operatorname{curl}\boldsymbol{M}$ に相当する電流である．**磁化電流**とも呼ばれる．みかけの電流も粗視化のスケール程度円筒より外側を流れている（ように見える）．これは永久磁石を粗視化した状況である．円柱の両端に磁極が存在するのではなく，側面に電流が流れていてソレノイドコイルのようになっているのである．

問題 10.2　図 10.2, 10.3 のような粗視化の計算機実験をいくつかの分布について行ってみよ．特に図 9.5 の 4 つのケースを調べてみよ．このような図は，ドロー系のソフトを用いると簡単に描くことができる（灰色の背景に白と黒で正負の電荷を配置し，ぼかし機能によって，粗視化を行えばよい．粗視化によってコントラストが低下するので，ガンマ調整などを用いて白黒を強調する必要がある）．

10.4 物質場

10.4.1 空間平均による点状分布の粗視化

これまで見てきたように，点状に分布する電荷や電流の集合を粗視化することで連続的な電荷密度や電流密度の分布が得られた．同様に電気双極子や微小環状電流からは分極や磁化が得られた．この粗視化操作によって，物質を連続的な場と見なすことができ，電磁的な量と同じ扱いができるようになる．これを**物質場**と呼ぶことにしよう．

ここで，具体的な粗視化関数として

$$g_a^3(\boldsymbol{x}) = \begin{cases} \dfrac{1}{a^3} & (\boldsymbol{x} \in V(0)) \\ 0 & (\boldsymbol{x} \notin V(0)) \end{cases} \tag{10.37}$$

を選んでみる．$V(0)$ は中心が原点，1 辺が a の立方体である．これは微分できないが，粗視化の意味を考えるには便利な関数である．これを用いると電荷密度は

$$\varrho(\boldsymbol{x}) = \sum_i q_i g_a^3(\boldsymbol{x} - \boldsymbol{x}_i) = \frac{1}{a^3} \sum_{\boldsymbol{x}_i - \boldsymbol{x} \in V(0)} q_i = \frac{1}{V} \sum_{i \in V(\boldsymbol{x})} q_i \tag{10.38}$$

となる．これは，位置 $\boldsymbol{x}$ にある立方体 $V(\boldsymbol{x})$ に含まれる電荷 q_i の総和をその体積 $V = a^3$ で割ったものになっている．電荷密度が体積あたりの電荷であるという定義が再現されている．

表 10.2 分布密度（巨視量）と対応する点状源（微視量）．伝統的に類似の記号（p と P, m と M など）が用いられるが，次元の異なる量であることに注意する．括弧内の記号はテンソルとしてのものである．

密度分布（巨視量）	記号	単位	点状源（微視量）	記号	単位
電荷密度	ϱ, $(\mathcal{R})$	$\mathrm{C/m^3}$	電荷	q	C
分極	$\boldsymbol{P}$, (P)	$\mathrm{C/m^2}$	電気双極子モーメント	$\boldsymbol{p}$	Cm
電流密度	$\boldsymbol{J}$, (J)	$\mathrm{A/m^2}$	電流モーメント	$\boldsymbol{C}$	Am
磁化	$\boldsymbol{M}$	A/m	磁気モーメント	$\boldsymbol{m}$, (m)	$\mathrm{Am^2}$

電荷以外の点源についても同様の粗視化が可能である．たとえば，電気双極子の場合には，$\boldsymbol{P}(\boldsymbol{x}) = V^{-1} \sum_{i \in V(\boldsymbol{x})} \boldsymbol{p}_i$ によって粗視化された分極を求めることができる．

表 10.2 に巨視量と微視量の関係をまとめておく．

10.4.2 積分量としてのモーメント

これまでは点状の源を仮定し，デルタ関数やその微分で表現してきたが，実際の源は有限の広がりを持っている．原子といえども有限のサイズを持っており拡大して見ると，個々の電荷分布 ϱ_i は空間的に広がりを持って分布している．このような源に対するモーメントを求めておこう．源 i が占める体積を V_i とすると，

$$q_i = \int_{V_i} \varrho_i(\boldsymbol{x})\mathrm{d}v, \qquad \boldsymbol{p}_i = \int_{V_i} \boldsymbol{x}\varrho_i(\boldsymbol{x})\mathrm{d}v \quad (q_i = 0),$$
$$\boldsymbol{C}_i = \int_{V_i} \boldsymbol{v}\varrho_i(\boldsymbol{x})\mathrm{d}v, \quad \boldsymbol{m}_i = \frac{1}{2}\int_{V_i} \boldsymbol{x} \times \boldsymbol{v}\varrho_i(\boldsymbol{x})\mathrm{d}v \quad (\boldsymbol{C}_i = 0) \tag{10.39}$$

のようにして各モーメントを求めることができる．ϱ_i を質量密度に読み換えると，これらはそれぞれ，質量，モーメント，運動量，角運動量（の 1/2）に対応させることができる．電流密度の分布 $\boldsymbol{J}_i$ に対しても

$$\boldsymbol{C}_i = \int_{V_i} \boldsymbol{J}_i(\boldsymbol{x})\mathrm{d}v, \quad \boldsymbol{m}_i = \frac{1}{2}\int_{V_i} \boldsymbol{x} \times \boldsymbol{J}_i(\boldsymbol{x})\mathrm{d}v \quad (\boldsymbol{C}_i = 0) \tag{10.40}$$

のようにモーメントが求められる．さらに分極 $\boldsymbol{P}_i$，磁化 $\boldsymbol{M}_i$ の分布に対しても，

$$\boldsymbol{p}_i = \int_{V_i} \boldsymbol{P}_i(\boldsymbol{x})\mathrm{d}v, \quad \boldsymbol{m}_i = \int_{V_i} \boldsymbol{M}_i(\boldsymbol{x})\mathrm{d}v \tag{10.41}$$

が得られる*5)．

問題 10.3 $\varrho_i(\boldsymbol{x}) = -(\boldsymbol{p}_i \cdot \boldsymbol{\nabla})\delta^3(\boldsymbol{x})$ を式 (10.39) の $\boldsymbol{p}_i$ の式の右辺に，$\boldsymbol{J}_i(\boldsymbol{x}) = -(\boldsymbol{m}_i \times \boldsymbol{\nabla})\delta^3(\boldsymbol{x})$ を式 (10.40) の $\boldsymbol{m}_i$ の式の右辺に，それぞれ代入してみよ．

*5) これらの式は微視量と巨視量の多重的な階層性を示している．

10.4.3 物質場のテンソル性

物質場のテンソルとしての性質を調べておこう．電荷密度場は3階のテンソル場であり，

$$\mathcal{R}(\boldsymbol{x}) = \mathcal{E}\varrho(\boldsymbol{x}) = V^{-1}\mathcal{E}\sum_{i\in V(\boldsymbol{x})} q_i, \quad \varrho(\boldsymbol{x}) = \frac{1}{6}\mathcal{E} \,\vdots\, \mathcal{R}(\boldsymbol{x}) \tag{10.42}$$

と書くのが適当であろう．分極，電流密度は2階のテンソル場，磁化は1階のテンソル場であり，それぞれ以下のように表される．

$$\mathsf{P}(\boldsymbol{x}) = \mathcal{E}\cdot\boldsymbol{P}(\boldsymbol{x}) = V^{-1}\mathcal{E}\cdot\sum_{i\in V(\boldsymbol{x})} \boldsymbol{p}_i, \quad \boldsymbol{P}(\boldsymbol{x}) = \frac{1}{2}\mathcal{E} : \mathsf{P}(\boldsymbol{x}) \tag{10.43}$$

$$\mathsf{J}(\boldsymbol{x}) = \mathcal{E}\cdot\boldsymbol{J}(\boldsymbol{x}) = V^{-1}\mathcal{E}\cdot\sum_{i\in V(\boldsymbol{x})} \boldsymbol{C}_i, \quad \boldsymbol{J}(\boldsymbol{x}) = \frac{1}{2}\mathcal{E} : \mathsf{J}(\boldsymbol{x}) \tag{10.44}$$

$$\boldsymbol{M}(\boldsymbol{x}) = \frac{1}{2}V^{-1}\mathcal{E} : \sum_{i\in V(\boldsymbol{x})} \mathsf{m}_i, \qquad \mathsf{m}_i = I_i\boldsymbol{a}_i\wedge\boldsymbol{b}_i. \tag{10.45}$$

また，粗視化前の微視的な分布についても，テンソルとしての階数を正しいものにする必要がある．すなわち，

$$\begin{aligned}\mathcal{R}(\boldsymbol{x}) &= \mathcal{E}\sum_{i\in V(\boldsymbol{x})} q_i\delta^3(\boldsymbol{x}-\boldsymbol{x}_i), \quad &\mathsf{P}(\boldsymbol{x}) &= \mathcal{E}\cdot\sum_{i\in V(\boldsymbol{x})} \boldsymbol{p}_i\delta^3(\boldsymbol{x}-\boldsymbol{x}_i)\\ \mathsf{J}(\boldsymbol{x}) &= \mathcal{E}\cdot\sum_{i\in V(\boldsymbol{x})} \boldsymbol{C}_i\delta^3(\boldsymbol{x}-\boldsymbol{x}_i), \quad &\boldsymbol{M}(\boldsymbol{x}) &= \frac{1}{2}\mathcal{E} : \sum_{i\in V(\boldsymbol{x})} \mathsf{m}_i\delta^3(\boldsymbol{x}-\boldsymbol{x}_i).\end{aligned} \tag{10.46}$$

このように点状源を密度分布（体積あたりの量）に変換する過程で$\mathcal{E}$，あるいは星印作用素が関与するので，テンソルとしての階数が変化することに注意する．空間反転を考慮すると，これらはいずれも擬テンソルと呼ばれるものである（第16章参照）．

第 11 章
電磁場のエネルギーと運動量

力学においては保存則が重要な働きをしている．系がある対称性を持つ場合，対応する保存則が存在する．たとえば，時間の一様性（並進対称性）についてはエネルギーの保存が，空間一様性（並進対称性）については運動量の保存がそれぞれ対応している．また，空間等方性（回転対称性）には角運動量の保存が対応している．このような保存則は解が満たすべき制約条件になっているので，問題を完全に解くことなく，ある程度の予言ができて大変有用である．

この章では，電磁場を含む系においても同様の保存則が成り立つことを示す．そして，物質と同様に電磁場自身がエネルギーや運動量を担いうることや，それらの流れ（空間的移動）が存在することを明らかにする．

一般に電磁場のエネルギー E と運動量 p の比は c $(\sim E/p)$ 程度なので，運動量の効果は目立たないが，無視をすると，式の上で，全体系の運動量の保存則が破れてしまう．電磁場の保存則は場の 2 乗量の関係式である．すなわち，E_iE_i や B_iH_j といった量が登場する．このような 2 乗量は波動現象，特に波の干渉において，解釈上むずかしい問題を数多く提起しており，粒子的描像と波動的描像が衝突する場面でもある．そのためもあって，電磁場における保存則はパラドックスの宝庫である．特に物質中での巨視的運動量の保存に関する，アブラハムとミンコフスキーの論争は D や H が電磁場と物質の両方を寄与を含んでいるという事情もあって，100 年たった今でも決着がついていない．ここではそれらに深入りすることなく，マクスウェル方程式とローレンツの式から真空におけるエネルギーと運動量の保存則がどのように導かれるかを示すに止める．

11.1 電磁場のエネルギー

11.1.1 電場のエネルギー

距離 d だけ隔てて置かれた，面積 S の 2 枚の平板からなるコンデンサに面積当り $D \overset{\mathrm{SI}}{\sim} \mathrm{C/m^2}$ の電荷が蓄えられているとする．平板間の電場 E に抗して電荷 Δq を一方の板から他方の板に移動させる．このときの仕事 ΔW_{e} は，

$$\Delta W_{\mathrm{e}} = \Delta q E d = (\Delta D) S E d = V E \Delta D \tag{11.1}$$

である．この仕事は電荷 $\Delta q = (\Delta D)S$ を移動させるために外部からなされたものであり，電荷の持つ位置エネルギーがその分増加しているはずである．一方，この量が場の量 E, D と空間の体積 $V = Sd$ によって表せていることから，対応するエネルギーが場に蓄えられていると解釈することもできる．すなわち，体積あたりの電場エネルギー増加を

$$\Delta w_{\mathrm{e}} := \frac{\Delta W_{\mathrm{e}}}{V} = E \Delta D \tag{11.2}$$

と定義することができる．D が D_1 から D_2 まで増加したときの，エネルギー密度の増加は，

$$w_{\mathrm{e}2} - w_{\mathrm{e}1} = \int_{D_1}^{D_2} E(D) \mathrm{d}D \tag{11.3}$$

である．上の式において，$E(D)$ という表現が可能なのは，D が E に時間的に追従していると仮定しているからである．これは，場が媒質の応答時間に比べてゆっくり変化する場合に限られる．真空の応答は十分速いので，真空に対してはいつでも成立する: $E(D) = \varepsilon_0^{-1} D$.

特に，$D_1 = 0$ とすると，$w_{\mathrm{e}1} = 0$ なので

$$w_{\mathrm{e}} = \int_0^D E(D') \mathrm{d}D' \tag{11.4}$$

が得られ，w_{e} を電場のエネルギー密度と考えることができる．D と E が（各時刻において）比例している場合には，$E\,\mathrm{d}D = \frac{1}{2}\mathrm{d}(ED)$ が成り立つので，

$$w_{\mathrm{e}} = \frac{1}{2} E D \tag{11.5}$$

である．たとえば真空に対しては，$w_{\mathrm{e}} = \frac{1}{2}\varepsilon_0 E^2$ である．このような比例関係が成り立たない場合には，積分形 (11.4) を用いる必要がある．

11.1.2　磁場のエネルギー

断面積 S，長さ d の細い円筒コイルに長さあたり $H \overset{\mathrm{SI}}{\sim} \mathrm{A/m}$ の閉電流が流れているとする．ここで，時間 Δt の間に円筒内部の磁束密度を B から ΔB だけ変化させる．この際の誘導起電力は，$-S\Delta B/\Delta t$ である．この誘導起電力に抗して，電流 Hd を流し続けるためには，

$$\Delta W_{\mathrm{m}} = (Hd)(S\Delta B/\Delta t)\Delta t = VH\Delta B \tag{11.6}$$

のエネルギーが必要とされる．この電源から供給されるエネルギーが場に蓄えられるとすると，体積あたりのエネルギー変化は

$$\Delta w_{\mathrm{m}} := \frac{\Delta W_{\mathrm{m}}}{V} = H\Delta B \tag{11.7}$$

となることがわかる．磁場の強さが $H(B)$ と表される場合，B が B_1 から B_2 まで増加したときの，エネルギー密度の増加は，

$$w_{\mathrm{m2}} - w_{\mathrm{m1}} = \int_{B_1}^{B_2} H(B)\mathrm{d}B \tag{11.8}$$

である．$B_1 = 0$ のとき，$w_{\mathrm{m1}} = 0$ とすると，

$$w_{\mathrm{m}} = \int_0^B H(B')\mathrm{d}B' \tag{11.9}$$

が得られ，w_{m} を磁場のエネルギー密度と考えることができる．さらに，B と H が各時刻において比例している場合には，$H\mathrm{d}B = \frac{1}{2}\mathrm{d}(HB)$ が成り立ち，

$$w_{\mathrm{m}} = \frac{1}{2}HB \tag{11.10}$$

と表せる．特に，真空に対しては，$w_{\mathrm{m}} = \frac{1}{2}\mu_0^{-1}B^2$.

11.1.3　場のエネルギー

E と B を基本量だと思うと，電場のエネルギー密度 (11.4) と磁場のエネルギー密度 (11.9) の式は対称になっていないことに注意する [3]．電場の場合には，電場に逆らって電荷を移動させるのに要する仕事として，磁場の場合には，磁場を増加させる際に，電流を維持するのに必要なエネルギーとして定義されている．これも電場，磁場の相補性の現れである．以後のエネルギーや運動量に関する式も同様であり，対称になるとかえっておかしい．

ところで，上で求めたエネルギーは，仮想的なコンデンサやコイルに対してなされた仕事にすぎない．しかし，これまで見てきたことから，これらの装置が存在しない場合においても，これらのエネルギーは場に蓄えられていると解釈するのが適当である．

11.1.4　場のエネルギーのテンソルによる表現

$\boldsymbol{E}\cdot\boldsymbol{\xi}$ が電位差，$D:\boldsymbol{\eta\zeta}$ が電荷を与えていることを考慮すると，$\frac{1}{2}\boldsymbol{E}D\,\vdots\,\boldsymbol{\xi\eta\zeta}$ が電場のエネルギーのテンソル表現として適当であるように思われる．しかし，このテンソルは対称性が低いので，これを対称化した

$$\frac{1}{2}(\boldsymbol{E}\wedge D)\,\vdots\,\boldsymbol{\xi\eta\zeta}=\frac{1}{2}\boldsymbol{E}D\,\vdots\,(\boldsymbol{\xi\eta\zeta}+\boldsymbol{\eta\xi\zeta}+\boldsymbol{\zeta\eta\xi}) \tag{11.11}$$

が正しい式である．式 (3.57) を用いると，この量は $(\boldsymbol{E}\cdot\boldsymbol{D})[\boldsymbol{\xi\eta\zeta}]$ となり，体積に比例していることがわかる．すなわち，エネルギー密度は 3 階の反対称テンソル

$$\mathcal{W}_{\mathrm{e}}=\frac{1}{2}\boldsymbol{E}\wedge D=\frac{1}{2}(\boldsymbol{E}\cdot\boldsymbol{D})\mathcal{E} \tag{11.12}$$

として与えられる．磁場のエネルギー密度も同様に，

$$\mathcal{W}_{\mathrm{m}}=\frac{1}{2}B\wedge\boldsymbol{H}=\frac{1}{2}(\boldsymbol{B}\cdot\boldsymbol{H})\mathcal{E}. \tag{11.13}$$

11.2　電磁場の力学的作用

電磁場の力学的作用，すなわち外部への作用は，

$$p=\boldsymbol{J}\cdot\boldsymbol{E}, \tag{11.14}$$

$$\boldsymbol{f}=\varrho\boldsymbol{E}+\boldsymbol{J}\times\boldsymbol{B} \tag{11.15}$$

を用いて表される．$p\overset{\mathrm{SI}}{\sim}\mathrm{W/m^3}$ は体積あたりの仕事率，$\boldsymbol{f}\overset{\mathrm{SI}}{\sim}\mathrm{N/m^3}$ は体積あたりの力である．これらの式とマクスウェル方程式を組み合わせると，電磁場を含む系のエネルギーと運動量の保存則を導くことができる．

式 (11.14), (11.15) はテンソルの立場から見るとややむずかしい．たとえば，2 階のテンソルに対応する $\boldsymbol{J}$, $\boldsymbol{B}$ のベクトル積が現れているが，これは見慣れない状況である．

式 (11.14) を点電荷 q_α が速度 $\boldsymbol{v}_\alpha$ で動いているミクロな場合に遡って求めてみよう．各電荷の時間あたりの仕事，すなわち仕事率（パワー）は

$$P_\alpha = \boldsymbol{E}\cdot(q_\alpha \boldsymbol{v}_\alpha). \tag{11.16}$$

両辺を小さい体積 V にわたって平均をとると，

$$V^{-1}\sum_{\alpha\in V} P_\alpha = \boldsymbol{E}\cdot V^{-1}\sum_{\alpha\in V} q_\alpha \boldsymbol{v}_\alpha. \tag{11.17}$$

ただし，$\sum_{\alpha\in V}$ は，体積 V の中にある粒子に関する和を表す．ここで，

$$p = \sum_{\alpha\in V} P_\alpha \Big/ V, \quad \boldsymbol{J} = \sum_{\alpha\in V} q_\alpha \boldsymbol{v}_\alpha \Big/ V \tag{11.18}$$

とおき，両辺に $\mathcal{E}$ を作用させると，

$$p\mathcal{E} = \boldsymbol{E}\cdot\boldsymbol{J}\mathcal{E}. \tag{11.19}$$

さらに式 (3.59) を利用すると，

$$\mathcal{P} = \boldsymbol{E}\wedge \mathsf{J} \tag{11.20}$$

が得られる．これが，式 (11.14) のテンソルとしての姿である．ただし，$\mathcal{P} = p\mathcal{E}$，$\mathsf{J} = \mathcal{E}\cdot\boldsymbol{J}$ とおいた．もう 1 つの式 (11.15) は，点電荷に対する力

$$\boldsymbol{F}_\alpha = q_\alpha \boldsymbol{E} + q_\alpha \boldsymbol{v}_\alpha \times \boldsymbol{B} \tag{11.21}$$

から導かれる．これを小さい体積 V にわたって平均をとると，

$$\boldsymbol{f} = \varrho\boldsymbol{E} + \boldsymbol{J}\times\boldsymbol{B}. \tag{11.22}$$

ただし，

$$\varrho = \sum_{\alpha\in V} q_\alpha \Big/ V, \quad \boldsymbol{f} = \sum_{\alpha\in V} \boldsymbol{F}_\alpha \Big/ V \tag{11.23}$$

とおいた．さらに 3 階のテンソル $\mathcal{E}$ を作用させると，

$$\mathsf{f} = \mathcal{R}\cdot\boldsymbol{E} + \boldsymbol{J}\wedge\boldsymbol{B} = \mathcal{R}\cdot\boldsymbol{E} + \frac{1}{4}(\mathcal{E}:\mathsf{J})\wedge(\mathcal{E}:\mathsf{B}) \tag{11.24}$$

が得られる．これが式 (11.15) のテンソルとしての表現である．ただし，

$$\mathsf{f} = \mathcal{E}\cdot\boldsymbol{f}, \quad \mathcal{R} = \varrho\mathcal{E}. \tag{11.25}$$

これまで見てきたように，粒子の集まり $\{(\boldsymbol{x}_\alpha, q_\alpha, \boldsymbol{v}_\alpha)\}$ を場 $(\varrho, \boldsymbol{J})$ と見な

す場合には，エネルギーや運動量に関する式はテンソル的に複雑なものになる．本章の以後の議論では，テンソルであることをあまり気にせず，もっぱら従来の手法で計算を進めることにする．

11.3 エネルギー保存則

マクスウェル方程式からエネルギー保存則を導こう．まず，体積あたりの電力の散逸は

$$p = \boldsymbol{E} \cdot \boldsymbol{J} \tag{11.26}$$

である．$\mathrm{curl}\,\boldsymbol{H} = \partial\boldsymbol{D}/\partial t + \boldsymbol{J}$ を用いて，$\boldsymbol{J}$ を消去すると

$$p + \boldsymbol{E} \cdot \frac{\partial \boldsymbol{D}}{\partial t} = \boldsymbol{E} \cdot \mathrm{curl}\,\boldsymbol{H}. \tag{11.27}$$

真空の場合，すなわち $\boldsymbol{D}(t) = \varepsilon_0 \boldsymbol{E}(t)$ のように，各時刻の $\boldsymbol{E}$ と $\boldsymbol{D}$ が比例している場合には*1)，$\boldsymbol{E} \cdot \partial_t \boldsymbol{D} = \partial_t(\boldsymbol{E} \cdot \boldsymbol{D})/2$ と書けるので，$w_\mathrm{e} = \frac{1}{2}\boldsymbol{E} \cdot \boldsymbol{D}$ とおくと，

$$p + \frac{\partial w_\mathrm{e}}{\partial t} = \boldsymbol{E} \cdot \mathrm{curl}\,\boldsymbol{H}. \tag{11.28}$$

ここで，左辺第 1 項が，外部への（体積あたりの）パワー損失，左辺第 2 項は，電気エネルギー密度の時間あたりの増加 $\partial w_\mathrm{e}/\partial t$ である．したがって右辺の $\boldsymbol{E} \cdot \mathrm{curl}\,\boldsymbol{H}$ はエネルギーのその体積への（時間あたりの）流入に対応していることが想像される．空間に関する微分演算子を含んでいることからも，エネルギーの空間的な移動に関係していることが納得できる（図 11.1 (a)）．

磁場に関しても同様な式が，$\mathrm{curl}\,\boldsymbol{E} = -\partial\boldsymbol{B}/\partial t$ の両辺に $\boldsymbol{H}$ をスカラー的に掛けることで得られる:

$$\boldsymbol{H} \cdot \frac{\partial \boldsymbol{B}}{\partial t} = -\boldsymbol{H} \cdot \mathrm{curl}\,\boldsymbol{E}. \tag{11.29}$$

真空の場合，すなわち $\boldsymbol{H}(t) = \mu_0^{-1}\boldsymbol{B}(t)$ のように各時刻の比例関係が成り立つ場合には，$\boldsymbol{H} \cdot \partial_t \boldsymbol{B} = \partial_t(\boldsymbol{H} \cdot \boldsymbol{B})/2$ と書けるので，$w_\mathrm{m} = \frac{1}{2}\boldsymbol{H} \cdot \boldsymbol{B}$ とおくことができて，

---

*1)　物質中では，媒質の時間応答が十分に速くなければ，この条件は成立しない．

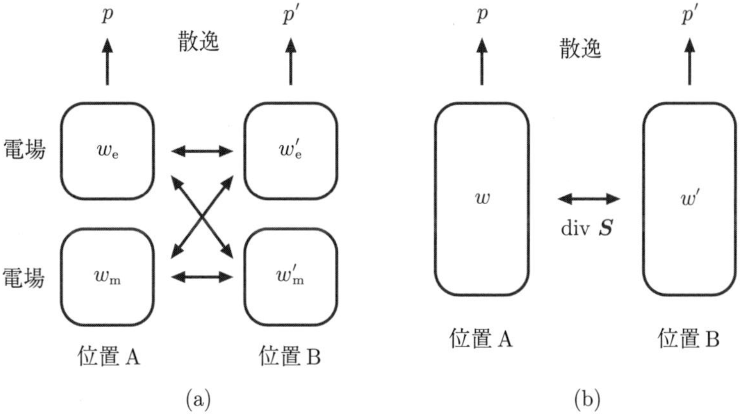

図 11.1　隣接する領域間のエネルギーの収支．(a) 電場と磁場を分離した場合（式 (11.28), (11.30)）．(b) 電場と磁場を併合した場合（式 (11.35)）．

$$\frac{\partial w_{\rm m}}{\partial t} = -\boldsymbol{H}\cdot\mathrm{curl}\,\boldsymbol{E}. \tag{11.30}$$

磁場は外部に対して直接仕事をしないので，損失 p に対応する項はない．左辺は磁気エネルギー密度の時間あたりの増加 $\partial w_{\rm m}/\partial t$ である．したがって右辺 $-\boldsymbol{H}\cdot\mathrm{curl}\,\boldsymbol{E}$ は，エネルギーのその体積への流入に対応している．

式 (11.28) と (11.30) はそれぞれ電気，磁気に関するものであるが，一般の電磁場においては，電気的エネルギーと磁気的エネルギーは，右辺のエネルギーの空間移動の項を通して相互に変換されている．そこで，これらを別々に扱うより，一体のものと見なした方が適切である．電磁場の全エネルギー密度を

$$w := w_{\rm e} + w_{\rm m} \tag{11.31}$$

と定義し，2 つの式 (11.28), (11.30) を統合すると，

$$p + \frac{\partial w}{\partial t} = \boldsymbol{E}\cdot\mathrm{curl}\,\boldsymbol{H} - \boldsymbol{H}\cdot\mathrm{curl}\,\boldsymbol{E}. \tag{11.32}$$

さらに，右辺は

$$\begin{aligned}\boldsymbol{E}\cdot\mathrm{curl}\,\boldsymbol{H} - \boldsymbol{H}\cdot\mathrm{curl}\,\boldsymbol{E} &= E_i\epsilon_{ijk}\partial_j H_k - H_i\epsilon_{ijk}\partial_j E_k \\ &= \epsilon_{ijk}\partial_j(E_iH_k) - H_k\epsilon_{ijk}\partial_j E_i - H_i\epsilon_{ijk}\partial_j E_k \\ &= -\partial_j(\epsilon_{jik}E_iH_k) = -\boldsymbol{\nabla}\cdot(\boldsymbol{E}\times\boldsymbol{H}) \end{aligned} \tag{11.33}$$

となる．**ポインティングベクトル** (Poynting vector) と呼ばれるベクトル場

$$\boldsymbol{S} := \boldsymbol{E} \times \boldsymbol{H} \overset{\mathrm{SI}}{\sim} \mathrm{W/m^2} \tag{11.34}$$

を定義すると，

$$p + \frac{\partial}{\partial t} w = -\boldsymbol{\nabla} \cdot \boldsymbol{S} \tag{11.35}$$

が得られる．電気，磁気の統合によって，空間的に積分可能な形が得られた（図 11.1 (b)）．この式を，体積 V にわたって積分すると，

$$\int_V p \,\mathrm{d}v + \frac{\mathrm{d}}{\mathrm{d}t} \int_V w \,\mathrm{d}v = -\oint_{\partial V} \boldsymbol{S} \cdot \mathrm{d}\boldsymbol{s} \tag{11.36}$$

と書ける．∂V は V の表面である．左辺第1項は体積 V で消費されるパワー（外部に対する仕事率）を，左辺第2項は体積 V の電磁場エネルギーの時間変化を表している．そして，右辺は体積 V の表面から（時間あたり）流入するエネルギーの流れに相当することがわかる．

問題 11.1 電信方程式 (telegraphers' equation)

$$\frac{\partial v}{\partial z} = L \frac{\partial i}{\partial t}, \quad \frac{\partial i}{\partial z} = C \frac{\partial v}{\partial t} \tag{11.37}$$

に関するエネルギー保存則を導け．ただし，$L \overset{\mathrm{SI}}{\sim} \mathrm{H/m}$, $C \overset{\mathrm{SI}}{\sim} \mathrm{F/m}$.

問題 11.2 前問において散逸を導入せよ．

問題 11.3 式 (11.35) をテンソルで表すと，次のようになることを示せ:

$$\mathcal{P} + \partial_t \mathcal{W} = -\boldsymbol{\nabla} \wedge \mathcal{S}, \quad \mathcal{S} = \boldsymbol{E} \wedge \boldsymbol{H}. \tag{11.38}$$

問題 11.4 直流送電におけるポインティングベクトルについて，具体例をもとに考えよ．

11.4 正弦波的に時間変化する場に対するエネルギー保存則

場の変動が速く，媒質の応答時間が0と見なせない場合には，場のエネルギーは，式 (11.5), (11.10) のように単純には書けず，エネルギー保存則は，より複

雑なものになる．ただし，場が（角周波数 ω）で正弦波的に変動し，しかも媒質が線形の場合には簡単な式を導くことができる．

場の量をすべて

$$\boldsymbol{E}(t,\boldsymbol{x}) = \frac{1}{\sqrt{2}}\widetilde{\boldsymbol{E}}(\boldsymbol{x})\mathrm{e}^{-\mathrm{i}\omega t} + \mathrm{c.c.} \tag{11.39}$$

のように複素振幅 $\widetilde{\boldsymbol{E}}$ を用いて表す．c.c. は複素共役項を表す．媒質が線形であれば，$\boldsymbol{D}, \boldsymbol{H}$ なども，すべて ω で振動する．以後，引数 $\boldsymbol{x}$ は省略する．

$\boldsymbol{E}\cdot\boldsymbol{J}$ のような 2 乗量は

$$p(t) = \boldsymbol{E}(t)\cdot\boldsymbol{J}(t) = \frac{1}{2}(\widetilde{\boldsymbol{E}}\cdot\widetilde{\boldsymbol{J}}^* + \mathrm{c.c.}) + \frac{1}{2}(\widetilde{\boldsymbol{E}}\cdot\widetilde{\boldsymbol{J}}\mathrm{e}^{-2\mathrm{i}\omega t} + \mathrm{c.c.}) \tag{11.40}$$

となり，直流分（平均値）と 2ω-成分からなることがわかる．$p(t)$ を瞬時電力と呼ぶ．一方，

$$\widetilde{P}_\mathrm{c} := \widetilde{\boldsymbol{E}}\cdot\widetilde{\boldsymbol{J}}^* \tag{11.41}$$

は複素電力と呼ばれ，その実部 $P = \mathrm{Re}\,P_\mathrm{c}$ が平均電力（有効電力）

$$P = \frac{1}{T}\int_0^T p(t)\mathrm{d}t, \quad T = \frac{2\pi}{\omega} \tag{11.42}$$

を与える．$\widetilde{\boldsymbol{E}}, \widetilde{\boldsymbol{J}}$ の各成分を

$$\widetilde{E}_k = |\widetilde{E}_k|\mathrm{e}^{-\mathrm{i}\phi_k}, \quad \widetilde{J}_k = |\widetilde{J}_k|\mathrm{e}^{-\mathrm{i}\varphi_k} \tag{11.43}$$

とし，さらに $P_{\mathrm{A}k} = |\widetilde{E}_k||\widetilde{J}_k|$ とおき，

$$P_k = P_{\mathrm{A}k}\cos(\phi_k - \varphi_k), \quad Q_k = P_{\mathrm{A}k}\sin(\phi_k - \varphi_k) \tag{11.44}$$

という量を導入すると，瞬時電力は

$$p(t) = \sum_{k=1}^{3}\left[P_k + P_k\cos(2\omega t + 2\phi_k) + Q_k\sin(2\omega t + 2\phi_k)\right] \tag{11.45}$$

と表すことができる．第 1 項は平均電力，第 2 項は平均電力に相当する 2ω-成分，第 3 項は過剰な 2ω-成分で無効電力と呼ばれる．Q_k は $\phi_k = \varphi_k$ のとき 0 となる．

マクスウェル方程式（の 2 式）を複素振幅で表すと，

$$\mathrm{curl}\,\widetilde{\boldsymbol{E}} = \mathrm{i}\omega\widetilde{\boldsymbol{B}}, \quad \mathrm{curl}\,\widetilde{\boldsymbol{H}} = -\mathrm{i}\omega\widetilde{\boldsymbol{D}} + \widetilde{\boldsymbol{J}}. \tag{11.46}$$

前式に $\widetilde{\boldsymbol{H}}^*$ を，後式の複素共役に $\widetilde{\boldsymbol{E}}$ をそれぞれスカラー的に掛けて，差をとると，$\widetilde{\boldsymbol{H}}^* \cdot \mathrm{curl}\,\widetilde{\boldsymbol{E}} - \widetilde{\boldsymbol{E}} \cdot \mathrm{curl}\,\widetilde{\boldsymbol{H}}^* = \mathrm{i}\omega\widetilde{\boldsymbol{H}}^* \cdot \widetilde{\boldsymbol{B}} - \mathrm{i}\omega\widetilde{\boldsymbol{E}} \cdot \widetilde{\boldsymbol{D}}^* - \widetilde{\boldsymbol{E}} \cdot \widetilde{\boldsymbol{J}}^*$ となる．

$$\widetilde{\boldsymbol{S}} := \widetilde{\boldsymbol{E}} \times \widetilde{\boldsymbol{H}}^*, \quad \widetilde{w}_{\mathrm{e}} := \widetilde{\boldsymbol{E}} \cdot \widetilde{\boldsymbol{D}}^*, \quad \widetilde{w}_{\mathrm{m}} := \widetilde{\boldsymbol{H}}^* \cdot \widetilde{\boldsymbol{B}} \tag{11.47}$$

を定義すると，

$$\widetilde{P}_{\mathrm{c}} + \mathrm{i}\omega(\widetilde{w}_{\mathrm{e}} - \widetilde{w}_{\mathrm{m}}) = -\,\mathrm{div}\,\widetilde{\boldsymbol{S}} \tag{11.48}$$

が得られる．$\widetilde{\boldsymbol{S}}$ は複素ポインティングベクトルと呼ばれる．この式の実部は，エネルギーの時間平均値の保存を，虚部は過剰な 2ω-成分（無効成分）の保存を与えている．

無損失媒質では，$\widetilde{w}_{\mathrm{e}}, \widetilde{w}_{\mathrm{m}}$ は実であり，平均エネルギーに関しては，

$$P = -\,\mathrm{Re}\,\mathrm{div}\,\widetilde{\boldsymbol{S}} \tag{11.49}$$

が成り立つ．正弦波定常の場合，電磁場に蓄えられたエネルギーの時間平均値は一定であり，エネルギーの授受の式 (11.49) には直接関係しない．式 (11.48) は式 (11.35) と混同されることがよくあるので，注意が必要である．

問題 11.5　電力 1 W，断面積 1 mm^2 のレーザビームの電場の値を求めよ．$E = Z_0 H$ が成り立つとせよ．

11.5　運動量の保存則

運動量の保存則は純粋に力学的な系だけではなく，電磁場を含んだ系でも成立する．電磁場から物体が力を受けた場合には，その反作用として電磁場が力あるいはその時間積分として運動量を受け取るはずである．さらに隣接する電磁場の間にも力あるいは運動量のやり取りが存在する[*2)]．このような運動量の保存則を具体的に求めよう．ここでは，簡単のために，真空中の場合のみを考えることにする．すなわち，$\boldsymbol{D} = \varepsilon_0 \boldsymbol{E}$，$\boldsymbol{H} = \mu_0^{-1} \boldsymbol{B}$ が成り立っているものとする．

*2)　電磁場同士が押しくらまんじゅうをしている様子を思い浮かべるとよい．

体積あたりの力 $\boldsymbol{f} \overset{\mathrm{SI}}{\sim} \mathrm{N/m}$ は，電荷密度 ϱ，電流密度 $\boldsymbol{J}$ を用いて，

$$\boldsymbol{f} = \varrho \boldsymbol{E} + \boldsymbol{J} \times \boldsymbol{B} \tag{11.50}$$

である．$\varrho = \operatorname{div} \boldsymbol{D}$, $\boldsymbol{J} = \operatorname{curl} \boldsymbol{H} - \partial_t \boldsymbol{D}$ を代入すると，

$$\boldsymbol{f} = (\operatorname{div} \boldsymbol{D})\boldsymbol{E} + \left(\operatorname{curl} \boldsymbol{H} - \frac{\partial \boldsymbol{D}}{\partial t}\right) \times \boldsymbol{B} \tag{11.51}$$

となるが，これを整理して

$$\boldsymbol{f} + \frac{\partial \boldsymbol{D}}{\partial t} \times \boldsymbol{B} = (\operatorname{div} \boldsymbol{D})\boldsymbol{E} + (\operatorname{curl} \boldsymbol{H}) \times \boldsymbol{B}. \tag{11.52}$$

左辺第 2 項は場の運動量（密度）の時間変化の一部であると解釈できる．右辺は運動量の流れ（空間微分）に対応している．

相補的な式として，$0 = \operatorname{div} \boldsymbol{B}$, $0 = \operatorname{curl} \boldsymbol{E} + \partial_t \boldsymbol{B}$ から*3)，

$$-\frac{\partial \boldsymbol{B}}{\partial t} \times \boldsymbol{D} = (\operatorname{div} \boldsymbol{B})\boldsymbol{H} + (\operatorname{curl} \boldsymbol{E}) \times \boldsymbol{D} \tag{11.53}$$

が得られる．これらの式を統合するために，

$$\begin{aligned}
[(\operatorname{div} \boldsymbol{D})\boldsymbol{E} + (\operatorname{curl} \boldsymbol{E}) \times \boldsymbol{D}]_j &= (\partial_i D_i)E_j + \epsilon_{jkl}\epsilon_{kmn}(\partial_m E_n)D_l \\
&= (\partial_i D_i)E_j + (\delta_{lm}\delta_{jn} - \delta_{ln}\delta_{jm})(\partial_m E_n)D_l \\
&= (\partial_i D_i)E_j + (\partial_l E_j)D_l - (\partial_j E_l)D_l \\
&= \partial_i(D_i E_j) - (\partial_j E_l)D_l \\
&= \partial_i(D_i E_j) - \frac{1}{2}\partial_j(E_l D_l) = \partial_i(D_i E_j) - \frac{1}{2}\partial_i \delta_{ij}(E_l D_l) \\
&= \left[\boldsymbol{\nabla} \cdot \left(\boldsymbol{D}\boldsymbol{E} - \frac{\mathsf{I}}{2}\boldsymbol{E} \cdot \boldsymbol{D}\right)\right]_j
\end{aligned} \tag{11.54}$$

を利用する．$\boldsymbol{E}$ と $\boldsymbol{D}$ の（各時刻における）比例関係を用いたことに注意する．

2 つの式を合わせると，

*3)　ずいぶん無理矢理な式変形である．

$$\boldsymbol{f} + \frac{\partial}{\partial t}(\boldsymbol{D} \times \boldsymbol{B}) = \boldsymbol{\nabla} \cdot \left(\boldsymbol{D}\boldsymbol{E} + \boldsymbol{B}\boldsymbol{H} - \frac{\mathsf{I}}{2}(\boldsymbol{D} \cdot \boldsymbol{E} + \boldsymbol{B} \cdot \boldsymbol{H}) \right). \tag{11.55}$$

ここで，I は単位テンソルである．さらに整理して，

$$\boldsymbol{f} + \frac{\partial}{\partial t}\boldsymbol{G} = \boldsymbol{\nabla} \cdot \mathsf{T}. \tag{11.56}$$

ただし，

$$\mathsf{T} := \boldsymbol{D}\boldsymbol{E} + \boldsymbol{B}\boldsymbol{H} - \frac{\mathsf{I}}{2}(\boldsymbol{D} \cdot \boldsymbol{E} + \boldsymbol{B} \cdot \boldsymbol{H}) \overset{\mathrm{SI}}{\sim} \mathrm{N/m^2} \tag{11.57}$$

は**マクスウェルの応力テンソル** (stress tensor) と呼ばれる量である[*4)]．また，

$$\boldsymbol{G} := \boldsymbol{D} \times \boldsymbol{B} \overset{\mathrm{SI}}{\sim} \mathrm{N\,s/m^3} \tag{11.58}$$

は電磁場の**運動量密度**である．

式 (11.56) を体積 V にわたって積分すると，積分形の保存則が得られる:

$$\int_V \boldsymbol{f}\mathrm{d}v + \frac{\mathrm{d}}{\mathrm{d}t}\int_V \boldsymbol{G}\mathrm{d}v = \oint_{\partial V} \mathsf{T} \cdot \mathrm{d}\boldsymbol{S}. \tag{11.59}$$

問題 11.6　式 (11.56), (11.57) は，以下のようにも書けることを示せ．

$$f + \frac{\partial}{\partial t}G = \boldsymbol{\nabla} \cdot \mathcal{T}, \quad f = *\boldsymbol{f}, \quad G = *D \wedge *B,$$
$$\mathcal{T} = *D \wedge *\boldsymbol{E} + *B \wedge *\boldsymbol{H} - \frac{1}{2}(D \wedge \boldsymbol{E} + B \wedge \boldsymbol{H}). \tag{11.60}$$

---

*4)　面 $\Delta\boldsymbol{S}$ を時間あたり通過する運動量の $\boldsymbol{e}$ 成分は

$$\mathsf{T} : (\Delta\boldsymbol{S})\boldsymbol{e}$$

で与えられる．T は反対称テンソルではない．

第 12 章
媒質と電磁場

この章では電磁場と媒質の関係について詳しく調べる．一般的な媒質においては，電場（磁場）によって分極（磁化）がつくられる．この分極（磁化）は，$-\operatorname{div}\boldsymbol{P}$ $(\operatorname{curl}\boldsymbol{M})$ に相当するみかけの電荷（電流）を通じて場をつくる．特に，$\boldsymbol{P}$ $(\boldsymbol{M})$ の空間的変化の大きい，媒質の境界面における，みかけの電荷（電流）が支配的である．このように電磁場と媒質は相互に相手に対して影響を及ぼしている．

12.1 媒質の応答

場の時間変化が媒質の応答に比べて緩慢（準静的）な場合には，場と媒質の相互的関係は，**セルフコンシステント**（**自己無撞着**，self-consistent）な平衡状態を形成する．すなわち，媒質の各点における場は，外部から加えられた場と媒質全体がつくる場の和として与えられ，その場の値はその点における分極や磁化を生ずるのに，ちょうど必要な量になっているという状態である．このような平衡状態は，場と媒質のダイナミクスを通して達成されている．

分極 $\boldsymbol{P}$ や磁化 $\boldsymbol{M}$ が場に線形に依存する場合，すなわち，$\boldsymbol{P}=\varepsilon_0\chi_{\mathrm{e}}\boldsymbol{E}$，$\boldsymbol{M}=\mu_0^{-1}\chi_{\mathrm{m}}\boldsymbol{B}$，と表せる場合には，これらの量を $\boldsymbol{D}, \boldsymbol{H}$ に含めることによって，場の方程式と，境界条件に帰着させることができる．比例係数 $\chi_{\mathrm{e}}, \chi_{\mathrm{m}}$ はそれぞれ**誘電感受率** (dielectric susceptibility)，**磁気感受率** (magnetic susceptibility) と呼ばれる無次元量である．このような扱いでは，場と媒質のセルフコ

図 12.1 磁石のテーブル．カーアクセサリ用の方位磁石 1000 個を敷き詰めて磁性体のふるまい見せる展示物（大阪市立科学館 斎藤吉彦氏の WEB ページ：
http://www.sci-museum.kita.osaka.jp/~saito/
より許可を得て転載）．

ンシステントな関係は表には出なくなる．計算を進める上ではこの合理化は強力であるが，実際の現象を忘れさせる恐れもある．媒質の実際的な振舞いを知るためには，沢山の方位磁石を敷き詰めて，近くで大きい磁石をゆっくり動かしている状況を想像するとよい（図 12.1）．

非線形な媒質や非局所的な応答を考える場合にはセルフコンシステントな関係を意識せざるを得なくなる．たとえば，非線形な媒質を扱うレーザ理論ではこの点が強調されている．

媒質の応答として，$\boldsymbol{P} = \varepsilon_0 \chi \boldsymbol{E}$ のようなタイプのものが最も基本的であるが，さまざまな一般化が可能である．電場の場合を例に，簡単に説明しておく．電場を表す添字 “e” は省略する．

結晶中では，電場と分極の方向は必ずしも平行にはならない．このような異方性媒質では，比例係数である感受率は（2 階）テンソルで表される:

$$P_i = \varepsilon_0 \chi_{ij} E_j. \tag{12.1}$$

電場の時間変化が速く，媒質の時間応答が問題になる場合には，時間に関する

畳込みを用いて

$$\boldsymbol{P}(t) = \varepsilon_0(\hat{\chi} * \boldsymbol{E})(t) = \varepsilon_0 \int_{-\infty}^{\infty} \mathrm{d}\tau \hat{\chi}(t-\tau)\boldsymbol{E}(\tau) \tag{12.2}$$

のように表すことができる．$\hat{\chi}(t) \overset{\mathrm{SI}}{\sim} \mathrm{s}^{-1}$ は媒質の応答関数である．さらにこの関係式をフーリエ変換した，

$$\widetilde{\boldsymbol{P}}(\omega) = \varepsilon_0 \chi(\omega) \widetilde{\boldsymbol{E}}(\omega) \tag{12.3}$$

がよく用いられる*1)．ここで，

$$\chi(\omega) = \int_{-\infty}^{\infty} \hat{\chi}(t')\mathrm{e}^{\mathrm{i}\omega t'}\mathrm{d}t' \tag{12.4}$$

は一般に複素数であり，ここで $\chi(\omega)$ は**複素誘電感受率**と呼ばれる．

媒質に空間的な拘束条件があり局所的に応答できない場合には，空間に関する畳込みを用いて

$$\boldsymbol{P}(t, \boldsymbol{x}) = \varepsilon_0 \int_{\mathbb{E}_3} \mathrm{d}v' \hat{\chi}(\boldsymbol{x} - \boldsymbol{x}')\boldsymbol{E}(t, \boldsymbol{x}'). \tag{12.5}$$

のように表す必要がある．

電場が強くて線形性が成り立たない場合には，テイラー展開した式

$$P = \varepsilon_0(\chi E + \chi^{(2)} E^2 + \cdots) \tag{12.6}$$

が用いられる．

上記のような一般化の複数の組合せが，必要とされる場合もある．

感受率 χ_e, χ_m の大きさや符号は媒質の種類によって様々である．複素感受率 $\chi_\mathrm{e}(\omega)$, $\chi_\mathrm{m}(\omega)$ は周波数によっても大きく変化する．

問題 12.1 式 (12.4) に $\boldsymbol{P}(t) = \frac{1}{\sqrt{2}}\widetilde{\boldsymbol{P}}\mathrm{e}^{-\mathrm{i}\omega t} + \mathrm{c.c.}$, $\boldsymbol{E}(t) = \frac{1}{\sqrt{2}}\widetilde{\boldsymbol{E}}\mathrm{e}^{-\mathrm{i}\omega t} + \mathrm{c.c.}$ を代入して，式 (12.3) を求めよ．

問題 12.2 $\hat{\chi}(t) = \chi\delta(t)$ の場合，$\chi(\omega) = \chi$ となることを示せ．

以下では媒質の応答が場の時間変化に比べて十分速く，各時刻において $\boldsymbol{P}(t) = \varepsilon_0 \chi \boldsymbol{E}(t)$ と表せる場合を考える．

---

*1) 高周波や光を扱う場合，この式を使う必要がある．無意識によく使われる $\boldsymbol{P}(t) = \varepsilon_0\chi(\omega)\boldsymbol{E}(t)$, $\boldsymbol{D}(t) = \varepsilon(\omega)\boldsymbol{E}(t)$ といった式は一般に誤りである．時間と周波数，実数と複素数の錯誤がある．

12.2 外場，内部平均場，局所場

媒質を扱う場合，異なったいくつかの種類の電場（あるいは磁場）を考える必要が出てくる．ここでは，表 12.1 のように，外場，内部平均場，局所場という 3 種類の場を導入する．

■ 電場の場合

外部電場（$\boldsymbol{E}_0$, $\boldsymbol{E}_{\text{ext}}$ などと書く）は，誘電体が置かれる環境に相当する場である．誘電体に比べてずっと大きい装置で与えられるとし，誘電体の存在によって影響を受けないものとする．もちろん，誘電体内部や近傍では場は変化するが，遠方では $\boldsymbol{E}_0$ に近づくという状況を考える．あるいは，誘電体を置く前に，その空間に電場 $\boldsymbol{E}_0$ があったという状況もありうる．

内部平均電場は，外部電場の中に誘電体を置き，分極が生じている場合における内部電場を粗視化したものである．これは普通の意味での媒質内の巨視的電場なので，単に $\boldsymbol{E}$ と表すことにする．内部平均電場は，外部電場と分極によるみかけの電荷（分極電荷）がつくる電場の重ね合わせである（誘電体の外の電場もみかけの電荷の影響を受ける）．内部電場は誘電体の形状や誘電率に依存し，たとえ外部電場が一様であったとしても，一様であるとは限らない．

コンデンサの場合のように，薄い誘電体を 2 枚の導体で挟んだ場合には，導体間の電位差 V を電極間隔 d で割ったもの $E = V/d$ は内部平均電場と等しくなる．これはみかけの電荷の影響をコンデンサに接続された電圧源から供給

表 12.1 媒質を調べるのに必要な場の種類（電場の場合）．上の 3 つは場から媒質へ，下の 1 つは媒質から場への方向に関係している．磁場に関しても同様の表をつくることができる．

<table>
<tr><th>種類</th><th>記号</th><th>媒質との関係</th><th>差異の原因 / 要因</th></tr>
<tr><td>外場</td><td>$\boldsymbol{E}_0$, $\boldsymbol{E}_{\text{ext}}$</td><td></td><td rowspan="2">みかけの場 / 誘電体の形状</td></tr>
<tr><td rowspan="2">内部平均場</td><td rowspan="2">$\boldsymbol{E}$</td><td rowspan="2">$\boldsymbol{P} = \varepsilon_0 \chi_{\text{e}} \boldsymbol{E}$</td></tr>
<tr><td rowspan="2">自己場 / 微視的構造</td></tr>
<tr><td>局所場</td><td>$\boldsymbol{E}_{\text{L}}$, $\boldsymbol{E}_{\text{local}}$</td><td>$\boldsymbol{p} = \alpha_{\text{e}} \boldsymbol{E}_{\text{L}}$</td></tr>
<tr><td>みかけの場</td><td>$\boldsymbol{E}_{\text{A}}$</td><td>$-\operatorname{div} \boldsymbol{P}$</td><td></td></tr>
</table>

される電荷が打ち消しているからである．一方，電極の電荷面密度 Q/S に対応する電場 $E_0 = Q/\varepsilon_0 S$ は外部電場に相当する．

問題 12.3 2 枚の導体の間に誘電体を挿入する前に電圧源を外す場合と，繋いだままにする場合の差異を外場，内部場の立場から論ぜよ．

局所電場（$\boldsymbol{E}_{\mathrm{L}}$, $\boldsymbol{E}_{\mathrm{local}}$ などと書く）は，それぞれの電気双極子が置かれた点における電場である．誘導される双極子モーメントを決めるのはこの量である．一つひとつの双極子の点に関してこれを計算するのは現実的ではないので，アンサンブル平均的な値が使われるが，内部平均場 $\boldsymbol{E}$ とは一致するとは限らないことに注意する．それは，内部平均場が空間的に機械的に平均操作をしたものであるのに対し，平均局所場は，双極子モーメントが存在する点近傍の電場の平均化だからである．その際，対象となる双極子モーメントが作る場は除外されていることに注意する．双極子モーメントの電荷間のデルタ関数で与えられる強い電場は，この差に影響を与えている．

誘電体の電気感受率 χ_{e} は，線形媒質の内部電場 $\boldsymbol{E}$ と分極 $\boldsymbol{P}$ を結び付ける量である:

$$\boldsymbol{P} = \varepsilon_0 \chi_{\mathrm{e}} \boldsymbol{E}. \tag{12.7}$$

また，比誘電率 $\varepsilon_{\mathrm{r}} = 1 + \chi_{\mathrm{e}}$ や誘電率 $\varepsilon = \varepsilon_0 \varepsilon_{\mathrm{r}}$ も同様に内部電場 $\boldsymbol{E}$ に対して定義されている:

$$\boldsymbol{D} = \varepsilon_0 \varepsilon_{\mathrm{r}} \boldsymbol{E} = \varepsilon \boldsymbol{E}. \tag{12.8}$$

これらはいずれもマクロな関係式である．

一方，電気双極子 $\boldsymbol{p}$ の分極率 α_{e} は，局所電場 $\boldsymbol{E}_{\mathrm{L}}$ に関して定義されるミクロな量である:

$$\boldsymbol{p} = \alpha_{\mathrm{e}} \boldsymbol{E}_{\mathrm{L}}. \tag{12.9}$$

$\alpha_{\mathrm{e}} \overset{\mathrm{SI}}{\sim} \mathrm{Cm^2/V}$ である*2)．これを体積あたりの量にした，

$$\boldsymbol{P} = N\boldsymbol{p} = N\alpha_{\mathrm{e}} \boldsymbol{E}_{\mathrm{L}} = \varepsilon_0 \chi_{\mathrm{e}}^{o} \boldsymbol{E}_{\mathrm{L}} \tag{12.10}$$

も導入しておく．N は電気双極子の数密度である．$\chi_{\mathrm{e}}^{o} = \varepsilon_0^{-1} N\alpha_{\mathrm{e}}$ は本質的にミ

*2) $\boldsymbol{p} = \varepsilon_0 \alpha_{\mathrm{e}} \boldsymbol{E}_{\mathrm{L}}$ と定義する場合もある．この場合の次元は $\overset{\mathrm{SI}}{\sim} \mathrm{m^3}$.

クロな量である．希薄な媒質のように $\boldsymbol{E} = \boldsymbol{E}_{\mathrm{L}}$ が成り立つ場合には，$\chi_{\mathrm{e}}^{o} = \chi_{\mathrm{e}}$ である．

■ 磁場の場合

磁場に関しても同じことがいえる．外部磁場は $\boldsymbol{B}_0$, $\boldsymbol{B}_{\mathrm{ext}}$ などと書く．内部平均磁場は単に $\boldsymbol{B}$ と表す．ソレノイドコイルに試料を入れる場合，ソレノイドコイルの長さあたりの電流 H に μ_0 をかけたものが外部磁場に相当する．あるいは長さあたりの巻き数が n，巻線電流が I_{w} の場合には，$\mu_0 n I_{\mathrm{w}}$ が外部磁場を与える*3)．

局所磁場（$\boldsymbol{B}_{\mathrm{L}}$, $\boldsymbol{B}_{\mathrm{local}}$ などで表す）は，それぞれの磁気モーメントの点における磁場である．

誘電体の場合にならって，磁性体の磁気感受率 χ_{m} は，線形媒質の内部磁場 $\boldsymbol{B}$ と磁化 $\boldsymbol{M}$ を結び付ける量として定義する:

$$\boldsymbol{M} = \mu_0^{-1} \chi_{\mathrm{m}} \boldsymbol{B}. \tag{12.11}$$

また，比透磁率 $\mu_{\mathrm{r}} = (1 - \chi_{\mathrm{m}})^{-1}$ や透磁率 $\mu = \mu_0 \mu_{\mathrm{r}}$ も同様に $\boldsymbol{B}$ に対して定義されている:

$$\boldsymbol{H} = (\mu_0 \mu_{\mathrm{r}})^{-1} \boldsymbol{B} = \mu^{-1} \boldsymbol{B}. \tag{12.12}$$

これらはマクロな関係式である．

それに対して，磁気モーメント $\boldsymbol{m}$ の磁気分極率*4) α_{m} は，局所磁場 $\boldsymbol{B}_{\mathrm{L}}$ に関して定義されるミクロな量である:

$$\boldsymbol{m} = \alpha_{\mathrm{m}} \boldsymbol{B}_{\mathrm{L}}. \tag{12.13}$$

単位は $\overset{\mathrm{SI}}{\sim}$ A m^4/Wb である．これを体積あたりの量にした，

$$\boldsymbol{M} = N\boldsymbol{m} = N\alpha_{\mathrm{m}} \boldsymbol{B}_{\mathrm{L}} = \mu_0^{-1} \chi_{\mathrm{m}}^{o} \boldsymbol{B}_{\mathrm{L}} \tag{12.14}$$

も導入しておく．$\chi_{\mathrm{m}}^{o} = \mu_0 N \alpha_{\mathrm{m}}$ は本質的にミクロな量である．$\boldsymbol{B} = \boldsymbol{B}_{\mathrm{L}}$ が成り立つ場合には，$\chi_{\mathrm{m}}^{o} = \chi_{\mathrm{m}}$ である．

問題 12.4　問題 12.3 の磁場版について考察せよ．

---

*3)　ソレノイドコイルの全電流（巻線電流 × 巻数）を長さ L で割ったものに相当する $B_0 = \mu_0 I/L$ は，電場の場合の $E_0 = \varepsilon_0^{-1} Q/S$ に相当する．

*4)　磁場の場合，分極という用語は適切ではないが，とりあえずこうしておく．

12.3　外場による分極，磁化の生成

電場によって分極がつくられる様子には大きく分けて 2 つのパターンがある．1 つは外場がない場合に媒質を構成する「原子」が双極子モーメントを持たず，外場を加えることによって双極子モーメントが誘起される場合である．これを**誘導** (induced) 双極子モーメントと呼ぶ．もう 1 つは，個々の「原子」が最初から双極子モーメントを持っているが，熱的擾乱によってその方向がランダムであるために，外場がないときには，巨視的分極がない場合である．この場合でも，外場によって双極子モーメントの方向に依存するエネルギーの違いが生じ，向きの一様性が崩れて全体として分極を生ずる．これを**配向** (orientation) による分極と呼ぶ．磁場によって磁化がつくられる場合にも，誘導，配向の 2 種類がある．

12.3.1　誘導モーメント

■ **誘導電気双極子**

正電荷と負電荷が何らかの方法で束縛されており，その（平均）位置が完全に重なっていて，電気的に中性である系を考える．ここに外部電場を印加すると，正電荷と負電荷が逆方向の力を受け，位置にずれを生じ，電気双極子となる（図 12.2 (a)）．ずれの大きさは，あまり電場が大きくない範囲では，その大きさに比例していると考えてよい（線形近似）．電気双極子の向きは，電場の方向と同じである．すなわち $\boldsymbol{p} = \alpha_{\mathrm{e}} \boldsymbol{E}_{\mathrm{L}}$ $(\alpha_{\mathrm{e}} > 0)$ である．

■ **誘導環状電流 — 反磁性**

誘導電気双極子の磁場版を調べよう．まず，静磁場の方向を z 軸にとる: $\boldsymbol{B}_{\mathrm{L}} = B_{\mathrm{L}} \boldsymbol{e}_3$．磁場中の 2 次元の（荷電）調和振動子の運動方程式は

$$m_q \frac{\mathrm{d}^2 x}{\mathrm{d}t^2} = -kx + qB_{\mathrm{L}} \frac{\mathrm{d}y}{\mathrm{d}t}, \quad m_q \frac{\mathrm{d}^2 y}{\mathrm{d}t^2} = -ky - qB_{\mathrm{L}} \frac{\mathrm{d}x}{\mathrm{d}t}. \tag{12.15}$$

ただし，$\boldsymbol{x} = x\boldsymbol{e}_1 + y\boldsymbol{e}_2$ は粒子の位置，m_q は質量，q は電荷，k は復元力の定数である．ここで変数 $\xi_{\pm} = x \pm \mathrm{i}y$ を導入すると，式が分離できて，

$$\frac{\mathrm{d}^2 \xi_+}{\mathrm{d}t^2} = -\omega_0^2 \xi_+ - 2\mathrm{i}\Omega_{\mathrm{c}} \frac{\mathrm{d}\xi_+}{\mathrm{d}t}, \quad \frac{\mathrm{d}^2 \xi_-}{\mathrm{d}t^2} = -\omega_0^2 \xi_- + 2\mathrm{i}\Omega_{\mathrm{c}} \frac{\mathrm{d}\xi_-}{\mathrm{d}t} \tag{12.16}$$

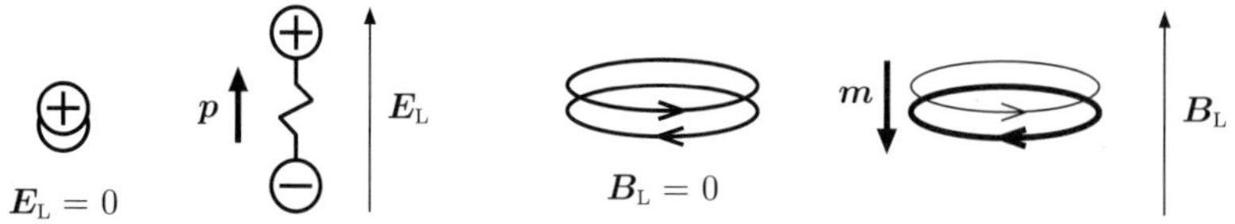

図 12.2 (a) 電場によって誘起される電気双極子モーメント $\boldsymbol{p}$. 電場 $\boldsymbol{E}_\mathrm{L}$ を掛けると，正電荷は電場の方向に，負電荷は逆方向に引っ張られ，復元力と釣り合う位置までずれる．(b) 磁場 $\boldsymbol{B}_\mathrm{L}$ によって逆方向に流れる微小環状電流の大きさにアンバランスが生じ，磁気モーメント $\boldsymbol{m}$ が誘導される．$\boldsymbol{m}$ の向きは，$\boldsymbol{B}_\mathrm{L}$ の向きと逆であることに注意する．

となる．ただし，$\omega_0 = \sqrt{k/m_q}$ は固有角周波数，$\Omega_\mathrm{c} = qB_\mathrm{L}/2m_q$ は**サイクロトロン角周波数** (cyclotron angular frequency) である．2 つの独立解として，$\xi_\pm(t) = \xi_\pm(0)\exp(\mathrm{i}\omega_\pm t)$ を仮定すると，関係，

$$-\omega_\pm^2 = -\omega_0^2 \pm 2\Omega_\mathrm{c}\omega_\pm \tag{12.17}$$

が得られる．$|\Omega_\mathrm{c}| \ll \omega_0$ の場合には

$$\omega_\pm = \omega_0 \mp \Omega_\mathrm{c} \tag{12.18}$$

と近似することができる．そして，運動方程式の解

$$\begin{aligned} \boldsymbol{x}_+(t) &= r_+\{\cos(\omega_+ t + \phi_+)\boldsymbol{e}_1 + \sin(\omega_+ t + \phi_+)\boldsymbol{e}_2\}, \\ \boldsymbol{x}_-(t) &= r_-\{\cos(\omega_- t + \phi_-)\boldsymbol{e}_1 - \sin(\omega_- t + \phi_-)\boldsymbol{e}_2\} \end{aligned} \tag{12.19}$$

が得られる．$\xi_\pm(0) = r_\pm \exp\mathrm{i}\phi_\pm$ と置いた．$\boldsymbol{x}_+(t)$ は z 軸回りの正方向の回転運動を，$\boldsymbol{x}_-(t)$ は負方向の回転運動を表す．磁場によって，正方向の回転運動の角速度は小さくなり，負方向の回転運動の角速度は大きくなる．

今，2 つの同一の 2 次元調和振動子が，同じ位置にあって，同じ回転半径 $(r_+ = r_- = r_0)$ で一方は正方向に，もう一方は負方向に回転しているとする．磁場がない場合には磁気モーメントは完全に打ち消し合っている．しかし磁場がある場合には，バランスがくずれて，

$$m = \pi r_0^2 q(\omega_+ - \omega_-) = -2\pi r_0^2 q\Omega_\mathrm{c} = -\pi r_0^2 q^2 B_\mathrm{L}/m_q \tag{12.20}$$

という磁気モーメントを持つことになる（図 12.2 (b)）．磁気分極率

$$\alpha_{\mathrm{m}} = -\pi r_0^2 q^2 / m_q < 0 \tag{12.21}$$

が負であることが電気双極子の場合との大きな違いである．この現象は**反磁性** (diamagnetism) と呼ばれる．

ここではかなり人工的なモデル*5) を用いたが，反磁性は運動する電荷を含む媒質が示す普遍的な効果である．

問題 12.5 1 つの 2 次元調和振動子の初期条件 $\boldsymbol{x}(0) = r_0 \boldsymbol{e}_1$ に対する解を求め，その運動の様子を調べよ．また磁気双極子モーメントを求めよ．

問題 12.6 3 次元調和振動子を用いて，より等方的なモデルを構築せよ．

問題 12.7 いろいろな参考書を調べて，反磁性のモデルを収集せよ．

■ 反磁性の例

反磁性は普遍的な効果であり，一般に非磁性と思われている物質はほとんどが反磁性体である．しかし，反磁性は小さい効果であり，$|\chi_{\mathrm{m}}|$ は 10^{-5} 程度である．そのため，後述する常磁性に隠れてしまう場合も多い．

非常に強い磁場（と磁場勾配）があれば，反磁性体を重力に逆らって浮揚させることができる．図 12.3 はそのような実験例である．16 T という強力な（空芯）電磁石を用いて水滴を空中に浮かせた様子を示す．水は反磁性物質であるので，磁石による反発力と重力を釣り合わせることで浮揚させることができる．蛙などの小動物を空中遊泳させることもできる（図 12.3 右）．

また，超伝導体は $\chi_{\mathrm{m}} = -\infty$ （後に定義される係数では $\chi'_{\mathrm{m}} = -1$）の反磁性体である．高温超伝導体を永久磁石の磁場で浮上させることは簡単である．ビスマスとグラファイトは常温でも比較的大きい $|\chi_{\mathrm{m}}|$ を持っている．したがって，強力な希土類磁石によって，これらを浮揚させることが可能である．

浮揚の条件を調べておこう [45]．密度 ϱ，体積 V の物体が受ける重力は $\boldsymbol{F}_{\mathrm{g}} = \varrho V g \boldsymbol{e}_3$ である．g は重力加速度を表す．一方，磁気モーメント $\boldsymbol{m}$

---

*5) 現実の磁性は電子のスピンや軌道角運動量に付随するミクロな電流に起因しており，量子論的扱いが不可欠である．一方，最近になってメタ物質と呼ばれる人工的な誘電体や磁性体が利用されるようになってきた．波長に比べて小さい導体片やコイルをマイクロ波に対する原子と見なし，それらを多数集積することで媒質とするものである．このような場合には古典モデルがそのまま利用できる．

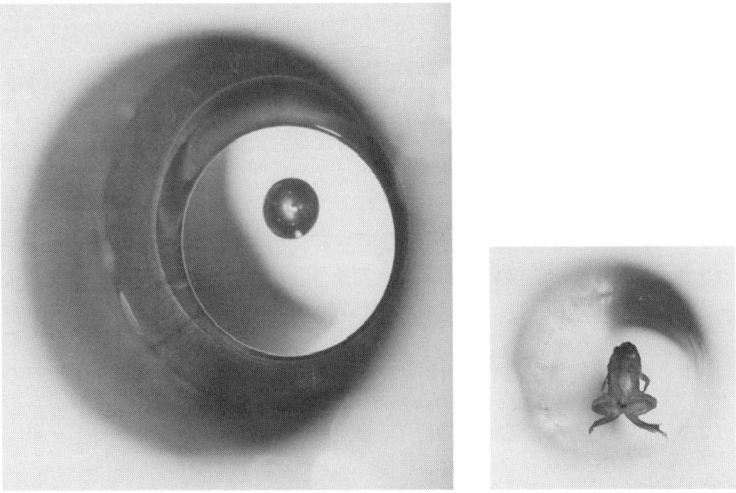

図 12.3　強い磁力を用いると，反磁性である水を重力に反して空中に浮かせることができる[44]．Nijmegen 大学の水冷常伝導磁石（最大磁束密度 20 T，空芯内径 32 mm）による実験．垂直の空芯の上端付近に水滴が浮遊している（Nijmegen 大学 Lijnis Nelemans 氏提供）．

が磁場から受ける力は式 (9.31) で求めたように $\boldsymbol{F}_{\mathrm{m}} = (\boldsymbol{m}\cdot\boldsymbol{\nabla})\boldsymbol{B}$ である．すなわち，磁場の勾配に比例する力を受ける．物体の磁気モーメントは $\boldsymbol{m} = \boldsymbol{M}V = \mu_0^{-1}\chi_{\mathrm{m}}\boldsymbol{B}V$ である．2 つの力が釣り合うためには，

$$\varrho g = \mu_0^{-1}|\chi_{\mathrm{m}}|B^2/l$$

となることが必要である．l は磁場が変化する空間スケールであり，円筒の内径程度を考えておけばよい．$g = 9.8\,\mathrm{m/s^2}$, $\chi_{\mathrm{m}} = -10^{-5}$, $l = 10\,\mathrm{cm}$, $\varrho = 2\,\mathrm{g/cm^3}$ を代入すると，$|B| \sim 10\,\mathrm{T}$ という値が得られる．

12.3.2　配向によるモーメント

■ 配向による分極 — 強誘電

正負両電荷の位置が最初からずれた永久電気双極子からなる媒質を考えよう*6)．電気双極子の大きさ $|\boldsymbol{p}|$ は一定であるとする．外部電場がない場合には，

*6)　水分子がよい例である．への字構造の中央に位置する酸素原子に電子が余分に引き寄せられている．双極子の大きさは a_0 をボーア半径として $p \sim 0.74ea_0$ 程度である．

$\boldsymbol{p}$ の方向が熱的擾乱によってランダムに向き，平均的にみると媒質は中性に見えている．しかし，電場 $\boldsymbol{E}_{\rm L}$ を加えると，$\boldsymbol{p}$ がそれに対して平行な場合と反平行な場合でエネルギーに差が生じ，方向の分布に偏りが生じる．エネルギーは，2 つのベクトルのなす角 θ の関数として

$$U_{\rm p}(\theta) = -\boldsymbol{p}\cdot\boldsymbol{E}_{\rm L} = -pE_{\rm L}\cos\theta \tag{12.22}$$

と表せる．念のために，この式を求めておこう．電場 $\boldsymbol{E}_{\rm L}$ の中に置かれた電気双極子 $\boldsymbol{p} = q\boldsymbol{a}$ に対するトルク $\boldsymbol{N}$ は

$$\boldsymbol{N} = \frac{\boldsymbol{a}}{2}\times q\boldsymbol{E}_{\rm L} + \left(-\frac{\boldsymbol{a}}{2}\right)\times(-q)\boldsymbol{E}_{\rm L} = \boldsymbol{p}\times\boldsymbol{E}_{\rm L} \tag{12.23}$$

である．トルクは双極子のポテンシャルエネルギー $U_{\rm p}$ と

$$\boldsymbol{N} = -\frac{\partial U_{\rm p}}{\partial\boldsymbol{\theta}} \tag{12.24}$$

で関係づけられている．$\boldsymbol{\theta}$ は双極子の回転をベクトルで表したものである．これより，式 (12.22) が求められる．

$\boldsymbol{p}$ の方向が $(\theta, \theta+{\rm d}\theta)$ で表される帯状領域に入る確率を $2\pi\sin\theta{\rm d}\theta f(\theta)$ と書くと，ボルツマン因子を用いて

$$\begin{aligned} f(\theta) &= A\exp(-U_{\rm p}/kT) \\ &= A\exp(pE_{\rm L}\cos\theta/kT) \end{aligned} \tag{12.25}$$

となる．規格化定数 A を求めるために，$a = pE_{\rm L}/kT$ とおいて，θ について積分する:

$$\begin{aligned} 1 &= \int_0^\pi A{\rm e}^{a\cos\theta}2\pi\sin\theta{\rm d}\theta = 2\pi A\int_{-1}^1 {\rm e}^{ax}{\rm d}x \\ &= 4\pi A\frac{\sinh a}{a} \end{aligned} \tag{12.26}$$

となる．ただし，$x = \cos\theta$ と置いた．$A = a/(4\pi\sinh a)$ と決まったので，$\boldsymbol{p}$ の期待値を求めよう．対称性から，電場に平行な成分のみが値を持つことがわかる．すなわち，$\langle\boldsymbol{p}\rangle = \langle p_z\rangle\boldsymbol{e}_3$ と書ける．期待値は確率密度関数を用いて

$$\langle p_z \rangle = 2\pi \int_0^\pi f(\theta) p \cos\theta \sin\theta \mathrm{d}\theta = \frac{pa}{2\sinh a} \int_{-1}^{1} x \mathrm{e}^{ax} \mathrm{d}x$$
$$= p\left(\coth a - \frac{1}{a}\right) \sim p \frac{pE_{\mathrm{L}}}{3kT} \tag{12.27}$$

と求めることができる．ここで，最右辺は $|a| = |pE_{\mathrm{L}}|/kT \ll 1$ に対する近似 $(\coth a - 1/a) \sim a/3$ を用いた．これより，分極率は

$$\alpha_{\mathrm{e}} = p^2/3kT > 0. \tag{12.28}$$

■ 配向による磁化 — 常磁性

一つひとつの環状電流が定まった大きさ $|\boldsymbol{m}|$ のモーメントを持っており，これが外場の影響を受けないものとする．一方でその方向は，衝突などの影響で自由に変化し，熱平衡状態になっているとする．

まず，磁場中 $\boldsymbol{B}_{\mathrm{L}}$ に置かれた環状電流に対するトルク $\boldsymbol{N}$ を求めてみよう．簡単のために，リングは 2 つのベクトル $\boldsymbol{a}, \boldsymbol{b}$ がつくる小さい平行四辺形であるとする．

$$\boldsymbol{N} = \frac{\boldsymbol{a}}{2} \times (I\boldsymbol{b} \times \boldsymbol{B}_{\mathrm{L}}) + \left(-\frac{\boldsymbol{a}}{2}\right) \times (-I\boldsymbol{b} \times \boldsymbol{B}_{\mathrm{L}})$$
$$+ \left(-\frac{\boldsymbol{b}}{2}\right) \times (I\boldsymbol{a} \times \boldsymbol{B}_{\mathrm{L}}) + \frac{\boldsymbol{b}}{2} \times (-I\boldsymbol{a} \times \boldsymbol{B}_{\mathrm{L}})$$
$$= I(\boldsymbol{a} \times \boldsymbol{b}) \times \boldsymbol{B}_{\mathrm{L}} = \boldsymbol{m} \times \boldsymbol{B}_{\mathrm{L}}. \tag{12.29}$$

電気双極子の場合を参考にすると，エネルギーは

$$U_{\mathrm{m}} = -\boldsymbol{m} \cdot \boldsymbol{B}_{\mathrm{L}} \tag{12.30}$$

であることがわかる．前節と同様に，

$$\langle m_z \rangle = \frac{m^2 B_{\mathrm{L}}}{3kT} \quad \text{すなわち} \quad \alpha_{\mathrm{m}} = \frac{m^2}{3kT} > 0. \tag{12.31}$$

このような永久環状電流の配向に起因する磁性は，一般に**常磁性** (paramagnetism) と呼ばれる．

磁性にはここで述べた反磁性，常磁性の他に，強磁性，反強磁性，フェリ磁性などがある．これらにおいては，いずれも原子間の相互作用が重要な働きをしている．

12.4 媒質がつくる場

ここでは，外部場と内部平均場が異なる原因について詳しく調べてゆこう．簡単のために内部平均場と局所場は等しいと仮定しておく．したがって，$\chi_{\mathrm{e}}^{o} = \chi_{\mathrm{e}}$，$\chi_{\mathrm{m}}^{o} = \chi_{\mathrm{m}}$ としてよい．

媒質の分極や磁化を固定した場合の（巨視的）電磁場を求める．簡単のために真空中に置かれた定型の一様に分極あるいは磁化された媒質を考える．電場と磁場では結果が大きく異なるので，別々に調べる．

■ 電場

図 12.4 (a) のような半径 a，長さ l の円柱を考える．円柱全体が軸に沿って，一定の大きさ P で分極しているとする．みかけの電荷 $-\operatorname{div}\boldsymbol{P}$ は，円柱の両端面に現れるが，これらが円柱の中心につくる電場 E_{I} を計算すると，

$$E_{\mathrm{I}} = \begin{cases} -\dfrac{2}{\varepsilon_0}\left(\dfrac{a}{l}\right)^2 P \sim 0 & (a \ll l,\ \text{扁長円柱}) \\ -\dfrac{1}{\varepsilon_0}P & (a \gg l,\ \text{扁平円柱}) \end{cases} \tag{12.32}$$

となる．扁長の円柱では，分極に起因する電場はほとんど無視できるのに対して，扁平な円柱では，分極とは逆向きの電場が現れることがわかる．

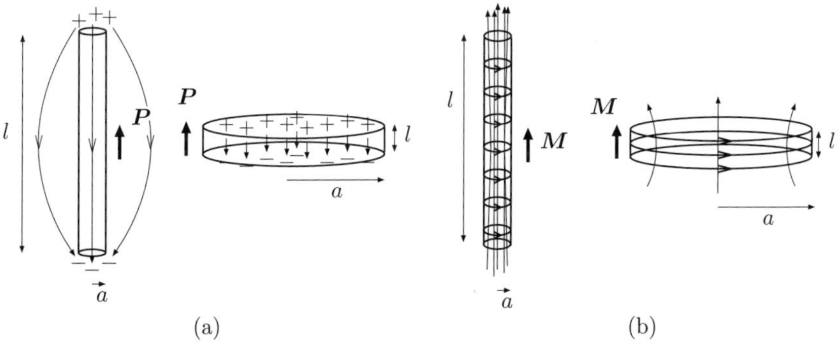

図 12.4 (a) 一様に分極 ($\boldsymbol{P}$) された扁長円柱と扁平円柱のみかけの電荷がつくる電場の様子．扁長の場合には電気力線が外へ押し出されるので，中心での電場は扁平の場合に比べて小さい．(b) 一様に磁化 ($\boldsymbol{M}$) された扁長円柱と扁平円柱のみかけの電流がつくる磁束密度の様子．扁平の場合には磁束が外へ押し出されるので，中心での磁束密度は扁長の場合に比べて小さい．

■ 磁場

図 12.4 (b) のような半径 a，長さ l の円柱を考える．円柱全体が軸に沿って，一定の大きさ M で磁化しているとする．みかけの電流 $\mathrm{curl}\,\boldsymbol{M}$ は，側面に現れるが，これらが，円柱の中心につくる磁場を計算すると，

$$B_{\mathrm{I}} = \begin{cases} \mu_0 M & (a \ll l,\ \text{扁長円柱}) \\ \mu_0 \dfrac{l}{2a} M \ \sim\ 0 & (a \gg l,\ \text{扁平円柱}) \end{cases} \tag{12.33}$$

となる．扁平な円柱では，磁化に起因する磁場は殆ど無視できるのに対して，扁長の円柱では，磁化と同じ向きの磁場が現れることがわかる．これは先の電場の場合と比べると，形状の影響，符号の 2 つの点において異なっている．

12.5 相互作用のループ

外部電場 $\boldsymbol{E}_0$ と実際に双極子にかかる電場 $\boldsymbol{E}\ (=\boldsymbol{E}_{\mathrm{L}})$ が異なったものになる最大の原因は，分極の分布によって生じるみかけの電荷による電場である．媒質の形状が扁長の場合には，この影響が無視できて，$\boldsymbol{E} \sim \boldsymbol{E}_0$ であり，

$$\boldsymbol{P} = \varepsilon_0 \chi_{\mathrm{e}} \boldsymbol{E}_0 \quad (\text{扁長円柱}) \tag{12.34}$$

が成り立つ．扁平な形状の場合，この仮定が成り立たない．まず，外場に対して

$$\boldsymbol{P}_1 = \varepsilon_0 \chi_{\mathrm{e}} \boldsymbol{E}_0 \tag{12.35}$$

なる分極が生じる．このようにして出来た分極 $\boldsymbol{P}_1$ は，式 (12.32) から電場 $-\varepsilon_0^{-1}\boldsymbol{P}_1$ を生じる．そして元の電場との合成

$$\boldsymbol{E}_1 = \boldsymbol{E}_0 - \varepsilon_0^{-1}\boldsymbol{P}_1 = (1-\chi_{\mathrm{e}})\boldsymbol{E}_0 \tag{12.36}$$

が媒質に作用することになる．この合成電場 $\boldsymbol{E}_1$ による分極を $\boldsymbol{P}_2$ とすると，

$$\boldsymbol{P}_2 = \varepsilon_0 \chi_{\mathrm{e}} (1-\chi_{\mathrm{e}}) \boldsymbol{E}_0 \tag{12.37}$$

となり，再び電場をつくる．これを繰り返すと*7)，

*7) この逐次的繰り返しは実際に起きているわけではなく，系のダイナミクスにしたがって平衡値に落ち着くのである．

$$\boldsymbol{P}_\infty = \varepsilon_0\chi_e(1-\chi_e+\chi_e^2-\cdots)\boldsymbol{E}_0$$
$$= \varepsilon_0\frac{\chi_e}{1+\chi_e}\boldsymbol{E}_0 \quad (\text{扁平円柱}) \tag{12.38}$$

が得られる．ただし，無限級数が収束するためには，$|\chi_e|<1$ である必要がある．$\chi_e>0$ の場合，外部電場にくらべて，内部電場が

$$\boldsymbol{E} = \boldsymbol{E}_\infty = \frac{1}{1+\chi_e}\boldsymbol{E}_0 \tag{12.39}$$

のように減少し，分極

$$\boldsymbol{P} = \boldsymbol{P}_\infty = \varepsilon_0\chi_e\boldsymbol{E} = \varepsilon_0\frac{\chi_e}{1+\chi_e}\boldsymbol{E}_0 \tag{12.40}$$

も扁長の場合の $\boldsymbol{P}=\varepsilon_0\chi_e\boldsymbol{E}_0$ よりも小さくなっていることがわかる．双極子の数密度や分極率を増した場合，分極の増加率は減少し，次第に飽和してゆくことがわかる．

磁性体の場合，扁平な円柱に対して，磁化による磁場がなく $\boldsymbol{B}\sim\boldsymbol{B}_0$ であり，

$$\boldsymbol{M} = \mu_0^{-1}\chi_m\boldsymbol{B}_0 \quad (\text{扁平円柱}) \tag{12.41}$$

が成り立つ．扁長の円柱磁性体では，$\alpha_m>0$ の場合，外部磁場に対して，内部磁場が

$$\boldsymbol{B} = \boldsymbol{B}_\infty = \frac{1}{1-\chi_m}\boldsymbol{B}_0 \tag{12.42}$$

のように増加し，外部磁場に対する磁化も

$$\boldsymbol{M} = \boldsymbol{M}_\infty = \mu_0^{-1}\chi_m\boldsymbol{B} = \mu_0^{-1}\frac{\chi_m}{1-\chi_m}\boldsymbol{B}_0 \quad (\text{扁長円柱}) \tag{12.43}$$

となり，扁平の場合の $\boldsymbol{M}=\mu_0^{-1}\chi_m\boldsymbol{B}_0$ よりも大きくなっていることがわかる．

このように誘電体と磁性体の場合で，相互作用のループの向きが逆であることが明らかになった．その際，形状の寄与の仕方も逆であることがわかった．

12.5.1　境界条件による解法

線形媒質の場合，上のような無限級数を使用せずとも，$\boldsymbol{D}$ や，$\boldsymbol{H}$ の境界条件を用いることで，簡単に，式 (12.40), (12.43) を求めることができる．簡単のために，軸方向の成分だけを考える．扁平誘電体の場合，内部の電場を E,

電束密度を D, 外部に関するものをそれぞれ E_0, D_0 とおくと,

$$D_0 = \varepsilon_0 E_0, \quad D = \varepsilon_0(1+\chi_\mathrm{e})E \tag{12.44}$$

であるが, 端面での電束密度の法線成分の連続性 ($D_0 = D$) からただちに,

$$E = \frac{1}{1+\chi_\mathrm{e}}E_0, \quad P = \varepsilon_0\frac{\chi_\mathrm{e}}{1+\chi_\mathrm{e}}E_0 \tag{12.45}$$

が得られる. 扁長磁性体についても, 同様に

$$H_0 = \mu_0^{-1}B_0, \quad H = \mu_0^{-1}(1-\chi_\mathrm{m})B \tag{12.46}$$

に対し, 側面での磁場の強さの接線成分の連続性 ($H_0 = H$) から,

$$B = \frac{1}{1-\chi_\mathrm{m}}B_0, \quad M = \mu_0^{-1}\frac{\chi_\mathrm{m}}{1-\chi_\mathrm{m}}B_0 \tag{12.47}$$

が得られる. これは標準的な解き方であるが, 場と媒質の相互作用の様子を見逃してしまうおそれがある.

12.6 回転楕円体

これまで, 円柱を用いて議論してきたが, 回転楕円体を用いると扁平と扁長の中間の状況を議論することができる. 回転楕円体 (一般に楕円体) は一様に分極あるいは磁化させた場合, それが内部につくる場が場所によらず一定であるという著しい特徴を持っている. この性質のために, 軸に沿って一様な外場を印加した状況において, 媒質内部の場と分極 (あるいは磁化) をそれぞれ 1 つの変数で表すことが許される. したがって, 実用上はともかく, 形状の扁平さ (細長さ) が, 内部場に及ぼす影響を定量的に調べるには格好のモデルである.

12.6.1 回転楕円体の内部電場

回転楕円体 (z 軸まわり)

$$\frac{x^2+y^2}{a^2} + \frac{z^2}{c^2} = 1 \tag{12.48}$$

が, $\boldsymbol{P} = P\boldsymbol{e}_z$ で一様に分極しているとする. この場合, みかけの電荷 $-\operatorname{div}\boldsymbol{P}$

は楕円体内部に一様な電場 $\boldsymbol{E} = E\boldsymbol{e}_z$ をつくることが知られている*8). 比 $\hat{f} = \varepsilon_0 E/P$ は楕円体の形状，すなわち $\kappa = a/c$ のみによって決まる．この電気的形状因子 $\hat{f}(\kappa)$ の関数形を具体的に求めてみよう．

x-z 断面 $(y=0)$ に注目する．楕円上の点 (x,z) $(x>0, z>0)$ における（外向き）法線ベクトルは，$\boldsymbol{n} = \boldsymbol{e}_x\cos\phi + \boldsymbol{e}_z\sin\phi$, $\tan\phi = (a^2/c^2)(z/x)$ である．みかけの表面電荷密度は，$P' = \boldsymbol{P}\cdot\boldsymbol{n} = P\sin\phi$ なので，線要素 $\mathrm{d}s = \mathrm{d}x/\sin\phi$ を z 軸まわりに回転した帯状領域の面積にある電荷は

$$\mathrm{d}Q = P\sin\phi\frac{\mathrm{d}x}{\sin\phi}(2\pi x) = 2\pi Px\mathrm{d}x. \tag{12.49}$$

この電荷が原点につくる電束密度は

$$\begin{aligned}\mathrm{d}D &= -\frac{\mathrm{d}Q}{4\pi}\frac{1}{x^2+z^2}\frac{z}{\sqrt{x^2+z^2}} = -\frac{P}{2}\frac{xz}{(x^2+z^2)^{3/2}}\mathrm{d}x \\ &= \frac{P}{2}\kappa^2\frac{z^2}{[a^2+(1-\kappa^2)z^2]^{3/2}}\mathrm{d}z.\end{aligned} \tag{12.50}$$

$x\mathrm{d}x = -\kappa^2 z\mathrm{d}z$ を用いた．これを楕円全体について積分すると，

$$D = P\int_c^0 \frac{\kappa^2 z^2}{[a^2+(1-\kappa^2)z^2]^{3/2}}\mathrm{d}z. \tag{12.51}$$

球 $(\kappa=1)$ の場合には $D=-P/3$，すなわち $\hat{f}(1) = D/P = -1/3$ となることは容易にわかる．

扁長楕円体 $(0\le\kappa<1)$ の場合には，$t = \sqrt{1-\kappa^2}z/a$ と置いて，

$$\begin{aligned}\hat{f}(\kappa) &= -\frac{\kappa^2}{(1-\kappa^2)^{3/2}}\int_0^{\sqrt{1-\kappa^2}/\kappa}\frac{t^2}{(1+t^2)^{3/2}}\mathrm{d}t \\ &= -\frac{\kappa^2}{(1-\kappa^2)^{3/2}}\left(-\sqrt{1-\kappa^2}+\tanh^{-1}\sqrt{1-\kappa^2}\right).\end{aligned} \tag{12.52}$$

ここで，次の積分公式を用いた:

$$\int\frac{t^2}{(1+t^2)^{3/2}}\mathrm{d}t = -\frac{t}{\sqrt{1+t^2}}+\sinh^{-1}t. \tag{12.53}$$

---

*8) このことは，回転楕円体座標という曲線座標系を用いれば，少しの面倒な計算によって示すことができる[3],[4]．ここでは，中心の電場，磁場だけを求めることにする．

扁平楕円体 $(1 < \kappa)$ の場合には，$t = \sqrt{\kappa^2 - 1}z/a$ とおいて，

$$\hat{f}(\kappa) = -\frac{\kappa^2}{(\kappa^2-1)^{3/2}} \int_0^{\sqrt{\kappa^2-1}/\kappa} \frac{t^2}{(1-t^2)^{3/2}} \mathrm{d}t$$
$$= -\frac{\kappa^2}{(\kappa^2-1)^{3/2}} \left(\sqrt{\kappa^2-1} - \tan^{-1}\sqrt{\kappa^2-1} \right). \quad (12.54)$$

ここで，次の積分公式を用いた:

$$\int \frac{t^2}{(1-t^2)^{3/2}} \mathrm{d}t = \frac{t}{\sqrt{1-t^2}} - \sin^{-1} t. \quad (12.55)$$

12.6.2 回転楕円体の内部磁場

回転楕円体が，$\boldsymbol{M} = M\boldsymbol{e}_z$ で一様に磁化しているとする．この場合，みかけの電流 $\mathrm{curl}\,\boldsymbol{M}$ は楕円体内部に一様な磁場 $\boldsymbol{B} = B\boldsymbol{e}_z$ をつくることが知られている．磁気的形状因子 $\hat{g}(\kappa) = \mu_0^{-1}B/M$ を求めてみよう．

みかけの表面電流の線密度は，$M' = (\boldsymbol{M} \times \boldsymbol{n}) \cdot (-\boldsymbol{e}_y) = M\cos\phi$．線要素 $\mathrm{d}s = \mathrm{d}x/\sin\phi$ を z 軸まわりに回転した帯状領域の電流モーメントは

$$\mathrm{d}C = M\cos\phi \frac{\mathrm{d}x}{\sin\phi}(2\pi x) = 2\pi M(\cot\phi)\, x\mathrm{d}x. \quad (12.56)$$

この電流モーメントが原点につくる磁場は

$$\mathrm{d}H = \frac{\mathrm{d}C}{4\pi}\frac{1}{x^2+z^2}\frac{x}{\sqrt{x^2+z^2}} = \frac{M}{2}\frac{c^2}{a^2}\frac{x^3/z}{(x^2+z^2)^{3/2}}\mathrm{d}x$$
$$= -\frac{M}{2}\frac{a^2-\kappa^2z^2}{[a^2+(1-\kappa^2)z^2]^{3/2}}\mathrm{d}z. \quad (12.57)$$

楕円全体について積分すると，

$$H = -M\int_c^0 \frac{a^2-\kappa^2z^2}{[a^2+(1-\kappa^2)z^2]^{3/2}}\mathrm{d}z. \quad (12.58)$$

球 $(\kappa = 1)$ の場合には，$H = 2M/3$，すなわち $\hat{g}(1) = H/M = 2/3$ となることは容易にわかる．$\hat{f}(\kappa)$ の場合と同じように，$0 \le \kappa < 1$, $1 < \kappa$ の場合に分けて積分すればよいが，積分 (12.51), (12.58) の形から

$$\hat{g}(\kappa) - \hat{f}(\kappa) = 1 \quad (12.59)$$

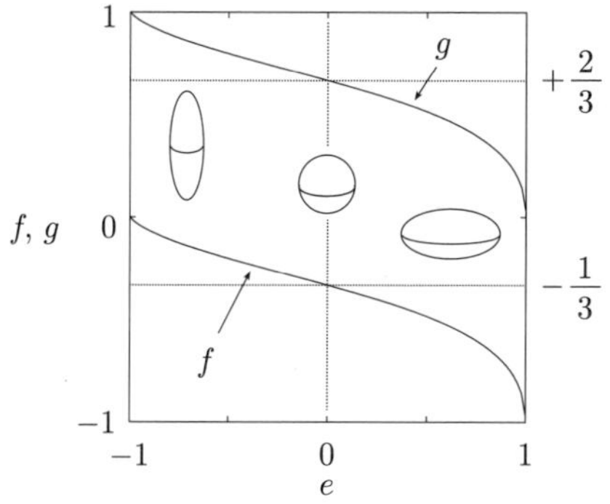

図 12.5　軸方向に一様に分極（磁化）した回転楕円体の内部の場．$-1 < e < 0$, $e = 0$, $0 < e < 1$ はそれぞれ，扁長，球，扁平に対応する．f は分極，g は磁化に関するもの．

であることが示せるので，$\hat{g}(\kappa)$ をわざわざ求める必要はない．導出のために次の積分公式を用いればよい:

$$\int \frac{\mathrm{d}t}{(1 \pm t^2)^{3/2}} = \frac{t}{\sqrt{1 \pm t^2}}. \tag{12.60}$$

さらに，式の簡単化のために κ の代わりにパラメータ

$$e := (\kappa^2 - 1)/(\kappa^2 + 1) \tag{12.61}$$

を導入し，$f(e) = \hat{f}(\kappa)$, $g(e) = \hat{g}(\kappa)$ とおく．$-1 < e < 0$, $e = 0$, $0 < e < 1$ がそれぞれ，扁長，球，扁平に対応する．これによって，形状因子を

$$-f(e) = 1 - g(e) = \frac{1+e}{2e}\left(1 - \sqrt{\frac{1-e}{2e}}\tan^{-1}\sqrt{\frac{2e}{1-e}}\right) \tag{12.62}$$

とまとめて表すことができる．ただし，$e < 0$ の場合は $\tan^{-1} \mathrm{i}\alpha = \mathrm{i}\tanh^{-1}\alpha$ と解釈する．図 12.5 に $f(e)$, $g(e)$ をプロットしておく．

12.7　非等方粗視化関数を用いた場合の微分公式

クーロンポテンシャルの微分公式 (7.42) の導出においては，粗視化関数あるいは原型関数の球対称性が暗黙のうちに利用されている．球対称は条件として

厳しすぎるので軸対称の場合を調べておこう．微分公式から導出された，電気双極子と微小環状電流がつくる場や，運動する点電荷に対するアンペール-マクスウェルの式も軸対称な場合への一般化が必要である．

3軸まわりの軸対称性を仮定し，電気双極子を $\boldsymbol{p} = p\boldsymbol{e}_3$，微小環状電流を $\boldsymbol{m} = m\boldsymbol{e}_3$ とおく．

一様に分極（磁化）した小さい回転楕円体を粗視化した電気双極子（微小環状電流）と見なす．分極した回転楕円体が外部につくる電場と磁化された回転楕円体が外部につくる磁場が相似であることは，計算で確かめることができる．したがって，回転楕円体の場合，デルタ関数特異性と内部場を同一視することができる．分極した回転楕円体の内部場は

$$\boldsymbol{D}_{\rm int}(\boldsymbol{x}) = f(e)\boldsymbol{P}\Pi(\boldsymbol{x}) = f(e)\boldsymbol{p}\frac{\Pi(\boldsymbol{x})}{V} \overset{V\to 0}{\to} f(e)\boldsymbol{p}\delta^3(\boldsymbol{x}) \quad (12.63)$$

である．ただし，$\Pi(\boldsymbol{x})$ は回転楕円体の特性関数（内部で1，外部で0），$V\ (\to 0)$ は体積である．磁化した回転楕円体の内部場も同様にして，$\boldsymbol{H}_{\rm int}(\boldsymbol{x}) \to g(e)\boldsymbol{m}\delta^3(\boldsymbol{x})$ であることがわかる．すなわち，回転楕円体の場合，特異性が内部にぴたりと閉じ込められている．

このことから，電気双極子の場 (9.3) と微小環状電流の場 (9.7) はそれぞれ以下のように修正することができる:

$$\begin{aligned}\boldsymbol{D}(\boldsymbol{x}) &= \boldsymbol{\nabla}(\boldsymbol{\nabla}\cdot\boldsymbol{p})\frac{1}{4\pi r}\\ &= \frac{1}{4\pi}\left(-\frac{\boldsymbol{p}}{r^3} + \frac{3\boldsymbol{x}(\boldsymbol{p}\cdot\boldsymbol{x})}{r^5}\right) + \boldsymbol{p}f(e)\delta^3(\boldsymbol{x}) \qquad (12.64)\\ \boldsymbol{H}(\boldsymbol{x}) &= \boldsymbol{\nabla}\times(\boldsymbol{\nabla}\times\boldsymbol{m})\frac{1}{4\pi r}\\ &= \frac{1}{4\pi}\left(-\frac{\boldsymbol{m}}{r^3} + \frac{3\boldsymbol{x}(\boldsymbol{m}\cdot\boldsymbol{x})}{r^5}\right) + \boldsymbol{m}g(e)\delta^3(\boldsymbol{x}). \qquad (12.65)\end{aligned}$$

デルタ関数の特異性の大きさが偏平度 e の関数になっている．

これらの場を比較するために，$\boldsymbol{p} = \boldsymbol{m}/c$ の場合の差 $\boldsymbol{D} - \boldsymbol{H}/c$ を計算する．$c \overset{\rm SI}{\sim} {\rm m/s}$ は次元を合わせるためのものであり，大きさは問題にならない．すると，

$$\boldsymbol{D} - \frac{\boldsymbol{H}}{c} = \triangle\frac{\boldsymbol{p}}{4\pi r} = \boldsymbol{p}[f(e) - g(e)]\delta^3(\boldsymbol{x}) = -\boldsymbol{p}\delta^3(\boldsymbol{x}) \quad (12.66)$$

が得られる．このように，電気双極子場と微小環状電流場には，偏平度 e によ

らず，(源を単位に測って) デルタ関数 1 つ分だけの差があるという，大変興味深い結果が得られた．

微分公式 (7.42) は，$\mathsf{I}/3$ をトレースが 1 の対角テンソル $\mathsf{K}(e)$ に置き換えたものになる:

$$
\begin{aligned}
\boldsymbol{\nabla}\boldsymbol{\nabla}\frac{1}{r} &= -\frac{\mathsf{I}}{r^3} + 3\frac{\boldsymbol{x}\boldsymbol{x}}{r^5} - 4\pi\mathsf{K}(e)\delta^3(\boldsymbol{x}), \\
\mathsf{K}(e) &= \frac{1}{2}g(e)(\boldsymbol{e}_1\boldsymbol{e}_1 + \boldsymbol{e}_2\boldsymbol{e}_2) - f(e)\boldsymbol{e}_3\boldsymbol{e}_3.
\end{aligned}
\tag{12.67}
$$

当然，$\mathsf{K}(0) = \mathsf{I}/3$ である．トレース $\mathrm{Tr}\,\mathsf{K}(e) = g(e) - f(e) = 1$ が e によらないので，点電荷に対するポアソンの式 (7.50) はつねに成り立つ．

電磁気学でよく用いられる**縦平均**，**横平均** [9] はそれぞれ，扁長極限 ($e = -1$)，扁平極限 ($e = 1$) の粗視化関数の使用に対応している．問題に応じて粗視化関数を使い分けてデルタ関数の出現をコントロールしていると考えられる．縦平均では $\boldsymbol{D}$ の，横平均では $\boldsymbol{H}$ の特異性が消える．ただし，$f(e)$ と $g(e)$ を同時に 0 にはできないので注意が必要である．また，粗視化関数は少なくとも 1 つの方程式内では一貫して同じものを使わないと，誤った結果をもたらす可能性がある．また，偏平度をいくら変化させても，電気双極子と微小環状電流の特異性を入れ替えることはできないことにも注意する．

問題 12.8　図 9.5 を縦平均，横平均の観点から議論せよ．

12.8　帰還回路モデル

回転楕円体における分極と内部電場，磁化と内部磁場の関係を求めることができた．次に外部場と内部場の関係を調べることにする．そのために回路モデルを導入する．

図 12.6 に示した回路中の箱は係数回路（増幅器または減衰器）を，$\oplus$ は加算回路を表している．また矢印は信号の流れを示している．入力 x_{I} と出力 x_{O} を関係づけるのに，2 つの係数回路 A_0 と β が関与している．2 つの式

$$
x_{\mathrm{O}} = A_0 x, \quad x = x_{\mathrm{I}} + \beta x_{\mathrm{O}} \tag{12.68}
$$

から，x を消去すると，入力と出力の関係

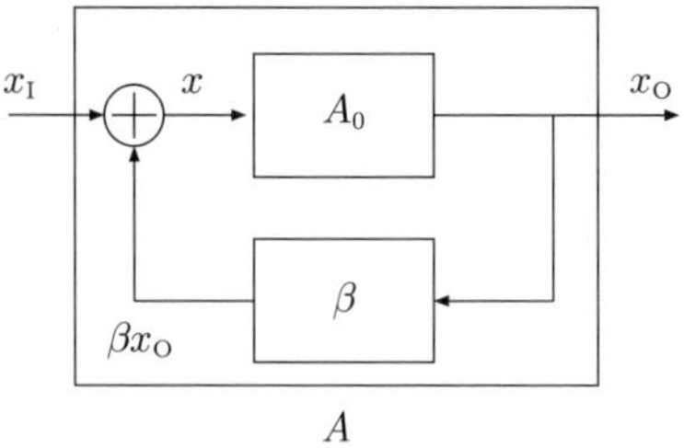

図 12.6　内部に帰還を持つ回路．入力 x_I と，出力 x_O に比例する βx_O の和 $x = x_\mathrm{I} + \beta x_\mathrm{O}$ が A_0 倍に増幅されて出力 x_O となる．

$$x_\mathrm{O} = \frac{A_0}{1 - A_0\beta} x_\mathrm{I} = A x_\mathrm{I} \tag{12.69}$$

が得られる．このように，出力の一部が入力に戻っている回路は**帰還回路** (feedback circuit) と呼ばれる．帰還の程度は，**ループ利得**と呼ばれる $A_0\beta$ に支配されている．$A_0\beta > 0$ の場合は正帰還と呼ばれ，$|A| > |A_0|$ が成り立つ．ただし，$A_0\beta \geq 1$ で系は不安定になる．$A_0\beta < 0$ の場合は負帰還と呼ばれ，$|A| < |A_0|$ が成り立つ．特に，$|A_0\beta| \gg 1$ の場合には，$A \sim -1/\beta$ となる．いずれにせよ，帰還が小さい場合，すなわち $|A_0\beta| \ll 1$ の場合には，$A \sim A_0$ であり，帰還の影響はない．

式 (12.69) を利用すれば，外場と分極（磁化）の関係や，外場と内部場の関係を求めることができる．

回転楕円体の内部の場は空間的に一様なので，少数の変数で議論を進めることができ，好都合である．誘電体の場合に必要な関係式は，

$$P = \varepsilon_0 \chi_\mathrm{e} E = \varepsilon_0 \chi_\mathrm{e}(E_0 + E_\mathrm{A}), \quad E_\mathrm{A} = \varepsilon_0^{-1} f(e) P \tag{12.70}$$

である．E_0 は外部場，P は分極，E_A は分極による場，E は内部場である．$f(e) < 0$ は形状因子である．同様に，磁性体の場合には，

$$M = \mu_0^{-1} \chi_\mathrm{m} B = \mu_0^{-1} \chi_\mathrm{m}(B_0 + B_\mathrm{A}), \quad B_\mathrm{A} = \mu_0 g(e) M \tag{12.71}$$

である．$g(e) > 0$ は形状因子である．これらの式を，回路的に表したものが，図 12.7 である．

したがって，誘電体の場合のループ利得は，$\chi_\mathrm{e} f(e)$，同様に磁性体の場合は

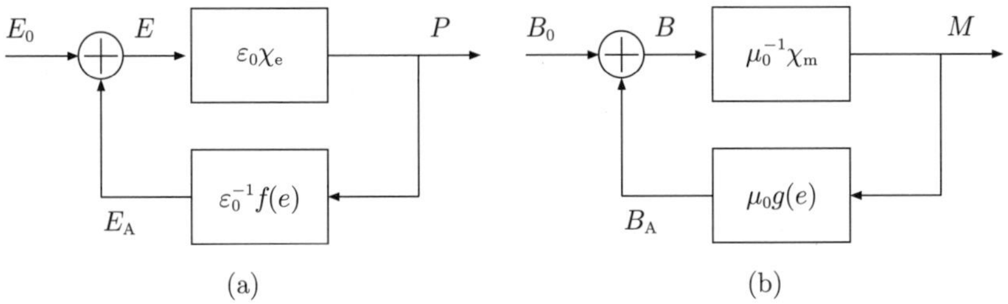

図 12.7 (a) 誘電体，(b) 磁性体の帰還回路モデル．

$\chi_m g(e) = \chi_m(1 - f(e))$ である．$f(e) \geq 0$, $g(e) \leq 0$ なので，χ_e, χ_m の符号の帰還の正負への関与が逆になっている．また形状の寄与も異なっていることに注意する．

12.9 磁極 — 廃棄されるべき概念

磁化をつくる要素は小さい環状電流である．しかし，電気双極子とのアナロジーを利用するために，正負の磁荷（磁気単極）の対，すなわち「磁気双極子」の集まりとして磁化を説明しようという考え方がしばしば用いられる．この考え方は思考の節約になるように見えるので，拙速に受け入れられがちであるが，物理的な状況との対応は非常に悪い．ここではわれわれの立場から磁極モデルがどのようなものであるかを調べ，その不適切さを明らかにしておこう．

これまで見てきたように，磁性体中では平均磁束密度 $\boldsymbol{B}$ が基本的な量であり，これによって（ローレンツ力を通して），磁化 $\boldsymbol{M}$ がつくられる．さらに，みかけの電流密度 $\mathrm{curl}\,\boldsymbol{M}$ によって，もとの磁束密度 $\boldsymbol{B}$ が影響を受け，それによって，$\boldsymbol{M}$ が変化するというループが形成されていた．これを式で書くと

$$\mathrm{curl}(\mu_0^{-1}\boldsymbol{B}) = \mathrm{curl}\,\boldsymbol{M}, \quad \mathrm{div}\,\boldsymbol{B} = 0, \quad \boldsymbol{M} = \mu_0^{-1}\chi_m\boldsymbol{B} \tag{12.72}$$

が満たされる平衡状態に落ち着くことを意味する．ここで，$\boldsymbol{H} = \mu_0^{-1}\boldsymbol{B} - \boldsymbol{M}$ を導入すると，より簡単に

$$\mathrm{curl}\,\boldsymbol{H} = 0, \quad \mathrm{div}\,\boldsymbol{B} = 0, \quad \boldsymbol{H} = \mu_0^{-1}(1 - \chi_m)\boldsymbol{B} \tag{12.73}$$

と書ける．一方，静電場についても，式 (12.72) と同様の式

$$\mathrm{curl}\,\boldsymbol{E} = 0, \quad \mathrm{div}(\varepsilon_0\boldsymbol{E}) = -\,\mathrm{div}\,\boldsymbol{P}, \quad \boldsymbol{P} = \varepsilon_0\chi_e\boldsymbol{E} \tag{12.74}$$

が得られるが，みかけの電荷密度の項 $(-\operatorname{div}\boldsymbol{P})$ が 1 番目の式ではなく，2 番目の式に含まれている点が本質的な違いであった．しかし，この差異の物理的意味を忘れて，静電場の場合との表面的なアナロジを追求すると，式 (12.73) に対して

$$\operatorname{curl}\boldsymbol{H}=0, \quad \operatorname{div}(\mu_0\boldsymbol{H})=-\operatorname{div}(\mu_0\boldsymbol{M}), \quad \boldsymbol{M}=\chi'_{\mathrm{m}}\boldsymbol{H} \qquad (12.75)$$

のような変形ができる*9)．ただし，$\chi'_{\mathrm{m}}=\chi_{\mathrm{m}}/(1-\chi_{\mathrm{m}})$ である．ここで，$-\operatorname{div}(\mu_0\boldsymbol{M})$ はみかけの“磁荷”を与えており，$\mu_0\boldsymbol{M}$ は“磁気双極子”の密度と見なすことができる．単位は，$\mathrm{H/m}\times\mathrm{A/m}=\mathrm{Wb/m^2}=\mathrm{Wb\cdot m/m^3}$ で，磁荷の単位が Wb であることを考えると辻褄は合っている．

式 (12.72) から式 (12.75) の過程は，式の変形としては正しいものであるが，磁極モデルは，磁荷という眼下に存在しないものを導入するという点では無理のある方法である．また，$\boldsymbol{B}$ は物質内部でも平均的磁束密度という明瞭な物理的意味をもっているのに対して，$\boldsymbol{H}$ については対応するミクロな量を見いだすことはできない．このような量を基本量とすることに無理がある．そもそも，本来相補的であるべき電場と磁場の関係を無理に対称的，対立的に取り扱おうとしている点が問題である．

また，環状電流モデルと磁極モデルという*10)，2 つの見方の混用によって，さまざまな間違いが生じる可能性がある*11)．

紛らわしい例を見ておこう．磁極モデルと環状電流モデルを比べると，形状の内部場への影響も逆になっている．磁極モデルに対しては，扁平な磁性体の

---

*9) さらにアナロジを徹底するため，$\boldsymbol{M}'=\mu_0\chi'_{\mathrm{m}}\boldsymbol{H}$ を磁化と定義する場合もある．この場合，磁化の単位は磁束密度と同じ $\mathrm{Wb/m^2}=\mathrm{T}$ となる．ケネリー (Kennelly) 流と呼ばれるものである．本書ではゾンマーフェルト (Sommerfeld) 流を採る [46]．

*10) 磁極モデルは，N 極，S 極などと，小学校以来，長年に亙って徹底的に刷込まれているために，完全脱却は至難である（図 12.8）．思考の節約という素朴な動機で利用されてきた磁極モデルは，その純朴な意図とは裏腹に，解消しがたい混乱と悪影響を引き起こしてしまっている．記法や名称などすべてが，誤った方向への引力として働いている．

*11) 永久磁石や鉄芯入りの電磁石を扱う場合には磁荷の集合としての磁極を導入することが一般的である．その際，磁荷間の力として磁気的クーロンの法則 (9.42) が天下りに与えられることも多い．電磁気学はマクスウェル方程式で完全に記述できるといいながら，裏口からこっそり磁荷を持ち込んでいる場合が多い．ソレノイドモデル (9.41) の存在を知っていれば，磁極や磁荷を「廃棄する」ことにそれほど抵抗を覚えずに済むのではないだろうか．

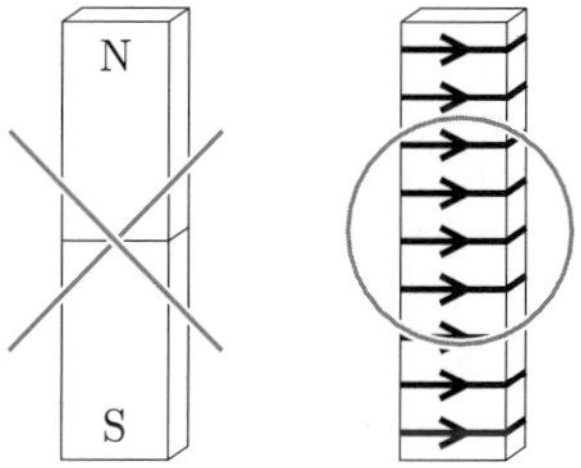

図 12.8　永久磁石の向きの間違った表示と，正しい表示（の例）．不適切な概念である磁極に名前をつけるより，みかけの電流の向きを示す方が合理的である．電磁石との対応もよい．

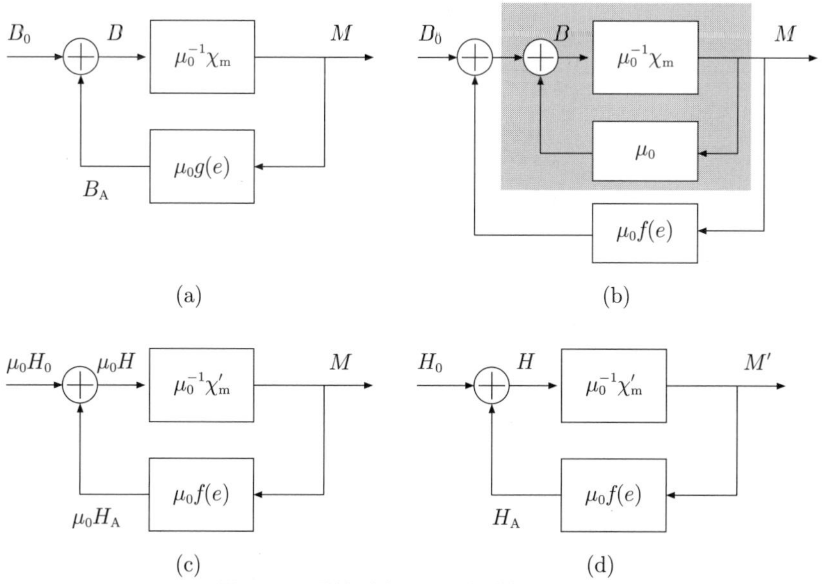

図 12.9　環状電流モデルと磁極モデル．

方が内部場への影響が大きいという，式 (12.33) とは逆の結論が導ける．この違いを帰還モデルを用いて説明する．図 12.9 (a) は環状電流モデルに対する帰還回路である．磁気的形状因子 $g(e)$ (>0) が帰還路に現れている．図 12.9 (b) は等式 (12.59) に基づいて

$$\mu_0 g(e) = \mu_0 + \mu_0 f(e) \tag{12.76}$$

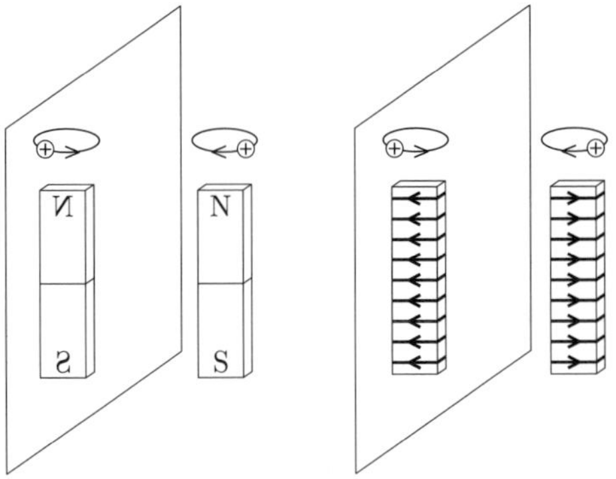

図 12.10　永久磁石とその上でサイクロトロン運動する電荷を鏡に映した様子．回転運動は逆向きになるので，磁場の向きも反転させる必要がある．磁極モデルでは磁場の反転をうまく説明できない．

のように帰還路を2つに分けたものである．灰色の部分を式(12.69)を用いて1つの回路に書き直したものが，図12.9(c)である．ここで，

$$\mu_0^{-1}\chi_\mathrm{m}' = \mu_0^{-1}\frac{\chi_\mathrm{m}}{1-\chi_\mathrm{m}} \tag{12.77}$$

が成り立っている．この回路は線形回路なので，各部の量を定数倍しても構わない．各部の量を μ_0 で割ったものが，図12.9(d)である．$M' = M/\mu_0$ と置いた．このようにして，帰還路に電気的形状因子 $f(e)$ (< 0) が現れるようになり，図12.7(a)の電場の場合と対称になった．

環状電流モデルでは，$\chi_\mathrm{m} > 0$ の場合，正帰還によって実質感受率が増加する．この"増磁"は扁長であるほど，すなわち e が -1 に近いほど大きい．これに対して，磁極モデルでは，帰還を最大にかけた状態（図12.9(b)の灰色の部分）を基準に考えている，すなわち，$g(-1) = 1$ に相当する正帰還を掛けているので，$e \neq -1$ では実質感受率が減少しているように見える．したがって，"減磁"は，$e = +1$，すなわち扁平な極限で最大になる．よく使われている減磁係数は磁極モデルに付随しているものであり，環状電流モデルを採用する場合には，不適切な概念となるので注意が必要である．よく用いられる磁気2重層や磁位なども磁極モデルに固有の概念であり，環状電流モデルと両立しない（図9.5）．

図12.10に磁極モデルの不都合の例を示す．

12.10 $\boldsymbol{EB}$ 対応と $\boldsymbol{EH}$ 対応

磁極モデルは H を磁場に関する基本的な量と位置づけ，電場 E と対称的に扱おうとするものである．これを EH 対応と呼ぶ．それに対して，環状電流モデルでは，B を基本的な量と考え，E と対応づけるが，こちらは EB 対応と呼ばれる．これまでの議論から，一貫して EB 対応を採用すべきであることは明らかであろう*12)．しかし，EB 対応において，E と B を重視するあまり，D と H を電磁気の記述から排除しようとする傾向が見受けられる*13)．これは $\epsilon_0 = \mu_0 = 1$ とする CGS ガウス単位系の余韻や，スカラー・ベクトルパラダイムに起因すると考えられる．実際，記法の異なる真空の構成方程式

$$\boldsymbol{D} = \boldsymbol{E}, \qquad \boldsymbol{H} = \boldsymbol{B} \qquad \text{(CGS ガウス単位系)}$$

$$\boldsymbol{D} = \varepsilon_0 \boldsymbol{E}, \qquad \boldsymbol{H} = \mu_0^{-1} \boldsymbol{B} \qquad \text{(ベクトル，SI 単位系)}$$

$$\mathsf{D} = \varepsilon_0 \mathcal{E} \cdot \boldsymbol{E}, \quad \boldsymbol{H} = \frac{1}{2} \mu_0^{-1} \mathcal{E} : \mathsf{B} \quad \text{(反対称テンソル，SI 単位系)}$$

を比較すると，枠組によって見え方はすっかり変わることがわかるだろう（図 5.6, 14.1 も見よ）．電磁気学の構造を理解すれば，真空中の場合においてさえ，D, H はそれぞれ固有の意味を担っており，簡単に消去すべきものではないことは明白である．

12.11 原子の超微細構造

12.11.1 微視的磁気モーメント

電荷 q を持った質量 m_q の質点が半径 r，角周波数 ω で円運動をしている場合を考える．その角運動量は $L_q = m_q(r\omega)r = m_q\omega r^2$，磁気モーメントは $\mu_q = q(\omega/2\pi)(\pi r^2) = q\omega r^2/2$ である．磁気モーメントは角運動量に比例しており，その比は $\mu_q/L_q = q/2m_q$（比電荷の半分）で与えられる．この古典力学の関係式は量子力学で記述されるミクロな軌道運動にもあてはまることが知

*12) 現在では本格的な電磁気学の教科書の大方が EB 対応の立場で書かれている．しかし，大学初年向きの教科書の多くに EH 対応の影響が色濃く残っていることは残念である．

*13) 補助場とよんだり，名前を剥奪すべしとの提案も多い．

られている．量子論では軌道角運動量は (ベクトル) 演算子 $\hbar\boldsymbol{L}$ で表される．このように $\hbar$ で規格化しておくと，その大きさ（量子化軸成分の最大固有値）L が整数になる．$\hbar$ は角運動量の次元を持つことに注意する．$\hbar L$ に対応する磁気モーメントは

$$\mu_L = -\frac{e}{2m_e}\hbar L = -\mu_{\mathrm{B}} L \tag{12.78}$$

である．ここで e は素電荷，m_e は電子質量である．対応する量子化された磁気モーメントの大きさ $\mu_{\mathrm{B}} = e\hbar/2m_e$ はボーア磁子と呼ばれている．

ボーア磁子のおよその値は $\mu_{\mathrm{B}} = 9.27 \times 10^{-24}\,\mathrm{Am}^2$ である．これは1つの原子が持ちうる磁気モーメントのオーダを与えている．これに典型的な数密度 $N = 10^{29}\,\mathrm{m}^{-3}$ を掛けると磁化 $M = \mu_{\mathrm{B}} N \sim 10^6\,\mathrm{A/m}$ が得られるが，これを磁束密度に換算すると $B = \mu_0 M \sim 1\mathrm{T}$ という値になる．

電子のスピン（内部角運動量）の $\hbar$ を単位に測った大きさは $S = 1/2$ であるが，対応する磁気モーメント μ_e は式 (12.78) から予想される値の約2倍

$$\mu_e = -g_e \mu_{\mathrm{B}}/2 \sim -\mu_{\mathrm{B}} \tag{12.79}$$

をとることが知られている．$g_e \sim 2$ は電子の g 因子と呼ばれる無次元量である．一様に帯電した球体が自転している場合には式 (12.78) がそのまま適用でき，$g_e = 1$ となるはずである．これは，電子スピンに対しては古典的な自転モデルが使えないことを意味している[*14)]．$g_e = 2$ の説明にはシュレディンガー方程式を相対論化したディラック方程式が，g_e の2からのずれの計算には電磁場の量子論が必要とされる．

複数の種類の角運動量が関与する場合には，$g \neq 1$ となることは簡単に示せる（同じ質量で逆電荷を持つ2つの質点が同じ角運動量を持って回転している場合を考えると $g = 0$ となる）．

---

*14) だからといって磁極モデルを使えばよいというわけではない．スピンに古典的な意味での電流を見出すことはできないが，同じ磁場をつくり，外部磁場から同じ作用を受けるという点で，微小環状電流モデルを用いることは差し支えない．逆にスピンを持つ粒子に無理に「極」を貼りつけると，以下のように空間反転 (P) 対称性や時間反転 (T) 対称性において矛盾をきたす: $(\boldsymbol{S}, \boldsymbol{\mu}_e) \xrightarrow{P} (\boldsymbol{S}, -\boldsymbol{\mu}_e)$, $(\boldsymbol{S}, \boldsymbol{\mu}_e) \xrightarrow{T} (-\boldsymbol{S}, \boldsymbol{\mu}_e)$.

12.11.2　電子スピンのつくる磁場

分極あるいは磁化が分布している場合，その内部にできる場について調べてきたが，そのような場の実例をみておこう．

原子内の電子はそのスピン $\hbar\boldsymbol{S}$ に比例した磁気モーメントを持っている．原子核も同様にスピン $\hbar\boldsymbol{I}$ に比例した磁気モーメントを持っている．原子核は磁化した電子の雲の中にあり，その内部磁場の影響を受けているはずである．

球対称な磁化分布を考えよう．磁化の方向を z 軸にとった円筒座標，あるいは極座標を用いると，

$$\boldsymbol{M}(\boldsymbol{x}) = M(r)\boldsymbol{e}_z = M(r)(\cos\theta\boldsymbol{e}_r - \sin\theta\boldsymbol{e}_\theta) \tag{12.80}$$

と表せる．みかけの電流密度

$$\boldsymbol{J}(\boldsymbol{x}) = \mathrm{curl}\,\boldsymbol{M}(\boldsymbol{x}) = -\sin\theta\frac{\mathrm{d}M}{\mathrm{d}r}\boldsymbol{e}_\phi = J_\phi(r,\theta)\boldsymbol{e}_\phi \tag{12.81}$$

が原点につくる磁場は対称性から，z 成分だけになるが，ビオ-サバールの式を利用すると

$$\begin{aligned} H_z(0) &= \frac{1}{4\pi}\int_0^\infty\int_0^\pi\int_{-\pi}^\pi \mathrm{d}r(r\mathrm{d}\theta)(r\sin\theta\mathrm{d}\phi)J_\phi r^{-2}\sin\theta \\ &= -\frac{1}{2}\int_0^\infty\int_0^\pi \mathrm{d}r(r\mathrm{d}\theta)(r\sin\theta)\sin\theta\frac{\mathrm{d}M}{\mathrm{d}r}r^{-2}\sin\theta \\ &= -\frac{1}{2}\int_0^\infty\int_0^\pi \mathrm{d}r\mathrm{d}\theta\sin^3\theta\frac{\mathrm{d}M}{\mathrm{d}r} \\ &= -\frac{2}{3}\int_0^\infty \frac{\mathrm{d}M}{\mathrm{d}r}\mathrm{d}r = \frac{2}{3}(M(0)-M(\infty)) = \frac{2}{3}M(0) \end{aligned} \tag{12.82}$$

のように求めることができる．$M(\infty)=0$ とした．式 (12.71) で $e=0$ としたものに一致することに注意する．

さて電子の波動関数を $\psi(\boldsymbol{x})$ とすると，スピンの分布（密度）は，$|\psi(\boldsymbol{x})|^2\hbar\boldsymbol{S}$ と書ける．それに伴う磁化は，

$$\boldsymbol{M}(\boldsymbol{x}) = -g_e\mu_\mathrm{B}|\psi(\boldsymbol{x})|^2\boldsymbol{S} \tag{12.83}$$

である．磁化中の磁場 $\boldsymbol{B}_\mathrm{local}(0)$ は，式 (12.82) から

$$\boldsymbol{B}_\mathrm{local}(0) = \frac{2}{3}\mu_0\boldsymbol{M}(0) \tag{12.84}$$

で与えられる．原点 $\boldsymbol{x}=0$ に原子核の磁気モーメント $\boldsymbol{\mu}_I = g_I\mu_\mathrm{B}\boldsymbol{I}$ が存在するので*15)，その磁気的エネルギーは

$$H_\mathrm{HF} = -\boldsymbol{\mu}_I \cdot \boldsymbol{B}_\mathrm{local}(0) = g_I\mu_\mathrm{B}\boldsymbol{I}\cdot\frac{2}{3}\mu_\mathrm{B}\mu_0|\psi(0)|^2\boldsymbol{S} = A\boldsymbol{I}\cdot\boldsymbol{S} \tag{12.85}$$

となる．ここで

$$A = \frac{2}{3}\mu_0 g_I \mu_\mathrm{B}^2|\psi(0)|^2 \tag{12.86}$$

は**超微細構造定数** (hyperfine constant) と呼ばれる量である．水素原子の 1s 電子の波動関数は球対称で $\psi(r) = (1/\sqrt{\pi a_0^3})\mathrm{e}^{-r/a_0}$ である．ただし，$a_0 = 4\pi\varepsilon_0\hbar^2/m_\mathrm{r}e^2$ はボーア半径，$m_\mathrm{r} = (1/m_e + 1/M_\mathrm{p})^{-1}$ は電子質量 m_e，陽子質量 M_p から得られる換算質量である．これらを用いて，

$$A = \frac{2}{3}\mu_0 g_I \frac{e^2\hbar^2}{4m_e^2}\frac{1}{\pi}\alpha^3\frac{m_\mathrm{r}^3c^3}{\hbar^3} = \frac{2}{3}g_I m_e c^2\alpha^4\left(1+\frac{m_e}{M_\mathrm{p}}\right)^{-3}. \tag{12.87}$$

ただし，$\varepsilon_0\mu_0 = c^{-2}$ を用いた．$\alpha = e^2/4\pi\varepsilon_0\hbar c = Z_0e^2/2h$ は**微細構造定数** (fine structure constant) と呼ばれる無次元量である．

電子と原子核のこの相互作用は超微細構造相互作用と呼ばれている．原子のスペクトルを高い分解能 (1 MHz – 1 GHz) で調べてみるとこの相互作用に起因する構造を見ることができる．相互作用の強さ A が，核の位置における電子の波動関数の 2 乗 $|\psi(0)|^2$ で与えられることから，接触相互作用と呼ばれることもあるが，ここでの導出過程からもわかるように，適切な呼び方とはいえない*16)．

時間の単位である秒の定義に現れるセシウム 133 (^{133}Cs) の超微細構造について簡単に説明しておく[14]．セシウムの最外殻にある 1 つの電子 (7s) のスピン $S = 1/2$ は原子核の位置に磁場をつくる．軌道角運動量は $L = 0$ であるので磁場には寄与しない．^{133}Cs の原子核はスピン $I = 7/2$ を持つので，S と I が平行 ($F = 4$) の場合，反平行 ($F = 3$) の場合でエネルギーがわずかに異な

*15)　原子核は電子に比べて質量が大きいので，磁気モーメントの典型的な値は μ_B の約 1/2000 である．

*16)　よく用いられる，原点に小さな孔をあけて，式 (12.82) を導く方法は，誤解の可能性を拡大している．

り，準位が分裂している．ただし，$\boldsymbol{F} = \boldsymbol{L} + \boldsymbol{S} + \boldsymbol{I}$ は（$\hbar$ を単位に測った）原子の全角運動量である．これが超微細構造と呼ばれるものであり，その周波数差 Δf はおよそ 9 GHz である．この 2 準位にマイクロ波を共鳴させることによって，Δf を高い精度で再現性よく測定することができる．このことを利用して第 1 章に述べた秒の定義が採択された．すなわち，$\Delta f = 9\,192\,631\,770\,\mathrm{Hz}$ と定められた．現在，セシウムビームメーザと呼ばれる装置（原子時計）が各国に設置され，連携しながら標準時間を刻んでいる．

12.12 局所場

これまで見てきたように，媒質の中では，外部から加えられた場の他に，分極や磁化の分布に起因するみかけの電荷や電流がつくる巨視的な場も考慮しなければならない．このようにして求められた内部場は，電気双極子や磁気モーメントが感じている局所的な場 $\boldsymbol{E}_{\mathrm{L}}$, $\boldsymbol{B}_{\mathrm{L}}$ と必ずしも等しくはない．まず第一に粗視化のスケールがこれらの局所的な場の計算に適合していない可能性がある．さらに，注目している電気双極子や磁気モーメントがつくる場も平均操作に含められてしまっていることが問題である*17)．ここでは，内部平均場と局所場の差について調べてみよう．$\chi_{\mathrm{e}}^{o} \neq \chi_{\mathrm{e}}$，$\chi_{\mathrm{m}}^{o} \neq \chi_{\mathrm{m}}$ であることに注意する．局所的な場を厳密に求めるのは一般に困難であるが，次のような工夫が行われる．注目している点を中心に適当な半径の球 B_a を考える．半径 a は平均化された場が巨視的な値に十分近づく程度には大きく，しかし無闇には大きくしないでおく．そして局所場 E_{local} が，外場 $\boldsymbol{E}_0$，みかけの電荷による場 $\boldsymbol{E}_{\mathrm{div}}$，球を除いた空洞の表面のみかけの電荷による場 $\boldsymbol{E}_{\mathrm{void}}$，球の中に含まれる自分を除く双極子がつくる場 $\boldsymbol{E}_{\mathrm{ball}}$ の 4 つからなるものとする:

$$\boldsymbol{E}_{\mathrm{L}} = \boldsymbol{E}_0 + \boldsymbol{E}_{\mathrm{div}} + \boldsymbol{E}_{\mathrm{void}} + \boldsymbol{E}_{\mathrm{ball}}. \tag{12.88}$$

ここで，$\boldsymbol{E}_{\mathrm{void}}$ は

$$\boldsymbol{E}_{\mathrm{div}} = f(e)\varepsilon_0^{-1}\boldsymbol{P} \tag{12.89}$$

と同じ手法で求められる．すなわち，球状 $(e = 0)$ の空孔であるので

*17) 前節の原子核の場合には，自身のつくる場は最初から考慮されていないため，その問題はなかった．

$$\boldsymbol{E}_{\mathrm{void}} = -f(0)\varepsilon_0^{-1}\boldsymbol{P} \tag{12.90}$$

と求まる．最後の項 $\boldsymbol{E}_{\mathrm{ball}}$ は一つひとつの双極子からの寄与を加えればよいのだが，通常は現実的ではない*18)．さいわい，双極子が規則的に配置され，適当な対称性がある場合には，この寄与が 0 になることが知られている．とりあえず小さいパラメータ s を用いて

$$\boldsymbol{E}_{\mathrm{ball}} = s\varepsilon_0^{-1}\boldsymbol{P} \tag{12.91}$$

と表しておく．これらを，式 (12.88) に代入し $\boldsymbol{P} = \varepsilon_0\chi_{\mathrm{e}}^{o}\boldsymbol{E}_{\mathrm{L}}$ を用いると，

$$\boldsymbol{E}_{\mathrm{L}} = \frac{1}{1-[f(e)-f(0)+s]\chi_{\mathrm{e}}^{o}}\boldsymbol{E}_0 \tag{12.92}$$

が得られる．扁長 $f(e=-1)=0$ で対称性が高い $(s=0)$ 場合については，$f(e=0)=-1/3$ を考慮して，

$$\boldsymbol{E}_{\mathrm{L}} = \frac{1}{1-(1/3)\chi_{\mathrm{e}}^{o}}\boldsymbol{E} \tag{12.93}$$

となる．扁長の場合には，外場 $\boldsymbol{E}_0$ は，媒質内部の巨視的な電場 $\boldsymbol{E}$ に等しいことに注意する．こうして，

$$\chi_{\mathrm{e}} = \frac{\chi_{\mathrm{e}}^{o}}{1-(1/3)\chi_{\mathrm{e}}^{o}} \tag{12.94}$$

が得られる．これを逆に解いて

$$\frac{\chi_{\mathrm{e}}}{\chi_{\mathrm{e}}+3} = \frac{\chi_{\mathrm{e}}^{o}}{3} = \frac{N\alpha_{\mathrm{e}}}{3\varepsilon_0}. \tag{12.95}$$

これは，**クラウジウス-モソティ** (Clausius-Mossotti) **の関係**と呼ばれているものである*19)．光領域での，**ローレンツ-ローレンツ** (Lorentz-Lorenz) **の方程式**というものに対応する．ミクロ量 α_{e} とマクロ量 χ_{e} の関係であり，物質の（数）密度 N に対する電磁量のスケーリング則を与えている．

---

*18)　かといって，粗視化すると $\boldsymbol{E}_{\mathrm{void}}$ と打ち消す結果が得られるだけで何もならない．特に自分の寄与を除くことができない．

*19)　一般には

$$\frac{\varepsilon_{\mathrm{r}}-1}{\varepsilon_{\mathrm{r}}+2} = \frac{N\alpha_{\mathrm{e}}}{3\varepsilon_0}$$

という，より神秘的な表現が用いられる．

12.12.1　局所場と平均場の差

分極媒質中での局所場 $\boldsymbol{E}_{\mathrm{L}}$ と平均場 $\boldsymbol{E}$ の違いに関しては前節以外にもいろいろな扱いがありうるが，ここではデルタ関数を用いた考え方を述べておく．原点に置かれた電気双極子 $\boldsymbol{p}$ がつくる電場は式 (9.3) より

$$\boldsymbol{e}(\boldsymbol{x}) = \frac{1}{4\pi\varepsilon_0}\frac{-\boldsymbol{p}r^2 + 3(\boldsymbol{p}\cdot\boldsymbol{x})\boldsymbol{x}}{r^5} - \frac{1}{3\varepsilon_0}\boldsymbol{p}\delta^3(\boldsymbol{x}). \tag{12.96}$$

これは絶対値の等しい正負の電荷対がつくる電場なので，空間的に平均化すると 0 になる．しかし，第 1 項は空間的に広がっているのに対して，第 2 項は原点に局在している．平均場を構成している双極子の 1 つ（自分自身）を除外した場合，局在している第 2 項の影響が大きいことは想像できる．除外による電場の変化分は，数密度を $N \sim \mathrm{m}^{-3}$ として

$$\Delta\boldsymbol{e} \sim \frac{1}{3\varepsilon_0}\boldsymbol{p}\delta^3(\boldsymbol{x}) = \frac{1}{3\varepsilon_0}(\boldsymbol{P}/N)\delta^3(\boldsymbol{x}). \tag{12.97}$$

この欠落が平均場に及ぼす影響は，1 つの双極子が占める体積程度で平均化を行えばよいと思われるので，体積広がりが $1/N$ 程度の粗視化関数

$$g^3(\boldsymbol{x}) = \begin{cases} N & (\text{体積内}) \\ 0 & (\text{体積外}) \end{cases} \tag{12.98}$$

に作用させて

$$\langle\Delta\boldsymbol{e}\rangle(0) = (g^3 * \Delta\boldsymbol{e})(0) \sim \frac{1}{3\varepsilon_0}\boldsymbol{P}. \tag{12.99}$$

これが，原点における両電場の差異を与えている:

$$\boldsymbol{E}_{\mathrm{L}} + \langle\Delta\boldsymbol{e}\rangle = \boldsymbol{E}. \tag{12.100}$$

これは，$\boldsymbol{E}_{\mathrm{void}}$ の寄与（式 (12.90)）と一致している．

第 13 章
ローレンツ変換

次章ではマクスウェル方程式を相対論的な立場から詳しく調べる．ここではその準備として，ローレンツ変換，4 元ベクトル，計量テンソルなどの基本的な概念を導入する．

13.1　相対論

13.1.1　電磁波

真空中におけるマクスウェル方程式の波動的な解をまず求めておく．もっとも簡単で基本的なものは平面波解と呼ばれ，場の量がある軸 (x 軸) に直交する平面内 (yz 面) で一定となるものである．$\partial/\partial y = \partial/\partial z = 0$, $\boldsymbol{J} = \varrho = 0$ とおくと，マクスウェル方程式を成分表示したものは，

$$
\begin{aligned}
&\frac{\partial H_x}{\partial x} = \frac{\partial B_x}{\partial t} = 0, \qquad &&\frac{\partial E_x}{\partial x} = \frac{\partial D_x}{\partial t} = 0, \\
&\frac{\partial E_y}{\partial x} = -\frac{\partial B_z}{\partial t}, &&\frac{\partial H_z}{\partial x} = -\frac{\partial D_y}{\partial t}, \\
&\frac{\partial E_z}{\partial x} = \frac{\partial B_y}{\partial t}, &&\frac{\partial H_y}{\partial x} = \frac{\partial D_z}{\partial t}.
\end{aligned}
\tag{13.1}
$$

1 行目の 2 つの式はそれぞれ空間的に一様な静電場，静磁場を表している．2 行目，3 行目はそれぞれ $(E, H) = (E_y, H_z)$, あるいは $(E, H) = (-E_z, -H_y)$ とおけば，同じ形の式

$$\frac{\partial E}{\partial x} = -\mu_0 \frac{\partial H}{\partial t}, \quad \frac{\partial H}{\partial x} = -\varepsilon_0 \frac{\partial E}{\partial t} \tag{13.2}$$

で表すことができる．これらは変数変換 $E_\pm = E \pm Z_0 H$ によって，

$$c\frac{\partial}{\partial z}E_\pm = \mp \frac{\partial}{\partial t}E_\pm \tag{13.3}$$

のように式を分離できる．ただし，$c = 1/\sqrt{\varepsilon_0\mu_0}$, $Z_0 = \sqrt{\mu_0/\varepsilon_0}$ である．それぞれの方程式の解が任意関数 $f_\pm$ を用いて，$E_\pm(t,z) = f_\pm(t \mp z/c)$ となることは簡単に確かめられる．つまり，

$$\begin{aligned} E(t,z) &= f_+(t - z/c) + f_-(t + z/c), \\ H(t,z) &= Z_0^{-1}[f_+(t - z/c) - f_-(t + z/c)] \end{aligned} \tag{13.4}$$

が解である．$f_+(t - z/c)$ は形を保ったまま，一定の速度 c で z の正方向に進む擾乱（前進波）を表す．同様に，$f_-(t + z/c)$ は負の方向に進む（後進波）．特に重要な角周波数 ω の正弦波解 (の電場成分) は

$$E(t,z) = \widetilde{E}_+ \mathrm{e}^{-\mathrm{i}\omega(t-z/c)} + \widetilde{E}_- \mathrm{e}^{-\mathrm{i}\omega(t+z/c)} + \mathrm{c.c.} \tag{13.5}$$

のような形をしている．$\widetilde{E}_+$, $\widetilde{E}_-$ はそれぞれ前進波，後進波の複素振幅である．

13.1.2 光速の不変性

一般に (正弦的) 波動は

$$F(x,t) = \widetilde{F}\mathrm{e}^{\mathrm{i}\phi(x,t)} + \mathrm{c.c.}, \quad \phi(x,t) = kx - \omega t \tag{13.6}$$

と表すことができる．簡単のために 1 次元の波動を考えている．c.c. は複素共役項，$\widetilde{F}$ は複素振幅，$k = 2\pi/\lambda$ は波数，$\omega = 2\pi/T$ は角周波数，λ は波長，T は周期を表す．波の位相速度は $v_\mathrm{p} = \omega/k = \lambda/T$ は，位相 ϕ が一定の点が動く速さである．真空中の電磁場に対しては，$v_\mathrm{p} = \pm c = \pm 1/\sqrt{\mu_0\varepsilon_0}$ であることは，すでに見たとおりである．

この波動を別の慣性系で見ることを想定しよう．元の系を K 系としその座標を (x, t)，それに対して速度 v で動く系を K$'$ 系としその座標を (x', t') と表す．$t = 0$ で両系の原点は一致していたとする．すると，同じ点を表す座標の間には，

$$x = x' + vt', \quad t = t' \tag{13.7}$$

が成り立っている．これを**ガリレイ変換**という．K′ 系から見ると，位相は

$$\phi(x, t) = k(x' + vt) - \omega t = kx' - (\omega - kv)t \tag{13.8}$$

となる．周波数がドップラー効果によってずれている ($\omega' = \omega - kv$) のに対して，波数は不変 ($k' = k$) である．その結果，位相速度は $v'_{\mathrm{p}} = \omega'/k' = v_{\mathrm{p}} - v$ のように，v だけ変化する．これは直観によく合致する式である．しかし実験によれば，光はこのルールにしたがわず，位相速度 v_{p} は系の相対速度 v によらず一定であることが知られている．回折格子分光器や干渉計は周波数ではなく波長を測定する装置であるが，これらの装置によっても，光の波長に対するドップラー効果が観測されている．このことから，光の場合には周波数と同時に波数も同じ割合で変化し，その比である位相速度が保存されていると考えざるを得ない．

そこで，ガリレイ変換 (13.7) の代わりに

$$x = x' + vt', \tag{13.9a}$$

$$t = t' + (v/c^2)x' \tag{13.9b}$$

を用いると，

$$\begin{aligned}\phi(x, t) &= kx - \omega t = k(x' + vt') - \omega(t' + (v/c^2)x') \\ &= (k - \omega(v/c^2))x' - (\omega - kv)t' = k'x' - \omega' t' \end{aligned} \tag{13.10}$$

となって，波数もドップラー効果を受けて変化する：$k' = k - (v/c^2)\omega$．そして，$v'_{\mathrm{p}} = v_{\mathrm{p}} = c$ が成り立つ．この変換は光に関する実験事実をよく説明する．しかし，時刻が系によって異なり，さらにその差が位置に依存するという重大なルール変更を意味するものである．これを**同時性** (simultaneity) の破れという．

図 13.1 は式 (13.9) の意味を模式的に描いたものである．電車が静止している系で，1 列に並んだ時計の時間を合わせておく (a)．しかし，速度 v で運動する電車から，それらの時計を眺めると時刻が少しずつずれて見える (b)．式 (13.9a) が「動いている系からみると，位置が時刻とともに変化する.」というごく常識的な状況を与えているのに対して，式 (13.9b) は「動いている系から

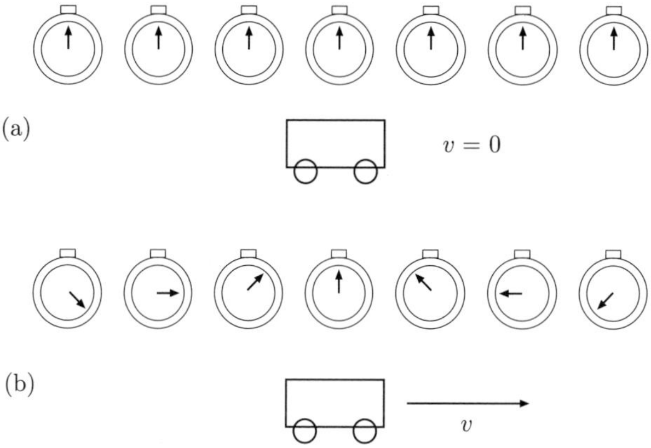

図 13.1 特殊相対論における同時性の破れ

みると，時刻が位置によって異なる.」という非日常的な現象を意味しているのである．この現象が普段見えないのは係数 v/c^2 が小さいことによっている．たとえば，音速なみの $v=300\,\mathrm{m/s}$ で走ったとしても，$v/c^2=3\times10^{-15}\,\mathrm{s/m}$ という小ささである．1 m あたり 3 fs（フェムト秒）しかずれないのである．1000 km という長い距離を用いても，3 ns の差にしかならない．このため，式 (13.9b) を直接的に実感できる場面はほとんどないのである．それに対して式 (13.9a) は係数が v であり，先の例では 1 s 待てば，300 m も位置が変化するので十分認識することが可能である．

もう少し詳しく調べると，式 (13.9) の変換ではまだ不十分であることがわかる．逆変換は $v\to -v$ で与えられるべきであるが，式 (13.9) を逆に解くと，余分な因子 $1-(v/c)^2$ がついてしまうからである．対称性を保証するためには

$$x=\gamma(x'+vt'),\quad t=\gamma(t'+(v/c^2)x') \tag{13.11}$$

としなければならない．ただし，$\gamma=1/\sqrt{1-(v/c)^2}\;(\geq 1)$．これを**ローレンツ変換**という．ドップラー効果の式にもこの因子がつくことになる:

$$\omega'=\gamma(\omega-vk),\quad k'=\gamma(k-(v/c^2)\omega). \tag{13.12}$$

このように，x, t の変換に伴って，物理量の組が同様の変換を受けることを

共変性という．このことによって，位相が慣性系によらず，同じかたちで表される．後に示すように，マクスウェル方程式や電磁気の他の関係式はローレンツ変換によって形を変えない．

双曲線関数を用いるとローレンツ変換 (13.11) は覚えやすい形に書ける．パラメータ α を $\tanh\alpha = v/c\,(=\beta)$ と定義すると

$$x = x'\cosh\alpha + ct'\sinh\alpha, \quad ct = x'\sinh\alpha + ct'\cosh\alpha \tag{13.13}$$

のように，回転の式と類似した対称性のよい形に書くことができる．$\gamma = \cosh\alpha$, $\gamma\beta = \sinh\alpha$ であることに注意する．

問題 13.1　式 (13.6) における位相 $\phi(x,t)$ を，$\phi_1(x,t) = t/T$（空間的に一様な時間振動），$\phi_2(x,t) = x/\lambda$（空間的周期パターン），$\phi_3(x,y,t) = k_y y - \omega t$ (y 方向に伝搬する波動) としたものをそれぞれローレンツ変換し，K′ 系における T', λ', ω' を求めよ．

ローレンツ変換では不変性

$$c^2k^2 - \omega^2 = c^2k'^2 - \omega'^2, \quad x^2 - c^2t^2 = x'^2 - c^2t'^2 \tag{13.14}$$

が成り立っていることに注意する．もともと，光速の不変性 $\omega/k = \omega'/k' = c$, つまり，第1式が0に保たれることを要求したのであるが，さらに一般的な不変性が成り立っているのである．光速以外の速度で伝搬する波動に対しては，第1式は0とは限らないが，不変性は成り立っている．また，時空点の任意の座標 (t,x) に関して第2式が成り立っている．

13.2　ローレンツ変換

13.2.1　事象と4元ベクトル

人と待ち合わせをしたり，イベントを開催するときは，場所と時間を指定する必要がある．場所と時間の組を**事象** (event) という．事象は時空間内の点 $(t,\boldsymbol{x})$ で表せる．別の慣性系から見ると，同じ事象が別の組 $(t',\boldsymbol{x}')$ で表現されることになる．慣性系に依存しない事象の表現のために，4元ベクトル $\underline{\boldsymbol{x}}$ を導入する:

$$\underline{\boldsymbol{x}} = (ct)\boldsymbol{e}_0 + \boldsymbol{x} = (ct')\boldsymbol{e}'_0 + \boldsymbol{x}'. \tag{13.15}$$

$\boldsymbol{e}_0$ は時間軸を表す基底ベクトルである．$\boldsymbol{e}'_0$ は別の系の基底ベクトルである[*1]．

ローレンツ変換に対する不変量 (13.14) を，4 元ベクトルの "長さ"

$$\underline{\boldsymbol{x}}^2 = (\underline{\boldsymbol{x}}, \underline{\boldsymbol{x}}) = -c^2t^2 + |\boldsymbol{x}|^2 = -c^2t'^2 + |\boldsymbol{x}'|^2 \tag{13.16}$$

に対応させる．このために，$(\boldsymbol{e}_0, \boldsymbol{e}_0) = (\boldsymbol{e}'_0, \boldsymbol{e}'_0) = -1$ と定義する必要がある．ただし，任意の空間ベクトル $\boldsymbol{x}$ に対して，$(\boldsymbol{e}_0, \boldsymbol{x}) = 0$ であるとする．

一般の内積が有する正値性，$\boldsymbol{x} \neq 0$ に対して $(\boldsymbol{x}, \boldsymbol{x}) > 0$，を持たないこのような内積を**不定計量** (indefinite metric) という．時間の基底 $\boldsymbol{e}_0$ は空間の正規直交基底 $\boldsymbol{e}_1, \boldsymbol{e}_2, \boldsymbol{e}_3$ と合わせて 4 次元空間の基底 $\{\boldsymbol{e}_0, \boldsymbol{e}_1, \boldsymbol{e}_2, \boldsymbol{e}_3\}$ をつくる．これらの内積は $(\boldsymbol{e}_\mu, \boldsymbol{e}_\nu) = g_{\mu\nu}$ である．ただし，$g_{00} = -1$, $g_{ij} = \delta_{ij}$, $g_{0i} = g_{i0} = 0$ $(i, j = 1, 2, 3)$.

■ 世界間隔

2 つの事象 $\underline{\boldsymbol{x}}_1$, $\underline{\boldsymbol{x}}_2$ の時空差 $\Delta\underline{\boldsymbol{x}} = \underline{\boldsymbol{x}}_2 - \underline{\boldsymbol{x}}_1 = c\Delta t \boldsymbol{e}_0 + \Delta\boldsymbol{x}$ の大きさの 2 乗

$$\Delta\underline{\boldsymbol{s}}^2 = (\Delta\underline{\boldsymbol{x}}, \Delta\underline{\boldsymbol{x}}) = -c(\Delta t)^2 + (\Delta\boldsymbol{x})^2 \tag{13.17}$$

は**世界間隔** (world interval) と呼ばれる量であり，慣性系によらない不変量である．2 つの事象の関係を特徴づける重要な量である．特に符号は重要である．

$\Delta\underline{\boldsymbol{s}}^2 > 0$ の場合には，慣性系を選ぶと $\Delta t' = 0$ とすることができて，その場合には $\Delta\underline{\boldsymbol{s}}^2 = (\Delta\boldsymbol{x}')^2$ となり，世界間隔は空間的な隔たりの 2 乗に等しい．$\Delta\underline{\boldsymbol{s}}^2 < 0$ の場合には，慣性系を選ぶと $\Delta\boldsymbol{x}' = 0$ とすることできて，その場合には $\Delta\underline{\boldsymbol{s}}^2 = -(\Delta t')^2$ となり，世界間隔は時間間隔の 2 乗のマイナスに等しい．

$\Delta\underline{\boldsymbol{s}}^2 = 0$ の場合は特異的である．$\underline{\boldsymbol{x}}'_2 \neq \underline{\boldsymbol{x}}'_1$ とする．慣性系をどう選んでも，時刻を一致させたり，空間的な隔たりを 0 にしたりすることはできない．一方，$|\Delta\boldsymbol{x}|/|\Delta t| = |\Delta\boldsymbol{x}'|/|\Delta t'| = c$ が成り立つので，この 2 つの事象は光で繋がっているといえる．$\Delta\underline{\boldsymbol{s}}^2 = 0$ の場合は $\Delta\underline{\boldsymbol{s}}^2 \neq 0$ の場合と定性的に異なっている．

---

*1) ここでの記法は 3 次元の場合の座標に依存しない表現という考え方を引き継いで，慣性系に依存しない 4 元ベクトル，4 元テンソルの表記を導入し，いずれも 下線 を付して表す．しかし，時間と空間を完全に融合すると，3 次元的な量との対応が見にくくなるので，時間成分，空間成分を必要に応じて陽に表せるようにした．見慣れない表記であるが，上記の観点からはそれなりに合理的なものであるので，ぜひ習得していただきたい．

13.2.2　双対基底

双対基底を $\{\boldsymbol{n}_0, \boldsymbol{n}_1, \boldsymbol{n}_2, \boldsymbol{n}_3\} \overset{\mathrm{SI}}{\sim} 1$ のように導入する．内積は $(\boldsymbol{n}_\mu, \boldsymbol{n}_\nu) = g_{\mu\nu}$，基底間のスカラー積は

$$\boldsymbol{n}_\mu \cdot \boldsymbol{e}_\nu = \delta_{\mu\nu} \quad (\mu, \nu = 0, 1, 2, 3) \tag{13.18}$$

である．

角周波数 ω と波数 $\boldsymbol{k}$ は双対基底を用いて，4 元的に（2 つの基底系で）

$$\underline{\boldsymbol{k}} = -c^{-1}\omega\boldsymbol{n}_0 + \boldsymbol{k} = -c^{-1}\omega'\boldsymbol{n}'_0 + \boldsymbol{k}' \tag{13.19}$$

と表すことができる．$\underline{\boldsymbol{k}}$ の大きさは

$$\begin{aligned}\underline{\boldsymbol{k}}^2 &= (\underline{\boldsymbol{k}}, \underline{\boldsymbol{k}}) = -c^{-2}\omega^2 + |\boldsymbol{k}|^2 \\ &= -c^{-2}\omega'^2 + |\boldsymbol{k}'|^2\end{aligned} \tag{13.20}$$

である．光は $\underline{\boldsymbol{k}}^2 = 0$ に相当し，光速の不変性が成り立つ．静止質量 m_0 を持った粒子に対応する波動に対しては $\underline{\boldsymbol{k}}^2 = (m_0 c/\hbar)^2$ が成り立つ．

位相 ϕ は 4 元のスカラー積として

$$\phi = \underline{\boldsymbol{k}} \cdot \underline{\boldsymbol{x}} = -\omega t + \boldsymbol{k} \cdot \boldsymbol{x} = -\omega' t' + \boldsymbol{k}' \cdot \boldsymbol{x}' \tag{13.21}$$

と表され，慣性系に依存しない量，すなわち 4 元スカラー量となる．

■ 計量テンソル

2 階の (対称) テンソル $\underline{\boldsymbol{g}} = \sum_{i=0}^{3} \boldsymbol{n}_i \boldsymbol{n}_i$ を導入すると，内積は次のように表すこともできる：

$$(\underline{\boldsymbol{x}}, \underline{\boldsymbol{x}}) = (\underline{\boldsymbol{g}} \cdot \underline{\boldsymbol{x}}) \cdot \underline{\boldsymbol{x}} = \underline{\boldsymbol{g}} : \underline{\boldsymbol{x}\boldsymbol{x}}. \tag{13.22}$$

添字記法では $x_\nu x^\nu = g_{\mu\nu} x^\mu x^\nu$ と書かれる式である．

13.2.3　成分と基底の変換則

K′ 系の K 系に対する相対速度を $\boldsymbol{v} = v\boldsymbol{e}_1$ とする．変換のための行列を，

$$\hat{L} \doteq \begin{bmatrix} \cosh\alpha & \sinh\alpha \\ \sinh\alpha & \cosh\alpha \end{bmatrix} = \gamma \begin{bmatrix} 1 & \beta \\ \beta & 1 \end{bmatrix} \tag{13.23}$$

と書くことにする．$\beta = v/c$, $\tanh\alpha = \beta$.

成分 (ct, x)，基底ベクトル $\{\boldsymbol{e}_0, \boldsymbol{e}_1\}$ のローレンツ変換はそれぞれ，

$$\begin{bmatrix} ct' \\ x' \end{bmatrix} = \hat{L}^{-1} \begin{bmatrix} ct \\ x \end{bmatrix}, \quad \begin{bmatrix} \boldsymbol{e}'_0 & \boldsymbol{e}'_1 \end{bmatrix} = \begin{bmatrix} \boldsymbol{e}_0 & \boldsymbol{e}_1 \end{bmatrix} \hat{L} \tag{13.24}$$

で与えられる．

また，双対基底 $\{\boldsymbol{n}_0, \boldsymbol{n}_1\}$ と相対論的 1 形式の成分 (A_0, A_1) の変換則は

$$\begin{bmatrix} \boldsymbol{n}'_0 \\ \boldsymbol{n}'_1 \end{bmatrix} = \hat{L}^{-1} \begin{bmatrix} \boldsymbol{n}_0 \\ \boldsymbol{n}_1 \end{bmatrix}, \quad \begin{bmatrix} A'_0 & A'_1 \end{bmatrix} = \begin{bmatrix} A_0 & A_1 \end{bmatrix} \hat{L}. \tag{13.25}$$

となる．これらによって，

$$\begin{gathered} \underline{\boldsymbol{x}} = \begin{bmatrix} \boldsymbol{e}_0 & \boldsymbol{e}_1 \end{bmatrix} \begin{bmatrix} ct \\ x \end{bmatrix}, \qquad \underline{\boldsymbol{A}} = \begin{bmatrix} A_0 & A_1 \end{bmatrix} \begin{bmatrix} \boldsymbol{n}_0 \\ \boldsymbol{n}_1 \end{bmatrix}, \\ \underline{\boldsymbol{A}} \cdot \underline{\boldsymbol{x}} = \begin{bmatrix} A_0 & A_1 \end{bmatrix} \begin{bmatrix} ct \\ x \end{bmatrix}, \quad \begin{bmatrix} 1 & 0 \\ 0 & 1 \end{bmatrix} = \begin{bmatrix} \boldsymbol{n}_0 \\ \boldsymbol{n}_1 \end{bmatrix} \begin{bmatrix} \boldsymbol{e}_0 & \boldsymbol{e}_1 \end{bmatrix} \end{gathered} \tag{13.26}$$

が不変に保たれることが分かる．すなわち，各式の右辺のすべての変数をプライム "′" のついた変数で置き換えても，等号が成立する．

図 13.2 は基底ベクトルの変換の様子を平面的に示したものである．(a) は K 系を基準に，(b) は K′ 系を基準に描いたものである．2 次元ユークリッド空間とは計量が異なるので，すべての長さや角度を矛盾なく描くことはできない*2)．

問題 13.2 ガリレイ変換に対する同様の図を描け．これらの関連について考えよ（ヒント: 紙面を向こう側に傾けて，図 13.2 を斜め下から眺めて見よ）．

計量 (内積) の不変性は

$$\begin{bmatrix} \boldsymbol{e}'_0 \\ \boldsymbol{e}'_1 \end{bmatrix} \begin{bmatrix} \boldsymbol{e}'_0 & \boldsymbol{e}'_1 \end{bmatrix} = \hat{L}^{\mathrm{T}} \begin{bmatrix} \boldsymbol{e}_0 \\ \boldsymbol{e}_1 \end{bmatrix} \begin{bmatrix} \boldsymbol{e}_0 & \boldsymbol{e}_1 \end{bmatrix} \hat{L} = \hat{L}^{\mathrm{T}} \begin{bmatrix} -1 & 0 \\ 0 & 1 \end{bmatrix} \hat{L} = \begin{bmatrix} -1 & 0 \\ 0 & 1 \end{bmatrix} \tag{13.27}$$

と確かめることができる．双対基底に対しても同様である．

一般にローレンツ変換 $\hat{L}$ は計量テンソル $\underline{\mathrm{g}} \doteq \mathrm{diag}(-1, 1, 1, 1)$ を不変に保

*2) 地図の場合でも，地球の曲率 (計量) のために距離と角度を忠実に再現することはできない．

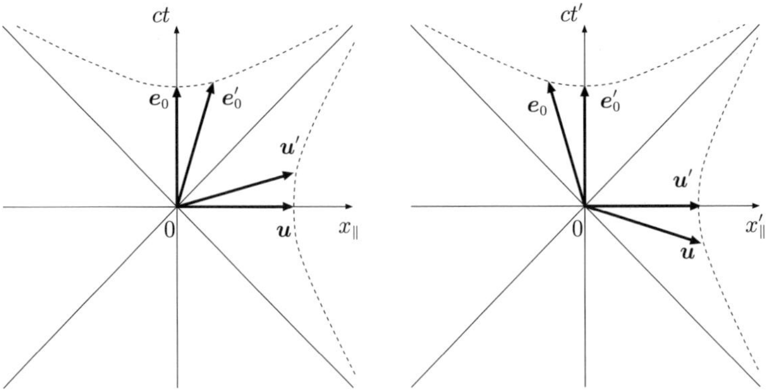

図 13.2　基底ベクトルのローレンツ変換

つ．すなわち，$\hat{L}^{\mathrm{T}}\underline{g}\hat{L} = \underline{g}$ が成り立つものとして定義される．$\hat{L}_1$, $\hat{L}_2$ がこの性質を持てば，合成された変換 $\hat{L}_1\hat{L}_2$ も同様であることは容易に確認できる．$\hat{L}^{-1}$ も同じである．すなわち，ローレンツ変換は群をなす．この群は 3 次元直交群 O(3) との類似性から O(3, 1) と表される．

13.3　1 次ローレンツ変換とガリレイ変換

一般に $|v| \ll c$ が成り立つので，ローレンツ変換 (13.23) において，β の 1 次までを残せば十分である．具体的には，$\gamma \sim 1$ とすればよい．これを 1 次ローレンツ変換という．電磁気のしくみの大半はこの 1 次ローレンツ変換の範囲で説明がつく．マクスウェル方程式は，$|v| < c$ において無条件に成り立つので，このような近似をする必要はないのだが，式が繁雑になって本質を見失うおそれがある．ここでは，1 次元ローレンツ変換を主に用いることにする．

1 次ローレンツ変換からガリレイ変換に移行するには，$\beta = v/c \to 0$ だけでは不十分であり，付加的な条件が必要である*3)．問題設定に現れる典型的な時

*3)　しばしば，「ガリレイ変換はローレンツ変換の $c \to \infty$ の極限である」とされるが，このいいかたは不正確である．$c \to \infty$ は $c \gg 1$ を意味するが，“c” は物理的次元を持った量であり，無次元量の “1” と直接比較することはできない．$c \to \infty$ はたとえば，「$c \gg |v|$ かつ $c/(\mathrm{m/s}) = 3.0 \times 10^8 \gg 1$」を指していると考えるべきである．

間を T, 典型的な長さを L とする．これらを用いて 1 次ローレンツ変換の式を変形すると，

$$\frac{t'}{T} = \frac{t}{T} - \frac{V}{c} \cdot \frac{v}{c} \cdot \frac{x}{L}, \quad \frac{x'}{L} = \frac{x}{L} - \frac{v}{V} \cdot \frac{t}{T} \tag{13.28}$$

となる．$V = L/T \ll c$ が成り立っていると，第 1 式の右辺第 2 項は 2 次の微小量として省略することができる．これがガリレイ変換である．たとえば，$T = 1\,\mathrm{s}$, $L = 1\,\mathrm{m}$ の場合には，$V = 1\,\mathrm{m/s} \ll c$ が成り立っているのでガリレイ変換はよい近似になっている．V と v は独立な量である．

ローレンツ変換は $|v| \ll c$ の場合には 1 次ローレンツ変換で近似できる．さらに空間，時間のスケールの比，すなわち典型的速度 V が c に比べて十分小さい場合には，より簡単な，しかし対称性の低いガリレイ変換に帰着するのである．

電磁波の問題を考えるときの，典型的長さは波長 λ, 典型的時間は周期 T なので，その比は $\lambda/T = c$ となって，ガリレイ変換のための近似が成り立たない．したがって，1 次ローレンツ変換を用いる必要がある．たとえば，光の 1 次ドップラー効果 $\omega' = \omega + kv$, $k' = k + (\omega/c^2)v$ がその例である．

時間空間座標以外の相対論的な量の対 (cF, G) についても同様の議論が成立する．これらが，1 次ローレンツ変換

$$cF' = cF + \beta G, \quad G' = G + \beta(cF) \tag{13.29}$$

によって変換する場合，それぞれの量の典型的な大きさ F_0, G_0 が $G_0/F_0 \ll c$ を満たす場合には，ガリレイ変換に帰着する：$F' = F$, $G' = G + vF$.

13.4　2 次の効果

$\beta = v/c$ の 2 次の効果，すなわち，γ が本質的に効く現象を調べておく*4)．

ある慣性系の時刻 t でパラメータづけされた，イベントの連なり $\underline{\boldsymbol{x}}(t)$ を考える．時空間内での曲線に対応させることができる．$\Delta\underline{\boldsymbol{s}} = \underline{\boldsymbol{x}}(t + \Delta t) - \underline{\boldsymbol{x}}(t)$ は

*4)　2 次の効果は相対論の実験的検証やパラドックスの提供という場面では活躍するが，電磁気学においては 1 次の効果，すなわち同時性の破れが圧倒的に重要な役割を果たしている．

曲線の接線を表すが，任意の t に対して $\Delta\underline{\boldsymbol{s}}^2 < 0$ が成り立っているとする．接線がつねに時間的である曲線を**世界線** (world line) という．別の慣性系に移っても，$\Delta t'^2 > 0$ なので，t' の一価関数として世界線を表すことができる．

13.4.1　ローレンツ短縮

長さ L (>0) の棒を，平行に運動する系から見ると短く見える効果を**ローレンツ短縮** (contraction) という．棒の左端，右端の 4 元的な位置をそれぞれ $\underline{\boldsymbol{x}}_1, \underline{\boldsymbol{x}}_2$ とする．静止系 K では，

$$\underline{\boldsymbol{x}}_1 = ct_1\boldsymbol{e}_0, \quad \underline{\boldsymbol{x}}_2 = ct_2\boldsymbol{e}_0 + L\boldsymbol{e}_1 \tag{13.30}$$

であり，t_1 (t_2) をパラメータとして動かすと，棒の左端 (右端) が描く世界線が得られる．棒は K 系では静止しており，

$$(\underline{\boldsymbol{x}}_2 - \underline{\boldsymbol{x}}_1)_{t_1=t_2} = L\boldsymbol{e}_1 \tag{13.31}$$

なので，棒の長さは L である．棒に対して運動する K$'$ 系では

$$\begin{aligned}\underline{\boldsymbol{x}}_1 &= ct_1\gamma(\boldsymbol{e}_0' + \beta\boldsymbol{e}_1') = \gamma(ct_1)\boldsymbol{e}_0' + \gamma(ct_1)\beta\boldsymbol{e}_1', \\ \underline{\boldsymbol{x}}_2 &= ct_2\gamma(\boldsymbol{e}_0' + \beta\boldsymbol{e}_1') + L\gamma(\boldsymbol{e}_1' + \beta\boldsymbol{e}_0') \\ &= \gamma[ct_2 + \beta L]\boldsymbol{e}_0' + \gamma[L + \beta ct_2]\boldsymbol{e}_1'\end{aligned} \tag{13.32}$$

K$'$ 系において時間成分が等しいところ，すなわち $ct_1 = ct_2 + \beta L$ に対して，位置の差を見ると，

$$(\underline{\boldsymbol{x}}_2 - \underline{\boldsymbol{x}}_1)_{t_1=t_2+(\beta/c)L} = \gamma(1-\beta^2)L\boldsymbol{e}_1' = \gamma^{-1}L\boldsymbol{e}_1' \tag{13.33}$$

となって，長さが $L' = \gamma^{-1}L\,(\leq L)$ のように短くなる．相対速度 v の 2 次の効果である．v の符号によらず，棒は静止系で見たとき，最も長い．

13.4.2　時計の遅れ

K 系の原点で静止している時計 0 の世界線は

$$\underline{\boldsymbol{x}}_0 = ct\boldsymbol{e}_0 \tag{13.34}$$

で表される．t によって時刻を知ることができる．一方，K$'$ 系の原点と位置 $L\boldsymbol{e}_1$

に時計 1，時計 2 がそれぞれ静止しているとする．これらは，K$'$ 系において同期して同じ時刻 t' を刻むように調整されているとする．

$$\underline{\boldsymbol{x}}_1 = ct'\boldsymbol{e}'_0, \quad \underline{\boldsymbol{x}}_2 = ct'\boldsymbol{e}'_0 + L\boldsymbol{e}'_1 \tag{13.35}$$

K$'$ 系で時計 0 を見ると，

$$\underline{\boldsymbol{x}}_0 = \gamma ct\boldsymbol{e}'_0 + \gamma\beta ct\boldsymbol{e}'_1 \tag{13.36}$$

となる．

時計 0 と時計 1 が出会う ($\underline{\boldsymbol{x}}_0 = \underline{\boldsymbol{x}}_1$) のは，$t = t' = 0$ のときである．時計 0 と時計 2 が出会う ($\underline{\boldsymbol{x}}_0 = \underline{\boldsymbol{x}}_2$) のは，$L = \gamma vt$ のときで，そのとき時刻の間には関係 $t' = \gamma t$ $(\geq t)$ が成り立っている．つまり，時計 1, 2 が時計 0 に比べて，時計がゆっくり進んでいることになる．これが**時間の遅れ** (time dilation) と呼ばれるものであり，やはり 2 次の効果である．時計は静止系で見る場合が，最も速く進むということである．

問題 13.3　ローレンツ短縮と時間の遅れが対称な関係にない理由を考察せよ．

第 14 章
相対論と電磁気学

マクスウェル方程式はもともと電気と磁気に関する方程式として研究されていたものである．当時は電磁波はまだ発見されておらず，まして光が電磁波の一種であることも認識されていなかった．マクスウェルの導入した変位電流密度項 $\partial \boldsymbol{D}/\partial t$ は波動的な解 (電磁波) の存在を意味した．その波動の伝搬速度 $1/\sqrt{\varepsilon_0 \mu_0}$ が，当時知られていた光の速度の実測値とよく符合したことから，光が電気磁気の波動であることが確信された．特に ε_0, μ_0 はそれぞれ電気的，磁気的な定数であり，光とは全く無関係のものであったことを思えば，実に劇的な展開であったといえる*1)．しかしこの大転回も約 40 年後の相対論発見への序章にすぎなかった．マクスウェル方程式には光速の不変性，すなわち相対論という破格のボーナスが隠されていたのである．

本章ではマクスウェル方程式と関連する式を 4 次元の微分形式を用いて相対論的に書き直すことで，非常に簡潔で美しい式に到達する．そこでは $Z_0 = \sqrt{\mu_0/\varepsilon}$ をパラメータとして含む真空の構成方程式が方程式系全体のかなめの役割をしていることが明らかになる．さらに，磁場の本質を相対論の立場から明らかにする．磁場の発生や磁気力に関する法則の起源がローレンツ変換の合成における幾何学的効果に帰着されることを簡単なモデルを用いて説明する．

---

*1) ε_0, μ_0 に相当する定数はコンデンサに蓄えられた電荷に対する電気力とその放電電流に対する磁気力の測定 (ウェーバ-コールラウシュの実験) によって求められた．マクスウェルはこの光速 c の決定法について，「この実験において，光は装置を見るために用いられているに過ぎない」と述べている．今日ではこれらの量はいずれも基準となる量に格上げされ，もはや測定されることはない．現在でも，手作りのコイルとコンデンサのインピーダンス測定から光速を求めるのは楽しそうな実験テーマである．

14.1 電磁場の相対論的表現

14.1.1 4 元 2 形式としての電場

静電場中 $\boldsymbol{E}$ において点電荷 q が移動している状況を考える．磁場はないものとする．点電荷は電場以外の力を受けている可能性があるとする．たとえば，適当な装置で動かないように拘束されていたり，逆に決まった強制運動をさせられている場合を含むものとする．

電場ベクトル $\boldsymbol{E}$ は試験電荷 q に働く力 $\boldsymbol{F} = q\boldsymbol{E}$ によって定義されている．力は次のような 2 つの機能をもっていると考えることができる[*2]．

$$\Delta U = \boldsymbol{F} \cdot \Delta \boldsymbol{x}, \quad \Delta \boldsymbol{p} = \boldsymbol{F} \Delta t \tag{14.1}$$

すなわち，空間変位 $\Delta \boldsymbol{x}$ に対するエネルギー変化 (仕事) ΔU と，時間間隔 Δt に対する運動量変化 (力積) $\Delta \boldsymbol{p}$ を与える[*3]．つまり，電場による力を調べる (測定する) 方法が 2 通りあるということである．正準方程式の一方

$$\frac{\mathrm{d}\boldsymbol{p}}{\mathrm{d}t} = -\frac{\partial H}{\partial \boldsymbol{x}} \,(=: \boldsymbol{F}) \tag{14.2}$$

が力 $\boldsymbol{F}$ を定義していると考えると，$\Delta \boldsymbol{p} = \boldsymbol{F}\Delta t$, $\Delta H = -\boldsymbol{F} \cdot \Delta \boldsymbol{x}$ は自然な式である．ただし，$H(\boldsymbol{x}, \boldsymbol{p})$ はハミルトニアンである（ポテンシャルの定義により負号がつく）．電場 $\boldsymbol{E}$ にもそのような 2 重性を付与できる．

ところで，$\Delta \boldsymbol{x}$, Δt は 4 元ベクトルとしてまとめることができる:

$$\Delta \underline{\boldsymbol{x}} = c\Delta t \boldsymbol{e}_0 + \Delta \boldsymbol{x}. \tag{14.3}$$

同様に，$\Delta \boldsymbol{p}$, ΔU も 4 元 1 形式（エネルギー・運動量ベクトル）にまとめることができる:

$$\Delta \underline{\boldsymbol{p}} = (-c^{-1}\Delta U)\boldsymbol{n}_0 + \Delta \boldsymbol{p} \;(= c^{-1}\Delta U). \tag{14.4}$$

さらに，電場 (あるいは力) を 4 元 2 形式

---

*2) 力学において “力” は意外に不明瞭な概念である．未定義であったり，同語反復的に定義されていたりする．

*3) たとえば，電荷が他の力 $\boldsymbol{F}_{\mathrm{x}}$ によって拘束を受けている場合，$\Delta U = (\boldsymbol{F} + \boldsymbol{F}_{\mathrm{x}}) \cdot \Delta \boldsymbol{x}$, $\Delta \boldsymbol{p} = (\boldsymbol{F} + \boldsymbol{F}_{\mathrm{x}})\Delta t$ となる．したがって，式 (14.1) は電場による仕事，力積への寄与と考えられる．たとえば，$\boldsymbol{F}_{\mathrm{x}} = -\boldsymbol{F}$ の場合には，Δt, $\Delta \boldsymbol{x}$ によらず，$\Delta U = \Delta \boldsymbol{p} = 0$ である．

$$\underline{\mathsf{E}} = \boldsymbol{n}_0 \wedge (-\boldsymbol{E}) \ (= \underline{\mathsf{F}}/q) \tag{14.5}$$

と考える．これによって，式 (14.1) は 4 元的に次のように表せる:

$$-\underline{\mathsf{F}} \cdot \Delta\underline{\boldsymbol{x}} = -q\underline{\mathsf{E}} \cdot \Delta\underline{\boldsymbol{x}} = q\left[c\Delta t\boldsymbol{E} - (\boldsymbol{E} \cdot \Delta\boldsymbol{x})\boldsymbol{n}_0\right] = c\Delta\underline{\boldsymbol{p}}. \tag{14.6}$$

つまり，$\underline{\mathsf{E}}$ は 4 元ベクトル $\Delta\underline{\boldsymbol{x}}$ に対して電荷あたりの 4 元運動量変化 $\Delta\underline{\boldsymbol{p}}$ を与えるブラックボックスであるといえる．

さらに，4 元 1 形式 $\underline{\boldsymbol{p}}$ に 4 元ベクトル $\Delta\underline{\boldsymbol{x}}' = c\Delta t'\boldsymbol{e}_0 + \Delta\boldsymbol{x}'$ を作用させると，

$$\Delta S = \underline{\boldsymbol{p}} \cdot \Delta\underline{\boldsymbol{x}}' = -U\Delta t' + \boldsymbol{p} \cdot \Delta\boldsymbol{x}' \tag{14.7}$$

は作用と呼ばれるスカラー量の変化分になる．

$\underline{\mathsf{E}} : \Delta\underline{\boldsymbol{x}}\Delta\underline{\boldsymbol{x}} = 0$ であることは容易に確かめられる．すなわち，$\underline{\mathsf{E}}$ は 2 階の反対称テンソルである．

14.1.2 B の起源 — 電場 2 形式のローレンツ変換

K$'$ 系における一様な静電場 $\boldsymbol{E}'$ を 4 元 2 形式 $\underline{\mathsf{E}} = \boldsymbol{n}_0' \wedge (-\boldsymbol{E}')$ で表し，1 次ローレンツ変換 $\boldsymbol{n}_0' = \boldsymbol{n}_0 - \beta\boldsymbol{u}$, $\boldsymbol{u}' = \boldsymbol{u} - \beta\boldsymbol{n}_0$ を施すと，

$$\underline{\mathsf{E}} = \boldsymbol{n}_0 \wedge (-\boldsymbol{E}') + \beta\boldsymbol{u} \wedge \boldsymbol{E}' \tag{14.8}$$

が得られる．ただし，$\boldsymbol{v} = v\boldsymbol{u}$ は K$'$ 系の K 系に対する相対速度，$\boldsymbol{u}$ は単位ベクトルである．右辺第 2 項は，$\boldsymbol{u}$, $\boldsymbol{E}'$ の両方が空間的ベクトルである．すなわち，完全に空間的な 2 形式で静電場 (14.5) には見られないものである．

4 元ベクトル $\Delta\underline{\boldsymbol{x}} = c\Delta t\boldsymbol{e}_0 + \Delta\boldsymbol{x}$ を作用させてみる:

$$\begin{aligned}\underline{\mathsf{E}} \cdot \Delta\underline{\boldsymbol{x}} &= [\boldsymbol{n}_0 \wedge (-\boldsymbol{E}') + \beta\boldsymbol{u} \wedge \boldsymbol{E}'] \cdot (c\Delta t\boldsymbol{e}_0 + \Delta\boldsymbol{x}) \\ &= (\boldsymbol{E}' \cdot \Delta\boldsymbol{x})\boldsymbol{n}_0 - c\Delta t\left(\boldsymbol{E}' + c^{-2}\boldsymbol{V} \times (\boldsymbol{v} \times \boldsymbol{E}')\right).\end{aligned} \tag{14.9}$$

試験電荷が K 系で等速度 $\boldsymbol{V} \sim \Delta\boldsymbol{x}/\Delta t$ で時間 Δt の間運動したことに対応している．$c\Delta\underline{\boldsymbol{p}} = -q\underline{\mathsf{E}} \cdot \Delta\underline{\boldsymbol{x}}$ とおき，式 (14.4) を用いると，

$$\Delta U = q\boldsymbol{E}' \cdot \Delta\boldsymbol{x}, \quad \Delta\boldsymbol{p} = q(\boldsymbol{E}' + c^{-2}\boldsymbol{V} \times (\boldsymbol{v} \times \boldsymbol{E}_{\mathrm{s}}))\Delta t \tag{14.10}$$

が導かれる．静電場 $\boldsymbol{E}'$ に対して速度 $(-\boldsymbol{v})$ で運動している系 K においては，

試験電荷 q の速度 $\boldsymbol{V}$ に依存する力が存在することが分かった．またこの力は力積 (運動量変化) $\Delta\boldsymbol{p}$ には寄与するが，仕事 (エネルギー変化) ΔU には，寄与しないことも分かる*4)．$\boldsymbol{B} = c^{-2}\boldsymbol{v} \times \boldsymbol{E}'$ を用いて，

$$\boldsymbol{F} = q(\boldsymbol{E}' + \boldsymbol{V} \times \boldsymbol{B}) \tag{14.11}$$

のようにローレンツ力の式が自然に導かれる．

電場 $\boldsymbol{E}$ は磁束密度 B とともに 4 元 2 形式

$$\underline{E} = \boldsymbol{n}_0 \wedge (-\boldsymbol{E}) + cB \; (= c\underline{B}) \tag{14.12}$$

をつくる．ただし，$B = c^{-2}\boldsymbol{v} \wedge \boldsymbol{E}'$.

14.1.3 4 元 2 形式としての電束密度

電束は電荷と密接した概念である．電束を評価すると，その背後にある電荷の量がわかる．$\operatorname{div} \boldsymbol{D} = \varrho$ を 3 元微分形式で表すと $\boldsymbol{\nabla} \wedge D = \mathcal{R}$ である．これを相対論的に拡張することを考える．すなわち，電束密度 2 形式 D を 4 元に拡張する．

ローレンツ変換に備えて，K′ 系での静的な電束密度 D' を 4 元 2 形式として表し，運動に平行な成分と垂直な成分に分けておく*5)：

$$\begin{aligned} \underline{D} &= D' = D'_{\parallel} + \boldsymbol{u}' \wedge \boldsymbol{D}'_{\dashv} \\ \boldsymbol{D}'_{\dashv} &:= D' \cdot \boldsymbol{u}', \quad D'_{\parallel} := D' - \boldsymbol{u}' \wedge \boldsymbol{D}'_{\dashv}. \end{aligned} \tag{14.13}$$

1 次ローレンツ変換 $\boldsymbol{u}' = \boldsymbol{u} - \beta\boldsymbol{n}_0$, $\boldsymbol{n}_0' = \boldsymbol{n}_0 - \beta\boldsymbol{u}$ を行うと，

$$\begin{aligned} \underline{D} &= D'_{\parallel} + (\boldsymbol{u} - \beta\boldsymbol{n}_0) \wedge \boldsymbol{D}'_{\dashv} \\ &= D - \beta\boldsymbol{n}_0 \wedge \boldsymbol{D}'_{\dashv} = D - \boldsymbol{n}_0 \wedge \boldsymbol{H}/c \end{aligned} \tag{14.14}$$

---

*4) しかし，モータや電磁石は磁場を利用して仕事をしている．この事情は以下のように理解できる．電場，磁場の中で速度 $\boldsymbol{v}$ で運動する電荷 q に注目する．電気力，磁気力をそれぞれ $\boldsymbol{F}_{\mathrm{e}} = q\boldsymbol{E}$, $\boldsymbol{F}_{\mathrm{m}} = q\boldsymbol{v} \times \boldsymbol{B}$ とする．他に拘束力 $\boldsymbol{F}_{\mathrm{x}}$ を受けているものとする．エネルギーと運動量の変化は $\Delta U = (\boldsymbol{F}_{\mathrm{e}} + \boldsymbol{F}_{\mathrm{x}}) \cdot \Delta\boldsymbol{x}$, $\Delta\boldsymbol{p} = (\boldsymbol{F}_{\mathrm{e}} + \boldsymbol{F}_{\mathrm{m}} + \boldsymbol{F}_{\mathrm{x}})\Delta t$ である．もし，$\Delta\boldsymbol{p} = 0$ となるような拘束がかけられていると，$\boldsymbol{F}_{\mathrm{e}} + \boldsymbol{F}_{\mathrm{m}} + \boldsymbol{F}_{\mathrm{x}} = 0$ が成り立つ．このとき，エネルギー変化は $\Delta U = -\boldsymbol{F}_{\mathrm{m}} \cdot \Delta\boldsymbol{x} = -qB : \boldsymbol{v}(\Delta\boldsymbol{x})$ と書くことができ，電荷が磁場に比例する仕事をしているように見える．

*5) $\boldsymbol{u} = \boldsymbol{e}_1$ の場合，$D = D_1\boldsymbol{n}_2 \wedge \boldsymbol{n}_3 + \boldsymbol{n}_1 \wedge (-D_2\boldsymbol{n}_3 + D_3\boldsymbol{n}_2)$ と整理することに相当する．$\boldsymbol{D}_{\perp} = D_2\boldsymbol{n}_2 + D_3\boldsymbol{n}_3$ との関係から，$\boldsymbol{D}_{\dashv} = D_3\boldsymbol{n}_2 - D_2\boldsymbol{e}_3$ と書いた．

ただし，$\boldsymbol{H} = -\boldsymbol{v} \times \boldsymbol{D}'$ とおいた．一方，電荷密度に関しても同様に，$R'_{\perp} = \mathcal{R}' \cdot \boldsymbol{u}'$ を用いて*6)，

$$\underline{\mathcal{R}} = \mathcal{R}' = \boldsymbol{u}' \wedge R'_{\perp} = (\boldsymbol{u} - \beta \boldsymbol{n}_0) \wedge R'_{\perp}$$
$$= \boldsymbol{u} \wedge R'_{\perp} - \beta \boldsymbol{n}_0 \wedge R'_{\perp} = \mathcal{R} + \boldsymbol{n}_0 \wedge (-J/c). \tag{14.15}$$

ただし，$J = vR'_{\perp}$ とおいた．

まとめると，電束密度 D は，磁場の強さ $\boldsymbol{H}$ とともに 4 元 (擬)2 形式*7)

$$\underline{H} = \boldsymbol{n}_0 \wedge \boldsymbol{H} + cD \ (= c\underline{D}) \tag{14.16}$$

を，電荷密度 $\mathcal{R}$ は電流密度 J とともに，4 元（擬）3 形式をつくる:

$$\underline{\mathcal{R}} = \mathcal{R} + \boldsymbol{n}_0 \wedge (-J/c) \ (= \underline{\mathcal{J}}/c). \tag{14.17}$$

14.2　4 元微分形式のマクスウェル方程式

4 元の微分演算子を次のように定義する:

$$\underline{\boldsymbol{\nabla}} = \boldsymbol{n}_0 \frac{1}{c}\frac{\partial}{\partial t} + \boldsymbol{\nabla}. \tag{14.18}$$

さらに，電場 $\boldsymbol{E}$ と磁束密度 B を用いて，4 次元の 2 階反対称テンソル

$$\underline{E} = \boldsymbol{n}_0 \wedge (-\boldsymbol{E}) + cB \tag{14.19}$$

を定義する．$\underline{\boldsymbol{\nabla}}$ を作用させると，

$$\underline{\boldsymbol{\nabla}} \wedge \underline{E} = \left(\boldsymbol{n}_0 \frac{1}{c}\frac{\partial}{\partial t} + \boldsymbol{\nabla} \right) \wedge (-\boldsymbol{n}_0 \wedge \boldsymbol{E} + cB)$$
$$= \boldsymbol{n}_0 \wedge \left(\frac{\partial B}{\partial t} + \boldsymbol{\nabla} \wedge \boldsymbol{E} \right) + c\boldsymbol{\nabla} \wedge B = 0. \tag{14.20}$$

これによって，マクスウェル方程式中の 2 つの式 (1.1c), (1.1d) をまとめて $\underline{\boldsymbol{\nabla}} \wedge \underline{E} = 0$ と簡単に表すことができる．

4 次元化されたポテンシャルを 1 階のテンソル

$$\underline{\boldsymbol{V}} = \phi \boldsymbol{n}_0 - c\boldsymbol{A} \tag{14.21}$$

---

*6)　$\mathcal{R} = \boldsymbol{n}_1 \wedge (\varrho \boldsymbol{n}_2 \wedge \boldsymbol{n}_3) = \boldsymbol{n}_1 \wedge R_{\perp}$ に相当する．

*7)　擬形式については第 16 章で議論する．

として定義することができる．そして，ポテンシャルの微分は $\underline{E}$ を与える：

$$\underline{\boldsymbol{\nabla}} \wedge \underline{\boldsymbol{V}} = \boldsymbol{n}_0 \wedge \left(-\boldsymbol{\nabla}\phi - \frac{\partial \boldsymbol{A}}{\partial t}\right) - c\boldsymbol{\nabla} \wedge \boldsymbol{A} = -\underline{E}. \tag{14.22}$$

ここで，$\boldsymbol{E} = -\boldsymbol{\nabla}\phi - \partial_t \boldsymbol{A}$, $B = \boldsymbol{\nabla} \wedge \boldsymbol{A}$ を用いた．

磁場の強さ $\boldsymbol{H}$ と電束密度 D からつくられる2階のテンソル

$$\underline{H} = \boldsymbol{n}_0 \wedge \boldsymbol{H} + cD \tag{14.23}$$

に，$\underline{\boldsymbol{\nabla}}$ を作用させて，

$$\underline{\boldsymbol{\nabla}} \wedge \underline{H} = \boldsymbol{n}_0 \wedge \left(\frac{\partial D}{\partial t} - \boldsymbol{\nabla} \wedge \boldsymbol{H}\right) + c\boldsymbol{\nabla} \wedge D. \tag{14.24}$$

一方，電流密度 J と電荷密度 $\mathcal{R}$ からなる，4次元の3階反対称テンソル

$$\underline{\mathcal{J}} = \boldsymbol{n}_0 \wedge (-J) + c\mathcal{R} \tag{14.25}$$

と定義すれば，マクスウェル方程式の残りの2式 (1.1a), (1.1b) も $\underline{\boldsymbol{\nabla}} \wedge \underline{H} = \underline{\mathcal{J}}$ のように統合される．$0 = \underline{\boldsymbol{\nabla}} \wedge \underline{\boldsymbol{\nabla}} \wedge \underline{H} = \underline{\boldsymbol{\nabla}} \wedge \underline{\mathcal{J}}$ より，電荷の保存

$$\frac{\partial}{\partial t}\mathcal{R} + \boldsymbol{\nabla} \wedge J = 0 \tag{14.26}$$

が得られる．

■ **真空の構成方程式**

$D = \varepsilon_0 \mathcal{E} \cdot \boldsymbol{E}$，$\boldsymbol{H} = \frac{1}{2}\mu_0^{-1}\mathcal{E} : B$ は

$$\underline{H} = -\frac{1}{2}Y_0 \underline{\mathcal{E}} : \underline{E} \quad \text{あるいは} \quad \underline{E} = \frac{1}{2}Z_0 \underline{\mathcal{E}} : \underline{H} \tag{14.27}$$

と簡単に表すことができる．ただし，$\underline{\mathcal{E}} = \boldsymbol{e}_0 \wedge \mathcal{E}$, $Z_0 = \sqrt{\mu_0/\varepsilon_0}$（**真空のインピーダンス**）．実際，

$$\begin{aligned}\frac{1}{2}\underline{\mathcal{E}} : \underline{E} &= \frac{1}{2}(\boldsymbol{e}_0 \wedge \mathcal{E}) : (-\boldsymbol{n}_0 \wedge \boldsymbol{E} + cB) = -\mathcal{E} \cdot \boldsymbol{E} + \frac{1}{2}(-\mathcal{E} \wedge \boldsymbol{e}_0) : cB \\ &= -\mathcal{E} \cdot \boldsymbol{E} - \frac{1}{2}\mathcal{E} : cB \wedge \boldsymbol{e}_0 = -\varepsilon_0^{-1} D - c\mu_0 \boldsymbol{H} \wedge \boldsymbol{e}_0 \\ &= -Z_0(cD + \boldsymbol{n}_0 \wedge \boldsymbol{H}) = -Z_0 \underline{H}\end{aligned} \tag{14.28}$$

のように導ける．真空の構成方程式はローレンツ変換で形を変えない．

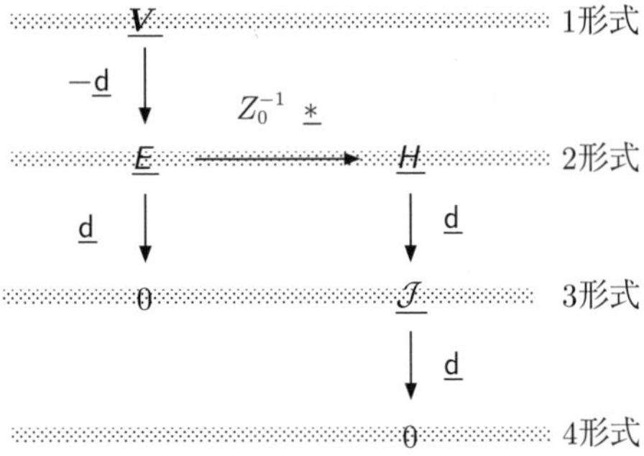

図 14.1　4 次元微分形式としてみた場合の電磁量の関係.

■ 4 元微分形式によるマクスウェル方程式

4 次元化することで，マクスウェル方程式，真空の構成方程式，ポテンシャルの定義，電荷の保存が非常に簡潔で美しい式

$$\underline{\mathsf{d}}\underline{\boldsymbol{V}} = -\underline{E}, \quad \underline{\mathsf{d}}\underline{E} = 0, \quad \underline{E} = (Z_0\underline{*})\underline{H}, \quad \underline{\mathsf{d}}\underline{H} = \underline{\mathcal{J}}, \quad \underline{\mathsf{d}}\underline{\mathcal{J}} = 0 \tag{14.29}$$

に集約されたのは，より本来の理論形式に近づいたからに他ならない*8)．ただし，4 次元化された外微分 $\underline{\mathsf{d}}_\sqcup = \underline{\boldsymbol{\nabla}} \wedge {}_\sqcup$, 4 元 2 形式に対する星印作用素 $\underline{*}_\sqcup = \frac{1}{2}\underline{\mathcal{E}} : {}_\sqcup$ を用いた．式 (14.29) の中で右辺が 0 の 2 つの式は自明な式であり，$\underline{\mathsf{dd}} = 0$ のことに過ぎない．逆に自明と思われている，真空の構成方程式の方により物理的に深い意味が含まれていることに気づかされる．

図 14.1 に式 (14.29) をダイヤグラムしてまとめておく．電磁気学の構造が一目で分かる美しい図である．

問題 14.1　スカラー量である $\underline{H} : \Delta\underline{\boldsymbol{x}}_1\Delta\underline{\boldsymbol{x}}_2$, $\underline{\mathcal{R}} \vdots \Delta\underline{\boldsymbol{x}}_1\Delta\underline{\boldsymbol{x}}_2\Delta\underline{\boldsymbol{x}}_3$, $\underline{\boldsymbol{A}} \cdot \Delta\underline{\boldsymbol{x}}$ などを具体的に求めて，3 次元的な意味を考えてみよ．

---

*8)　4 次元の 2 階反対称テンソル $\underline{E}$, $\underline{H}$ はそれぞれ Faraday, Maxwell と名付けられている．SI 単位系において (ε_0, μ_0) が (c, Z_0) に変容していることは興味深い．

14.3　場の変換則

すでにいくつかの例で見たように，ローレンツ変換にともなう場の変換則は双対基底の変換 $\boldsymbol{n}_0 = \boldsymbol{n}_0' + \beta\boldsymbol{u}$, $\boldsymbol{u} = \boldsymbol{u}' + \beta\boldsymbol{n}_0'$ を用いて求めることができる．復習をかねて電束密度の変換を確認しておこう．

$$\begin{aligned}\underline{\mathsf{D}} &= \boldsymbol{n}_0 \wedge \boldsymbol{H} + c(\mathsf{D}_{\parallel} + \boldsymbol{u} \wedge \boldsymbol{D}_{\dashv}) \\ &= (\boldsymbol{n}_0' + \beta\boldsymbol{u}) \wedge \boldsymbol{H} + c\left[\mathsf{D}_{\parallel} + (\boldsymbol{u}' + \beta\boldsymbol{n}_0') \wedge \boldsymbol{D}_{\dashv}\right] \\ &= \boldsymbol{n}_0' \wedge (\boldsymbol{H} + \beta c\boldsymbol{D}_{\dashv}) + c\left[\mathsf{D}_{\parallel} + \boldsymbol{u}' \wedge (\boldsymbol{D}_{\dashv} + \beta c^{-1}\boldsymbol{H})\right]\end{aligned} \tag{14.30}$$

すなわち，

$$\boldsymbol{H}' = \boldsymbol{H} + v\boldsymbol{D}_{\dashv}, \quad \mathsf{D}_{\parallel}' = \mathsf{D}_{\parallel}, \quad \boldsymbol{D}_{\dashv}' = \boldsymbol{D}_{\dashv} + \frac{v}{c^2}\boldsymbol{H}. \tag{14.31}$$

問題 14.2　$\underline{\boldsymbol{V}}$, $\underline{\mathsf{E}}$, $\underline{\mathcal{R}}$ の変換則を同様に求めよ．

14.4　磁場の意義

磁場の作用や生成に関する法則は概して天下り的であり，その根拠が明示されているとは言い難い．実際，左手/右手の法則や右ねじの法則などは，理屈ぬきでそのまま暗記せざるを得ない．マクスウェル方程式やローレンツ力の式においても事情は変わらない．磁場に関するルールは詳しく述べられているが，そのしくみや本質が語られることは稀なのである．

ローレンツ変換をゆるせば，磁気的な力はすべて電気的な力に帰着できる．このことは，実験室系 K において，速度 v', v'' で，それぞれ等速運動する 2 つの電荷 q_{s}, q_{p} の間の磁気的な力を考えるとある程度想像がつく．一方の電荷 q_{s} がつくる磁場 は $q_{\mathrm{s}}v'$ に比例する．その中を運動する他方の電荷 q_{p} は $q_{\mathrm{p}}v''q_{\mathrm{s}}v'$ に比例する磁気的力を受けることになる．この状況を q_{s} とともに運動する系 K$'$ から眺めるとどうだろう．q_{s} は静止しているので磁場は発生しないはずである．したがって，上記の力はこの系では電気的な力であると考えざるを得ない．一方，q_{p} が静止している系 K$''$ から眺めると，磁場があったとし

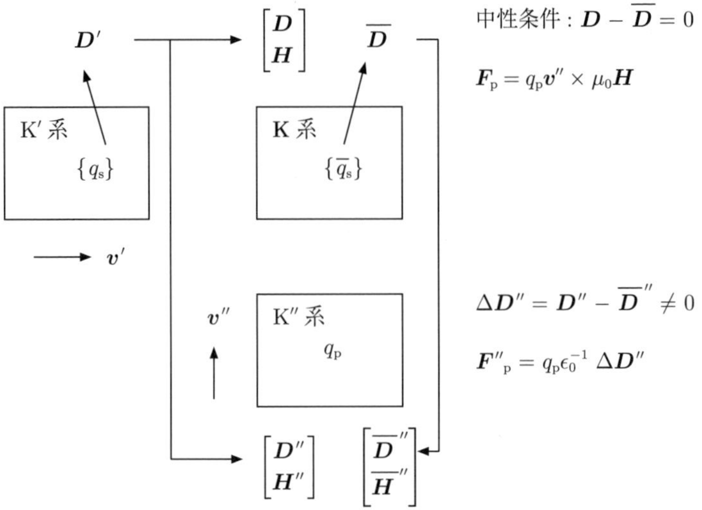

図 14.2　磁場の意味を考えるための 3 つの慣性系．K′ 系：源となる電荷群 $\{q_{\mathrm{s}}\}$ の静止系．K 系：実験室系．K″ 系：試験電荷 q_{p} の静止系．

ても，力を受けることはないので，やはり電気的な力であると解釈せざるを得ない．ただし，磁気的な力の大きさを，2 つの電荷間の直接的な電気力の大きさと比較すると，$v'v''/c^2$ 程度のオーダに過ぎない．また，光速との比の形をとっていることから，相対論的な効果であることが想像される．以下では，磁場が 2 つの（1 次）ローレンツ変換の合成に付随する効果であることを示す．

図 14.2 のように，実験室系 K に対して速度 $\boldsymbol{v}'$ で運動する系 K′ において，源の電荷群 $\{q_{\mathrm{s}}\}$ が静止しているとする．K′ 系には電束密度 $\boldsymbol{D}'$ だけが存在し，$\boldsymbol{H}' = 0$ であることを考慮すると，関係

$$\boldsymbol{D} = \boldsymbol{D}', \quad \boldsymbol{H} = \boldsymbol{v}' \times \boldsymbol{D}' \tag{14.32}$$

が成り立つ．K 系においては，K′ 系と同じ電束密度 $\boldsymbol{D}$ に加えて，新たに v' に比例した磁場成分 $\boldsymbol{H}$ が見られるのである．

一方，実験室系 K に対して速度 $\boldsymbol{v}''$ で運動する試験電荷 q_{p} の静止系 K″ においてこれらの場がどのように見えるか調べてみよう．変換に際して，重ね合わせを使う．まず，$\boldsymbol{D}$ は

$$\boldsymbol{D}_1'' = \boldsymbol{D} = \boldsymbol{D}', \quad \boldsymbol{H}_1'' = -\boldsymbol{v}'' \times \boldsymbol{D} = -\boldsymbol{v}'' \times \boldsymbol{D}' \tag{14.33}$$

と変換する．また，$\boldsymbol{B} = \mu_0 \boldsymbol{H}$ は

$$\boldsymbol{B}_2'' = \boldsymbol{B} = -\mu_0 \boldsymbol{v}' \times \boldsymbol{D}', \quad \boldsymbol{E}_2'' = \boldsymbol{v}'' \times \boldsymbol{B} = \mu_0 \boldsymbol{v}'' \times (\boldsymbol{v}' \times \boldsymbol{D}') \tag{14.34}$$

と変換する．これらの和として，K$''$ 系における場は次のようになる：

$$\begin{aligned} \boldsymbol{E}'' &= \epsilon_0^{-1} \boldsymbol{D}' + \frac{\boldsymbol{v}''}{c} \times \left(\frac{\boldsymbol{v}''}{c} \times \epsilon_0^{-1} \boldsymbol{D}' \right), \\ \boldsymbol{B}'' &= \mu_0 (\boldsymbol{v}' - \boldsymbol{v}'') \times \boldsymbol{D}'. \end{aligned} \tag{14.35}$$

K$'$ 系の電場 $\boldsymbol{E}' = \epsilon_0^{-1} \boldsymbol{D}'$ に付加された余分の項

$$\Delta \boldsymbol{E}'' = \boldsymbol{v}'' \times \left(\frac{\boldsymbol{v}'}{c^2} \times \boldsymbol{E}' \right) = \boldsymbol{v}'' \times \boldsymbol{B} \tag{14.36}$$

に注意する．この項に対応する電気力は $\Delta \boldsymbol{F} = q_{\mathrm{p}} \Delta \boldsymbol{E}''$ である．この力は，K 系においては，磁場によるローレンツ力 $\Delta \boldsymbol{F} = q_{\mathrm{p}} \boldsymbol{v}'' \times \mu_0 \boldsymbol{H}$ であり，つじつまが合っている（式 (14.35) の第 2 式の $\boldsymbol{H}''$ は相対速度に比例しており，期待どおりの形をしているが，K$''$ 系では試験電荷は静止しているので，考える必要はない）．

2 つの電荷の間に働く力は，どちらか一方が静止している系では電気的な力である．したがって，原理的には (遅延を考慮した) クーロンの法則だけがあれば十分であるといえる．しかし，観測者の静止系（実験室系）K では，両方の電荷が動いている場合があるので電場だけでは不便が生じる．

特に，源となる電荷が複数あって，それぞれ異なった速度 $\boldsymbol{v}_i'$ で運動している場合，その効果を $\boldsymbol{H} = \sum_i \boldsymbol{v}_i' \times \boldsymbol{D}_i'$ のように磁場の形に集約しておけるので便利である（電場にも複数電荷の寄与の集約という機能があるが，速度は関係しない）．もし磁場という考えを用いるのでなければ，組 $(\boldsymbol{v}_i', \boldsymbol{D}_i')$ をすべて記録しておかなければならない．また，試験電荷の速度 $\boldsymbol{v}''$ を変えた場合にも，各系との相対速度 $\boldsymbol{v}_i' - \boldsymbol{v}''$ をいちいち計算し直さないといけなくなる．

磁場がもっとも有効に用いられるのは，導体に電流が流れている場合である．実験室系から見ると，様々な速度で動いている電子群と，静止しているイオン

群が対象となる．ここでは簡単のために，図 14.2 のように，全ての電子 $\{q_{\mathrm{s}}\}$ が K′ 系で静止，全てのイオン $\{\overline{q}_{\mathrm{s}}\}$ が K 系で静止していると考えよう．両者がつくる電束密度は K 系では非常に精密に打ち消されている: $\boldsymbol{D}+\overline{\boldsymbol{D}}=0$. したがって，K 系には磁場 $\boldsymbol{H}$ しか存在しない．試験電荷の静止系 K″ から見ると，電子群とイオン群は異なった速度で運動しており，実験室系 K での電束密度の打ち消しはもはや成立しない．したがって，試験電荷は電気力を受けることになる．この力が，実験室系では磁場による力と見なされるものである．

14.5　磁場の幾何学的解釈

14.5.1　電流密度のローレンツ変換

電荷密度をガリレイ変換すると電流密度が生じることは，直観に符合する．つまり，K′ 系において $\varrho' \neq 0, \boldsymbol{J}'=0$ なら，K 系において $\varrho=\varrho', \boldsymbol{J}=\boldsymbol{v}'\varrho'$. しかし，逆の状況はガリレイ変換の範囲では起こり得ない．つまり，$\boldsymbol{J}' \neq 0$, $\varrho=0$ なら，$\boldsymbol{J}=\boldsymbol{J}', \rho=c^{-2}\boldsymbol{v}'\cdot\boldsymbol{J}'$ とはならない．実際，導線のように，電気的中性が保ちながら電流が流れている場面を運動する系から眺めても，正味の電荷は 0 のままのように思える．ところが，（1 次）ローレンツ変換では同時性の破れによって，K 系において電荷密度 ϱ が発生するのである．これが，磁場の原因の 1 つである．簡単なモデル (図 14.3) で確認しておこう．

K 系において等間隔 L で整列しながら直線上を速度 v' で運動する電荷列を考える（実線が世界線）．電荷はいずれも Q であるとする．同じ間隔 L で静止して並んでいる $\overline{Q}=-Q$ の電荷によって電気的中性は保たれているとする (破線)*9)．間隔 L は十分小さく連続的な分布と見なせるものとする．電荷の線密度は $\lambda=Q/L+(-Q)/L=0$ である．一方，（平均）電流は $I=Qv'/L$ である．これは，直線導体を流れる電流のモデルである．

さて，n 番目の運動する電荷 Q の世界線は K 系における座標を用いて

$$v't=x_n-nL \tag{14.37}$$

*9)　L は電荷 Q の静止系での間隔に比べて，ローレンツ短縮のため小さくなっていることに注意する．この系では，$(-Q)$ は運動しているので，L に比べて狭い間隔になっており，電気的中性条件は破れている．

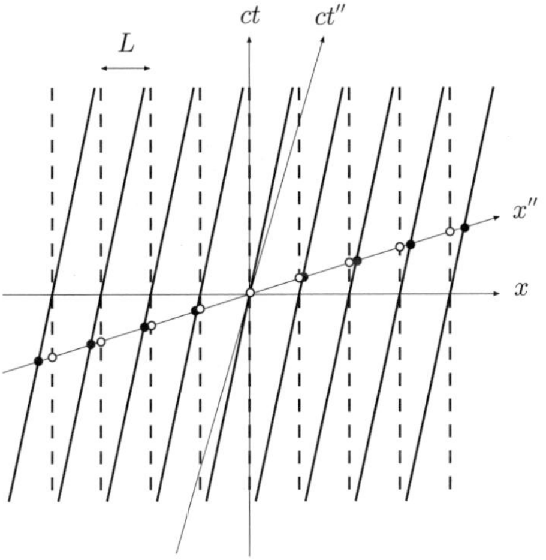

図 14.3　直線電流のローレンツ変換による電荷の生成．

と表すことができる．t は K 系における共通時刻である．直線に平行に，速度 v'' で運動する試験電荷 q_p の静止系 K$''$ から見た場合は，1 次ローレンツ変換

$$ct = ct'' + (v''/c)x'_n, \quad x_n = x''_n + v''t' \tag{14.38}$$

によって世界線は

$$Vt'' = x''_n - nL'' \tag{14.39}$$

となる．ただし，

$$V = \frac{v' - v''}{1 - v'v''/c^2}, \quad L'' = \frac{L}{1 - v'v''/c^2} \tag{14.40}$$

である．t' は K$'$ 系での共通時刻である．注目すべきは，電荷の間隔 L が K$''$ 系の運動 v'' によって L'' に変化することである．この原因は，ローレンツ変換による同時性の破れ [式 (14.38) の 1 式] である．変化の割合は 2 次の微小量 $(v'/c)(v''/c)$ で非常に小さいが，無視できない場合がある*10)．

*10)　導体のキャリア密度の典型的な値は $n = 10^{22}\,\mathrm{cm}^{-3}$ である．断面積を $A = 1\,\mathrm{mm}^2$ とすると，キャリアの線密度は e を素電荷として $\lambda = enA = 16\,\mathrm{C/cm}$ 程度である．電流 $I = 1\,\mathrm{A}$ に対して，速度は $v' = I/\lambda = 0.6\,\mathrm{cm/s}$ である．速度は非常に小さいが，電荷量が非常に大きいので磁場として検知できるのである．

一方，静止している電荷列 $(-Q)$ の間隔が変わらないことは，上の式で $v''=0$ とおけば分かる．この間隔の違いによって，K$''$ 系においては

$$\begin{aligned}\lambda'' &= \frac{Q}{L''} + \frac{-Q}{L} = \left[1 - \frac{v'v''}{c^2}\right]\frac{Q}{L} - \frac{Q}{L} \\ &= -\frac{v''}{c^2} I \end{aligned} \tag{14.41}$$

のように電流 I と試験電荷の速度 v'' に比例する正味の線電荷密度が発生する．このことは図 14.3 において，$t''=0$ での黒丸で示される Q の位置と白丸で示される $(-Q)$ の位置を見れば明白である．

K$''$ 系において静止している電荷 q_{p} は直線に直交する方向の電気力

$$F = \frac{\lambda''}{2\pi\varepsilon_0 r} = \frac{\mu_0}{2\pi}\frac{q_{\mathrm{p}} v'' I}{r} \tag{14.42}$$

を受ける．r は導線と電荷の距離である．これは，K 系においては，電流 I の流れる導線に沿って v'' で運動する電荷 q_{p} の受ける磁気の力に他ならない．

14.5.2 電束密度の変換

前節の議論で，$\boldsymbol{v}' \parallel \boldsymbol{v}''$ の場合の磁場の生成のしくみが明らかになった．しかし，$\boldsymbol{v}' \perp \boldsymbol{v}''$ の場合はやや複雑で，電荷分布の変化では説明できない．一般の場合については，ローレンツ変換の合成に伴う電束密度の変化として捉えるのが適当である．K$'$ 系での電束密度 $\boldsymbol{D}'$ が K$''$ 系でどう見えるかを調べてみる．

$\boldsymbol{v}' = v'\boldsymbol{e}_1$, $\boldsymbol{v}'' = v''(\boldsymbol{e}_1 \cos\theta + \boldsymbol{e}_1 \sin\theta)$ であるとする．双対基底の変換は，$\beta' = v'/c$, $\beta'' = v''/c$ とおくと，以下のとおりである．

$$\begin{bmatrix}\boldsymbol{n}'_0\\ \boldsymbol{n}'_1\\ \boldsymbol{n}'_2\end{bmatrix} = L_0(\beta')\begin{bmatrix}\boldsymbol{n}_0\\ \boldsymbol{n}_1\\ \boldsymbol{n}_2\end{bmatrix}, \quad \begin{bmatrix}\boldsymbol{n}''_0\\ \boldsymbol{n}''_1\\ \boldsymbol{n}''_2\end{bmatrix} = L_\theta(\beta'')\begin{bmatrix}\boldsymbol{n}_0\\ \boldsymbol{n}_1\\ \boldsymbol{n}_2\end{bmatrix}, \tag{14.43}$$

$$L_\theta(\beta'') := \begin{bmatrix} 1 & -\beta'\cos\theta & -\beta''\sin\theta \\ -\beta'\cos\theta & 1 & 0 \\ -\beta''\sin\theta & 0 & 1 \end{bmatrix}. \tag{14.44}$$

ここで，合成変換 $L_0(\beta')[L_\theta(\beta'')]^{-1}$ を計算すると空間基底の変換

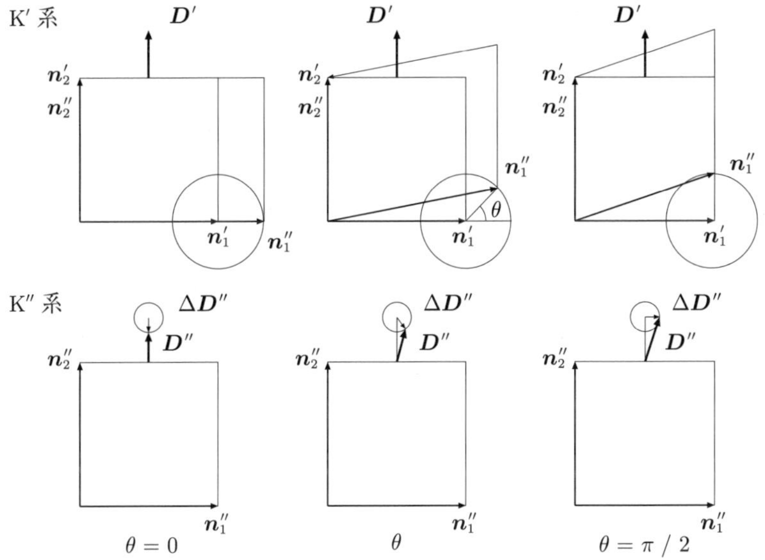

図 14.4　K′, K″ 系における座標系のゆがみと磁場の発生.

$$\boldsymbol{n}'_1 = (-\beta' + \beta''\cos\theta)\boldsymbol{n}''_0 + (1 - \beta'\beta''\cos\theta)\boldsymbol{n}''_1 - \beta'\beta''\sin\theta\boldsymbol{n}''_2,$$
$$\boldsymbol{n}'_2 = \beta''\sin\theta\boldsymbol{n}''_0 + \boldsymbol{n}''_2, \quad \boldsymbol{n}'_3 = \boldsymbol{n}''_3 \qquad (14.45)$$

が得られる．これより，電束密度の変換則が

$$\begin{aligned}\underline{D} &= D'_1\boldsymbol{n}'_2 \wedge \boldsymbol{n}'_3 + D'_2\boldsymbol{n}'_3 \wedge \boldsymbol{n}'_1 + D'_3\boldsymbol{n}'_1 \wedge \boldsymbol{n}'_2 \\ &= [D'_1\boldsymbol{n}''_2 \wedge \boldsymbol{n}''_3 + D'_2\boldsymbol{n}''_3 \wedge \boldsymbol{n}''_1 + D'_3\boldsymbol{n}''_1 \wedge \boldsymbol{n}''_2] \\ &\quad + \beta'\beta''\left[\sin\theta D'_2\boldsymbol{n}''_2 \wedge \boldsymbol{n}''_3 - \cos\theta(D'_2\boldsymbol{n}''_3 \wedge \boldsymbol{n}''_1 + D'_3\boldsymbol{n}''_1 \wedge \boldsymbol{n}''_2)\right] \\ &\quad + \boldsymbol{n}''_0 \wedge \underline{H}''/c \qquad (14.46)\end{aligned}$$

と求められる．ここで，$\boldsymbol{n}''_0$ を含む最後の項は K″ 系における磁場に相当するものであるが，静止している試験電荷にとっては無関係である．本質的に重要なものは，第 2 項である．$\beta'\beta''$ に比例するこの項は式 (14.36) の $\boldsymbol{v}'' \times (\boldsymbol{v}' \times \boldsymbol{D}')$ に一致している．

興味深いのは，この項は本質的に空間基底の変換 (式 (14.45) において $\boldsymbol{n}''_0 = 0$ とおいたもの) から生じているということである；

$$\begin{aligned} \boldsymbol{n}_1' &= (1-\beta'\beta''\cos\theta)\boldsymbol{n}_1'' - \beta'\beta''\sin\theta\boldsymbol{n}_2'', \\ \boldsymbol{n}_2' &= \boldsymbol{n}_2'', \quad \boldsymbol{n}_3' = \boldsymbol{n}_3''. \end{aligned} \tag{14.47}$$

図 14.4 は基底と電束密度 $\underline{D} = D\boldsymbol{n}_3' \wedge \boldsymbol{n}_1'$ を K′ 系（上段），K″ 系（下段）から見たものである．列は左から $\theta = 0, 0 < \theta < \pi/2, \theta = \pi/2$ の場合である．K′ 系において，K″ 系の基底 $\boldsymbol{n}_1'', \boldsymbol{n}_2''$ がつくる四辺形は $\beta'\beta''$ に項の影響で正方形からずれている．歪んだ四辺形を，K″ 系に引き戻して正方形にすると，それに伴って，D' が方向と長さを変える．変化分 $\Delta D'$ が K″ 系における磁場に相当するものである．

問題 14.3　変換の合成 $L_0(\beta')[L_\theta(\beta'')]^{-1}$ において，$\beta'\beta''$ に比例する項がどのように表れるか調べてみよ（ヒント: 空間 → 時間 → 空間，という流れに注目せよ）．

問題 14.4　$L_{\pi/2}(\beta'')[L_0(\beta')]^{-1}[L_{\pi/2}(\beta'')]^{-1}L_0(\beta')$ を求め空間的な回転 (トーマス回転) を与えることを確かめよ．

14.6　相対論の公式のまとめ

■ 4 元幾何学量

基底　$\{\boldsymbol{e}_0, \boldsymbol{e}_1, \boldsymbol{e}_2, \boldsymbol{e}_3\} \overset{\text{SI}}{\sim} 1, \quad (\boldsymbol{e}_i, \boldsymbol{e}_j) = g_{ij}$

双対基底　$\{\boldsymbol{n}_0, \boldsymbol{n}_1, \boldsymbol{n}_2, \boldsymbol{n}_3\} \overset{\text{SI}}{\sim} 1, \quad (\boldsymbol{n}_i, \boldsymbol{n}_j) = g_{ij}, \quad \boldsymbol{n}_i \cdot \boldsymbol{e}_j = \delta_{ij}$

微分演算子　$\underline{\boldsymbol{\nabla}} = \boldsymbol{n}_0 \dfrac{1}{c}\dfrac{\partial}{\partial t} + \boldsymbol{\nabla}$

エディントンのイプシロン（レビ・チビタの記号）

$$\begin{aligned} \underline{\mathcal{E}} &= \sum_{i,j,k,l=0}^{3} \epsilon_{ijkl}\boldsymbol{n}_i\boldsymbol{n}_j\boldsymbol{n}_k\boldsymbol{n}_l \\ &= \sum_{i,j,k=1}^{3} \epsilon_{ijk}(\boldsymbol{n}_0\boldsymbol{n}_i\boldsymbol{n}_j\boldsymbol{n}_k - \boldsymbol{n}_i\boldsymbol{n}_0\boldsymbol{n}_j\boldsymbol{n}_k + \boldsymbol{n}_i\boldsymbol{n}_j\boldsymbol{n}_0\boldsymbol{n}_k - \boldsymbol{n}_i\boldsymbol{n}_j\boldsymbol{n}_k\boldsymbol{n}_0 \end{aligned}$$

計量テンソル　$\underline{g} = \sum_{i,j=0}^{3} g_{ij}\boldsymbol{n}_i\boldsymbol{n}_j, \quad (\boldsymbol{e}_i, \boldsymbol{e}_j) = \underline{g} : \boldsymbol{e}_i\boldsymbol{e}_j = \left(\sum_{k=0}^{3} g_{ik}\boldsymbol{n}_k\right) \cdot \boldsymbol{e}_j$

$-g_{00} = g_{11} = g_{22} = g_{33} = 1$，その他は 0.

■ ローレンツ変換 $(\boldsymbol{v} = v\boldsymbol{u},\ \beta = v/c = \tanh\alpha)$

基底 $\boldsymbol{e}'_0 = \cosh\alpha\,\boldsymbol{e}_0 + \sinh\alpha\,\boldsymbol{u}, \quad \boldsymbol{u}' = \cosh\alpha\,\boldsymbol{u} + \sinh\alpha\,\boldsymbol{e}_0$

双対基底 $\boldsymbol{n}'_0 = \cosh\alpha\,\boldsymbol{n}_0 - \sinh\alpha\,\boldsymbol{u}, \quad \boldsymbol{u}' = \cosh\alpha\,\boldsymbol{u} - \sinh\alpha\,\boldsymbol{n}_0$

■ 4 元電磁量

ポテンシャル (1 形式) $-\underline{\boldsymbol{V}} = \boldsymbol{n}_0(-\phi) + c\boldsymbol{A}\ (= c\underline{\boldsymbol{A}})$

力場 (2 形式) $\underline{\mathsf{E}} = \boldsymbol{n}_0 \wedge (-\boldsymbol{E}) + c\mathsf{B}\ (= c\underline{\mathsf{B}})$

源場 (擬 2 形式) $\underline{\mathsf{H}} = \boldsymbol{n}_0 \wedge \boldsymbol{H} + c\mathsf{D}\ (= c\underline{\mathsf{D}})$

源 (擬 3 形式) $\underline{\mathcal{R}} = \boldsymbol{n}_0 \wedge (-\mathsf{J}/c) + \mathcal{R}\ (= \underline{\mathcal{J}}/c)$

■ マクスウェル方程式

ポテンシャルの定義 $\underline{\mathsf{E}} = -\underline{\boldsymbol{\nabla}} \wedge \underline{\boldsymbol{V}} \qquad (\underline{\mathsf{B}} = \underline{\boldsymbol{\nabla}} \wedge \underline{\boldsymbol{A}})$

電磁誘導，磁荷の不在 $\underline{\boldsymbol{\nabla}} \wedge \underline{\mathsf{E}} = 0 \qquad (\underline{\boldsymbol{\nabla}} \wedge \underline{\mathsf{B}} = 0)$

ガウス，アンペールの法則 $\underline{\boldsymbol{\nabla}} \wedge \underline{\mathsf{D}} = \underline{\mathcal{R}} \qquad (\underline{\boldsymbol{\nabla}} \wedge \underline{\mathsf{H}} = \underline{\mathcal{J}})$

電荷，電流の保存 $\underline{\boldsymbol{\nabla}} \wedge \underline{\mathcal{R}} = 0 \qquad (\underline{\boldsymbol{\nabla}} \wedge \underline{\mathcal{J}} = 0)$

構成方程式 $\underline{\mathsf{E}} = \frac{1}{2}Z_0\underline{\mathcal{E}} : \underline{\mathsf{H}}, \quad \underline{\mathsf{H}} = -\frac{1}{2}Y_0\underline{\mathcal{E}} : \underline{\mathsf{E}}$

■ 4 元力学量 ($\tau = t/\gamma$ は固有時)

位置 $\underline{\boldsymbol{x}} = (ct)\boldsymbol{e}_0 + \boldsymbol{x}$

速度 $\underline{\boldsymbol{v}} = \frac{\mathrm{d}}{\mathrm{d}\tau}\underline{\boldsymbol{x}} = (c\gamma)\boldsymbol{e}_0 + \boldsymbol{v}$

運動量 $\underline{\boldsymbol{p}} = m_0\underline{g} \cdot \underline{\boldsymbol{v}} = -Ec^{-1}\boldsymbol{n}_0 + \boldsymbol{p}$

力 $\underline{\boldsymbol{F}} = \frac{\mathrm{d}}{\mathrm{d}\tau}\underline{\boldsymbol{p}} = -Pc^{-1}\boldsymbol{n}_0 + \boldsymbol{F}$

電流モーメント $\underline{\boldsymbol{C}} = q\underline{g} \cdot \underline{\boldsymbol{v}} = -qc\gamma\boldsymbol{n}_0 + \boldsymbol{C}$

第 15 章 解析力学と量子論

マクスウェル方程式は量子論の発見，発展においても多くの側面で本質的な寄与をしてきた．すなわち，アインシュタインの光量子仮説からディラックの量子電気力学 (QED) に至るまで，その理論的基盤としての役割を果たしてきた．ここでは，荷電粒子を量子論的に扱うために必要なハミルトニアンの導出を古典的な解析力学を経由して行う．さらに，量子論と電磁気学の興味深い関係として，アハラノフ-ボーム効果と磁気単極について紹介する．

15.1 解析力学

ここでは，量子論への準備として，解析力学に登場するいろいろな概念や量が，相対論と微分形式を用いると，ごく自然なものとして捉えられることを見ておく [20], [35]．

15.1.1 エネルギー，運動量

相対論的な自由粒子 (静止質量 m_0) のエネルギー E_f と運動量 $\boldsymbol{p}_\mathrm{f}$ は関係

$$E_\mathrm{f}^2 = c^2 \boldsymbol{p}_\mathrm{f}^2 + (m_0 c^2)^2 \tag{15.1}$$

を満たす．E_f と $\boldsymbol{p}_\mathrm{f}$ は 4 元 1 形式にまとめることができる：

$$\underline{\boldsymbol{p}}_\mathrm{f} = (-c^{-1} E_\mathrm{f})\boldsymbol{n}_0 + \boldsymbol{p}_\mathrm{f}. \tag{15.2}$$

その大きさの 2 乗は $\underline{\boldsymbol{p}}_{\rm f}^2 = (\underline{\boldsymbol{p}}_{\rm f}, \underline{\boldsymbol{p}}_{\rm f}) = -c^{-2}E_{\rm f}^2 + \boldsymbol{p}_{\rm f}^2 = -(m_0c^2)^2$ であり，ローレンツ変換に際して保存される．$(\boldsymbol{n}_0, \boldsymbol{n}_0) = -1$ であることに注意する．

式 (15.1) を $E_{\rm f}$ について解くと，

$$E_{\rm f} = K(\boldsymbol{p}_{\rm f}) = m(\boldsymbol{p}_{\rm f})c^2 = m_0c^2\sqrt{1+\left(\frac{\boldsymbol{p}_{\rm f}}{m_0c}\right)^2}. \qquad (15.3)$$

となる．エネルギー K あるいは質量 m が運動量 $\boldsymbol{p}_{\rm f}$ の増加に伴って増加する様子を示している．非相対論的極限 ($|\boldsymbol{p}_{\rm f}| \ll m_0c$) では

$$K(\boldsymbol{p}_{\rm f}) \sim H_{\rm f}(\boldsymbol{p}_{\rm f}) + m_0c^2, \quad H_{\rm f}(\boldsymbol{p}_{\rm f}) = \frac{\boldsymbol{p}_{\rm f}^2}{2m_0} \qquad (15.4)$$

のように静止質量エネルギー m_0c^2 と運動量の 2 乗に比例するエネルギー $H_{\rm f}(\boldsymbol{p}_{\rm f})$ に分けることができる．$H_{\rm f}$ は自由粒子に対するハミルトニアンである．

静電ポテンシャル $\phi(\boldsymbol{x})$ 下での荷電粒子 q のエネルギーは

$$K(\boldsymbol{p}_{\rm f}) + q\phi(\boldsymbol{x}) \sim H(\boldsymbol{p}_{\rm f}, \boldsymbol{x}) + m_0c^2, \quad H(\boldsymbol{p}_{\rm f}, \boldsymbol{x}) = \frac{\boldsymbol{p}_{\rm f}^2}{2m_0} + q\phi(\boldsymbol{x}) \qquad (15.5)$$

となり，ハミルトニアン $H(\boldsymbol{p}_{\rm f}, \boldsymbol{x})$ は位置 $\boldsymbol{x}$ に依存するものになる．ここでは，式の繁雑になることを嫌って，電磁場は時間に依存しないとするが，この仮定を除くことは簡単である．

$\phi(\boldsymbol{x})$ が 4 元 1 形式

$$\underline{\boldsymbol{A}}(\boldsymbol{x}) = (-c^{-1}\phi(\boldsymbol{x}))\boldsymbol{n}_0 + \boldsymbol{A}(\boldsymbol{x}) \qquad (15.6)$$

の成分であることを考慮すると，式 (15.2), (15.5) に対応して 4 元の全運動量として，

$$\underline{\boldsymbol{p}} = \underline{\boldsymbol{p}}_{\rm f} + q\underline{\boldsymbol{A}}(\boldsymbol{x}) = -c^{-1}\left[K(\boldsymbol{p}_{\rm f}) + q\phi(\boldsymbol{x})\right]\boldsymbol{n}_0 + \left[\boldsymbol{p}_{\rm f} + q\boldsymbol{A}(\boldsymbol{x})\right] \qquad (15.7)$$

という和を考えることが適当である．すなわち，エネルギー，運動量のそれぞれが，粒子の位置 $\boldsymbol{x}$ における電磁場の影響を受けて

$$E = K(\boldsymbol{p}_{\rm f}) + q\phi(\boldsymbol{x}), \quad \boldsymbol{p} = \boldsymbol{p}_{\rm f} + q\boldsymbol{A}(\boldsymbol{x}) \qquad (15.8)$$

と変化すると考えるのである．

相互作用の寄与をのぞいたエネルギーと運動量が，式 (15.3) を満たすとして

$$E - q\phi(\boldsymbol{x}) = K(\boldsymbol{p} - q\boldsymbol{A}(\boldsymbol{x})) \tag{15.9}$$

が得られる．すなわち，

$$\begin{aligned} E &= K(\boldsymbol{p} - q\boldsymbol{A}(\boldsymbol{x})) + q\phi(\boldsymbol{x}) \\ &\sim \frac{(\boldsymbol{p} - q\boldsymbol{A}(\boldsymbol{x}))^2}{2m_0} + m_0c^2 + q\phi(\boldsymbol{x}). \end{aligned} \tag{15.10}$$

したがって，電磁場中の荷電粒子に対するハミルトニアン，すなわち非相対論的エネルギーは

$$H(\boldsymbol{p}, \boldsymbol{x}) = \frac{(\boldsymbol{p} - q\boldsymbol{A}(\boldsymbol{x}))^2}{2m_0} + q\phi(\boldsymbol{x}) \tag{15.11}$$

と表すことができる．

15.1.2　作用，ラグランジアン

4 元 1 形式 $\underline{\boldsymbol{p}}$ に 4 元ベクトル $\Delta\underline{\boldsymbol{x}}$ を作用させて得られるスカラーは**作用** (action)

$$\Delta S = \underline{\boldsymbol{p}} \cdot \Delta\underline{\boldsymbol{x}} = -E\Delta t + \boldsymbol{p} \cdot \Delta\boldsymbol{x} \overset{\text{SI}}{\sim} \text{Js} \tag{15.12}$$

に対応している．作用は力学の定式化において，非常に重要な働きをしているが，その物理的な意味は必ずしも明瞭ではない．一方，4 元波数ベクトル $\underline{\boldsymbol{k}} = -(\omega/c)\boldsymbol{n}_0 + \boldsymbol{k}$ に $\Delta\underline{\boldsymbol{x}}$ を作用させた

$$\Delta\phi = \underline{\boldsymbol{k}} \cdot \Delta\underline{\boldsymbol{x}} = -\omega\Delta t + \boldsymbol{k} \cdot \Delta\boldsymbol{x} \overset{\text{SI}}{\sim} 1 \tag{15.13}$$

は，位相変化という明快な意味を持っている．これは古典的な粒子も，結局は 4 元波数 $\underline{\boldsymbol{k}} = \underline{\boldsymbol{p}}/\hbar$ の量子波であることの反映である．ここでは，$\exp(\mathrm{i}S/\hbar) = \exp[\mathrm{i}(-Et + \boldsymbol{p} \cdot \boldsymbol{x})/\hbar]$ という波動をイメージしながら議論を進める*1)．

*1)　古典論の枠を踏み出すことになるが，これなしに解析力学を直観的に理解することは困難であろう．解析力学の成立時 (19 世紀前半) にも，幾何光学とのアナロジーが利用された．当時，幾何光学が波動光学の短波長近似であることは認識されていた．20 世紀前半の量子論の発展過程では，この 3 者関係を利用して，物質の波動性が明らかにされた．ここでは歴史的経緯は尊重せず，解析力学の背後に直接，物質波をおくことにする．

一般に，波の振舞いは分散関係 $\omega = \omega(\boldsymbol{k}, \boldsymbol{x})$ によって決まる．ω が $|\boldsymbol{k}|$ に比例しない媒質を分散性媒質という．また，分散関係が $\boldsymbol{x}$ に依存する場合を不均一媒質という．粒子の運動は，不均一分散性媒質中の短波長波束の運動に関係づけることができる．

4 元ベクトル $\Delta\underline{\boldsymbol{x}} = c\Delta t\boldsymbol{n}_0 + \Delta\boldsymbol{x}$ から ($\gamma \sim 1$ として) 4 元速度ベクトル

$$\underline{\boldsymbol{v}} = \lim_{\Delta t \to 0} \frac{\Delta\underline{\boldsymbol{x}}}{\Delta t} = c\boldsymbol{n}_0 + \boldsymbol{v} \tag{15.14}$$

が定義できる．慣性系を固定していることに注意する．4 元 1 形式 $\underline{\boldsymbol{p}}$ に 4 元速度ベクトル $\underline{\boldsymbol{v}}$ を作用させたものは時間あたりの作用 $l = \mathrm{d}S/\mathrm{d}t \overset{\mathrm{SI}}{\sim} \mathrm{J}$ を表す:

$$\begin{aligned} l(\boldsymbol{p}, \boldsymbol{v}; \boldsymbol{x}) &= \underline{\boldsymbol{p}} \cdot \underline{\boldsymbol{v}} = (\underline{\boldsymbol{p}}_{\mathrm{f}} + q\underline{\boldsymbol{A}}) \cdot \underline{\boldsymbol{v}} \\ &= -(K(\boldsymbol{p}_{\mathrm{f}}) + q\phi) + (\boldsymbol{p}_{\mathrm{f}} + q\boldsymbol{A}) \cdot \boldsymbol{v} \\ &= -(K(\boldsymbol{p} - q\boldsymbol{A}) + q\phi) + \boldsymbol{p} \cdot \boldsymbol{v}. \end{aligned} \tag{15.15}$$

式 (15.7), (15.8) を用いた．$\underline{\boldsymbol{p}}$, $\underline{\boldsymbol{v}}$ はそれぞれ 3 元運動量 (1 形式) $\boldsymbol{p}$ と 3 元速度 (ベクトル) $\boldsymbol{v}$ の関数である．したがって，l はこれらの関数と考えてよい．さらに，ϕ, $\boldsymbol{A}$ を介して，$\boldsymbol{x}$ の関数でもある．

与えられた $\boldsymbol{v}$ に対して $\boldsymbol{p}$ を変化させ，l を極大化することを考える．1 次元で考えると，第 1 項は下に開いた放物線，第 2 項は原点を通る直線なので，必ず極大点が 1 つある．3 次元でも同様である．

$$\frac{\partial l}{\partial \boldsymbol{p}} = -\frac{\partial K}{\partial \boldsymbol{p}} + \boldsymbol{v} = -\frac{\partial K}{\partial \boldsymbol{p}_{\mathrm{f}}} + \boldsymbol{v} = 0. \tag{15.16}$$

すなわち，

$$\boldsymbol{v} = \frac{\partial K}{\partial \boldsymbol{p}} = \frac{\partial K}{\partial \boldsymbol{p}_{\mathrm{f}}} \sim \frac{\boldsymbol{p}_{\mathrm{f}}}{m_0} = \frac{\boldsymbol{p} - q\boldsymbol{A}}{m_0} \tag{15.17}$$

のとき，l が極値をとる*2)．これは粒子の速度 $\boldsymbol{v}$ と運動量 $\boldsymbol{p}$ を 1 対 1 に対応づける式である*3)．

---

*2) 波動の場合，l に相当するものは $\nu := \mathrm{d}\phi/\mathrm{d}t = -\omega(\boldsymbol{k}) + \boldsymbol{k} \cdot \boldsymbol{v}$ である．ν は波数 $\boldsymbol{k}$, 角周波数 $\omega(\boldsymbol{k})$ の平面波を速度 $\boldsymbol{v}_{\mathrm{g}}$ の系から見た場合のドップラー効果を受けた角周波数である．$\boldsymbol{k}$ に関する極値条件 $\mathrm{d}\nu/\mathrm{d}\boldsymbol{k} = 0$ は群速度 $\boldsymbol{v}_{\mathrm{g}} = \partial\omega/\partial\boldsymbol{k}$ を与える．極値条件は，近傍の $\boldsymbol{k}$ を持つ波動がこの系ですべて同じ角周波数に見える，すなわち波の形（包絡線）が時間変化しないことを意味している．

*3) $\boldsymbol{A} = 0$ の場合の $\boldsymbol{p} = m_0\boldsymbol{v}$ でさえ自明な式ではなく，幾何学的内容を含んでいる．l の極値条件を介して，1 形式 $\boldsymbol{p}$ と接ベクトル $\boldsymbol{v}$ という異なった性格の量をつなぐ関係である．

この $\boldsymbol{v}$ に対して極大条件を満たす $\boldsymbol{p}=\boldsymbol{p}(\boldsymbol{v})$ を代入した

$$L(\boldsymbol{x},\boldsymbol{v}) := l(\boldsymbol{p}(\boldsymbol{v}),\boldsymbol{v};\boldsymbol{x}) \tag{15.18}$$

を**ラグランジアン**という.

問題 15.1 ラグランジアンの具体的な形が, 定数を除いて

$$L(\boldsymbol{x},\boldsymbol{v},t) = \frac{m_0}{2}\boldsymbol{v}^2 + q\boldsymbol{A}(t,\boldsymbol{x})\cdot\boldsymbol{v} - q\phi(t,\boldsymbol{x}) \tag{15.19}$$

となることを確かめよ (電磁場の時間依存性を復活させた).

$\partial l/\partial\boldsymbol{v} = \boldsymbol{p} = \boldsymbol{p}_{\mathrm{f}} + q\boldsymbol{A}$ であること, また, 極値条件 $\partial l/\partial\boldsymbol{p}=0$ が満たされている場合には,

$$\frac{\partial L}{\partial\boldsymbol{v}} = \frac{\partial l}{\partial\boldsymbol{v}} + \frac{\partial l}{\partial\boldsymbol{p}}m_0 = \frac{\partial l}{\partial\boldsymbol{v}} = \boldsymbol{p} \tag{15.20}$$

が成り立つことに注意する.

15.1.3 最小作用の原理

一般に作用 S は与えられた2点 $\underline{\boldsymbol{x}}_1$, $\underline{\boldsymbol{x}}_2$ をつなぐ経路 C に沿った積分として定義される.

$$S = \int_C \underline{\boldsymbol{p}}\cdot\mathrm{d}\underline{\boldsymbol{x}} = \int_C \underline{\boldsymbol{p}}\cdot\underline{\boldsymbol{v}}\mathrm{d}t = \int_C L(\boldsymbol{x},\boldsymbol{v})\mathrm{d}t \overset{\mathrm{SI}}{\sim} \mathrm{J\,s} \tag{15.21}$$

L の引数 $\boldsymbol{v}$ は経路 $C:\boldsymbol{x}(t)$ で決まる速度 $\boldsymbol{v}=\mathrm{d}\boldsymbol{x}/\mathrm{d}t$ に対応させながら積分を行うものとする. また, l ではなく L を用いているので, $\boldsymbol{p}$ も $\boldsymbol{v}$ に対応して変化させていることになる. 波動においては位相の全変化に相当する.

最小作用の原理は, 実際の運動に対応する経路 C に対して作用が極小値をとるというものである. すなわち, 経路の微小な変化 δC に対し,

$$\delta S = \int_{C+\delta C}\underline{\boldsymbol{p}}\cdot\mathrm{d}\underline{\boldsymbol{x}} - \int_C \underline{\boldsymbol{p}}\cdot\mathrm{d}\underline{\boldsymbol{x}} = 0. \tag{15.22}$$

この原理から, 運動方程式を導くことができる. 等しい間隔 Δt で並んだ, 時刻 t_0, t_1, t_2 を考える. 粒子の運動の経路が, $(t_0,\boldsymbol{x}_0)$, $(t_1,\boldsymbol{x}_1)$, $(t_2,\boldsymbol{x}_2)$ を直線で

結んだ折れ線で近似できるとする．各直線に対する速度は $\boldsymbol{v}_0 = (\boldsymbol{x}_1 - \boldsymbol{x}_0)/\Delta t$, $\boldsymbol{v}_1 = (\boldsymbol{x}_2 - \boldsymbol{x}_1)/\Delta t$ である．

経路を変形させて，2 点目だけを，$(t_1, \boldsymbol{x}_1 + \delta\boldsymbol{x})$ とする．もとの経路と変更された経路それぞれに対する作用は

$$
\begin{aligned}
S &= L(\boldsymbol{x}_0, \boldsymbol{v}_0)\Delta t + L(\boldsymbol{x}_1, \boldsymbol{v}_1)\Delta t,\\
S' &= L(\boldsymbol{x}_0, \boldsymbol{v}_0 + \delta\boldsymbol{v})\Delta t + L(\boldsymbol{x}_1 + \delta\boldsymbol{x}, \boldsymbol{v}_1 - \delta\boldsymbol{v})\Delta t
\end{aligned}
\tag{15.23}
$$

ただし，$\delta\boldsymbol{v} = \delta\boldsymbol{x}/\Delta t$. 差 $\delta S = S' - S$ を計算すると，

$$
\begin{aligned}
\frac{\delta S}{\Delta t} &= \left.\frac{\partial L}{\partial \boldsymbol{v}}\right|_{t_0} \cdot \frac{\delta\boldsymbol{x}}{\Delta t} + \left.\frac{\partial L}{\partial \boldsymbol{x}}\right|_{t_1} \cdot \delta\boldsymbol{x} + \left.\frac{\partial L}{\partial \boldsymbol{v}}\right|_{t_1} \cdot \frac{(-\delta\boldsymbol{x})}{\Delta t}\\
&= -\left.\frac{\mathrm{d}}{\mathrm{d}t}\frac{\partial L}{\partial \boldsymbol{v}}\right|_{t_1} \cdot \delta\boldsymbol{x} + \left.\frac{\partial L}{\partial \boldsymbol{x}}\right|_{t_1} \cdot \delta\boldsymbol{x}\\
&= \left(\frac{\partial L}{\partial \boldsymbol{x}} - \frac{\mathrm{d}}{\mathrm{d}t}\frac{\partial L}{\partial \boldsymbol{v}}\right)_{t_1} \cdot \delta\boldsymbol{x} = 0.
\end{aligned}
\tag{15.24}
$$

最小作用の原理から，等号が $\delta\boldsymbol{x}$ によらず成立するので，極値条件が

$$
\frac{\partial L}{\partial \boldsymbol{x}} - \frac{\mathrm{d}}{\mathrm{d}t}\frac{\partial L}{\partial \boldsymbol{v}} = 0 \tag{15.25}
$$

のように求められる．これがラグランジュの運動方程式と呼ばれるものである．$\boldsymbol{p}\ (= \partial L/\partial \boldsymbol{v})$，あるいは（$\boldsymbol{p}$ との 1 対 1 対応を通して）$\boldsymbol{v}$ の時間変化を与えている．

ここに，ラグランジアン (15.19) を代入してみよう．$\partial L/\partial \boldsymbol{v} = m_0\boldsymbol{v} + q\boldsymbol{A}(t, \boldsymbol{x})$ は簡単に求まる．次に，

$$
\begin{aligned}
\frac{\partial L}{\partial \boldsymbol{x}} &= q\boldsymbol{\nabla}(\boldsymbol{A}\cdot\boldsymbol{v}) - q\boldsymbol{\nabla}\phi\\
&= q(\boldsymbol{v}\cdot\boldsymbol{\nabla})\boldsymbol{A} + q\boldsymbol{v}\times(\boldsymbol{\nabla}\times\boldsymbol{A}) - q\boldsymbol{\nabla}\phi.
\end{aligned}
\tag{15.26}
$$

ただし，$(\boldsymbol{v}\cdot\boldsymbol{\nabla})\boldsymbol{A} - \boldsymbol{\nabla}(\boldsymbol{A}\cdot\boldsymbol{v}) = (\boldsymbol{\nabla}\times\boldsymbol{A})\times\boldsymbol{v} = (\boldsymbol{\nabla}\wedge\boldsymbol{A})\cdot\boldsymbol{v}$ を用いた．$\mathrm{d}\boldsymbol{A}/\mathrm{d}t = \partial\boldsymbol{A}/\partial t + (\boldsymbol{v}\cdot\boldsymbol{\nabla})\boldsymbol{A}$ であることに注意すると，運動方程式

$$
\begin{aligned}
\frac{\mathrm{d}}{\mathrm{d}t}(m_0\boldsymbol{v}) &= q\left(-\boldsymbol{\nabla}\phi - \frac{\partial\boldsymbol{A}}{\partial t}\right) + q\boldsymbol{v}\times(\boldsymbol{\nabla}\times\boldsymbol{A})\\
&= q\left(\boldsymbol{E}(t, \boldsymbol{x}) + \boldsymbol{v}\times\boldsymbol{B}(t, \boldsymbol{x})\right).
\end{aligned}
\tag{15.27}
$$

に帰着される．結局，ローレンツ力の起源は式 (15.7) に遡るということである．

15.1.4　群速度

実空間と波数空間における波束の時間変化を調べる．t はあまり大きくないものする．

波束は実空間 $\mathbb{E}_3$ で，$\boldsymbol{x}_0$ 付近に局在しているとし，$\boldsymbol{\xi} := \boldsymbol{x} - \boldsymbol{x}_0$ とおく．波数空間 $\mathbb{E}_3^*$ においても，中心波数 $\boldsymbol{k}_0$ 付近に局在しており，$\boldsymbol{\kappa} := \boldsymbol{k} - \boldsymbol{k}_0$ とする．また，フーリエ変換対 $f(\boldsymbol{\kappa})$, $F(\boldsymbol{\xi})$ はそれぞれ波数空間，実空間における波束の包絡線を与えるものとする．

まず，波束の実空間の広がりの範囲では角周波数が $\boldsymbol{x}$ に依存せず，分散関係 $\omega(\boldsymbol{k}, \boldsymbol{x}) = \omega(\boldsymbol{k}, \boldsymbol{x}_0)$ と見なせるものとする．波数空間での波束の時間依存性は

$$\phi_1(\boldsymbol{\kappa}, t) = f(\boldsymbol{\kappa})\mathrm{e}^{-\mathrm{i}\omega(\boldsymbol{k}_0+\boldsymbol{\kappa}, \boldsymbol{x}_0)t} \sim f(\boldsymbol{\kappa})\mathrm{e}^{-\mathrm{i}\omega(\boldsymbol{k}_0, \boldsymbol{x}_0)t - \mathrm{i}\boldsymbol{v}_\mathrm{g}\cdot\boldsymbol{\kappa}t} \tag{15.28}$$

と表すことができる．ただし，$\boldsymbol{v}_\mathrm{g} := (\partial\omega/\partial\boldsymbol{k})(\boldsymbol{k}_0, \boldsymbol{x}_0)$．実空間に変換すると，

$$\begin{aligned}\psi_1(\boldsymbol{x}, t) &= \frac{1}{\sqrt{2\pi}}\int_{\mathbb{E}_3^*}\phi_1(\boldsymbol{\kappa}, t)\mathrm{e}^{\mathrm{i}\boldsymbol{\xi}\cdot\boldsymbol{\kappa}}\mathrm{d}\kappa^3 \\ &= \mathrm{e}^{-\mathrm{i}\omega(\boldsymbol{k}_0, \boldsymbol{x}_0)t}F(\boldsymbol{\xi} - \boldsymbol{v}_\mathrm{g}t)\end{aligned} \tag{15.29}$$

実空間において波束の包絡線 F は速度 $\boldsymbol{v}_\mathrm{g}$ で形を変えずに伝搬する．

次に，$\omega(\boldsymbol{k}, \boldsymbol{x}) = \omega(\boldsymbol{k}_0, \boldsymbol{x})$, すなわち, 角周波数が波数空間での波束の広がりの範囲では一定であると見なせる状況を考える．実空間での波束の時間発展は

$$\psi_2(\boldsymbol{\xi}, t) = F(\boldsymbol{\xi})\mathrm{e}^{-\mathrm{i}\omega(\boldsymbol{k}_0, \boldsymbol{x}_0+\boldsymbol{\xi})t} \sim F(\boldsymbol{\xi})\mathrm{e}^{-\mathrm{i}\omega(\boldsymbol{k}_0, \boldsymbol{x}_0)t + \mathrm{i}\boldsymbol{w}_\mathrm{g}\cdot\boldsymbol{\xi}t} \tag{15.30}$$

と書ける．ただし，$\boldsymbol{w}_\mathrm{g} := -(\partial\omega/\partial\boldsymbol{x})(\boldsymbol{k}_0, \boldsymbol{x}_0)$．波数空間では，

$$\begin{aligned}\phi_2(\boldsymbol{k}, t) &= \frac{1}{\sqrt{2\pi}}\int_{\mathbb{E}_3}\psi_2(\boldsymbol{\xi})\mathrm{e}^{-\mathrm{i}\boldsymbol{\kappa}\cdot\boldsymbol{\xi}}\mathrm{d}\xi^3 \\ &= \mathrm{e}^{-\mathrm{i}\omega(\boldsymbol{k}_0, \boldsymbol{x}_0)t}f(\boldsymbol{\kappa} - \boldsymbol{w}_\mathrm{g}t)\end{aligned} \tag{15.31}$$

となり，波束の包絡線 f は速度 $\boldsymbol{w}_\mathrm{g}$ で伝搬することがわかる．

まとめると，$\omega(\boldsymbol{k}, \boldsymbol{x})$ が両方の引数に依存する場合，

$$\boldsymbol{v}_\mathrm{g} = \frac{\partial\omega}{\partial\boldsymbol{k}}\left(= \frac{\mathrm{d}\boldsymbol{x}_0}{\mathrm{d}t}\right), \quad \boldsymbol{w}_\mathrm{g} = -\frac{\partial\omega}{\partial\boldsymbol{x}}\left(= \frac{\mathrm{d}\boldsymbol{k}_0}{\mathrm{d}t}\right) \tag{15.32}$$

のようになる．これは，次項のハミルトンの正準方程式に相当するものである．

15.1.5 正準形式

$H(\boldsymbol{p},\boldsymbol{x}) = K(\boldsymbol{p}-q\boldsymbol{A}(\boldsymbol{x}))+q\phi(\boldsymbol{x})-m_0c^2$ とおいたとき，作用に対する表式

$$S = -H(\boldsymbol{p},\boldsymbol{x})t + \boldsymbol{p}\cdot\boldsymbol{x} \tag{15.33}$$

が，$\boldsymbol{p}$, $\boldsymbol{x}$ に関して対称的であることに注目する．まず，$\boldsymbol{p}$ を 1 形式，$\boldsymbol{x}$ をベクトルと見る立場から，

$$\mathrm{d}S = -H(\boldsymbol{p},\boldsymbol{x})\mathrm{d}t + \boldsymbol{p}\cdot\mathrm{d}\boldsymbol{x} \tag{15.34}$$

と書き直す．$l(\boldsymbol{p},\boldsymbol{v};\,\boldsymbol{x}) := \mathrm{d}S/\mathrm{d}t$ の $\boldsymbol{p}$ に関する極値条件 $\partial l/\partial\boldsymbol{p}=0$ は

$$\boldsymbol{v} = \frac{\partial H}{\partial\boldsymbol{p}}\ \left(=\frac{\mathrm{d}\boldsymbol{x}}{\mathrm{d}l}\right) \tag{15.35}$$

と書ける．ふたたび，群速度に対応する式である．

逆に，$\boldsymbol{x}$ を 1 形式，$\boldsymbol{p}$ をベクトルと見る立場 (双対変換) をとる．

$$\mathrm{d}S^* = -H(\boldsymbol{p},\boldsymbol{x})\mathrm{d}t - \boldsymbol{x}\cdot\mathrm{d}\boldsymbol{p} \tag{15.36}$$

式 (15.34) との符号の違いは，式 (15.29), (15.31) のフーリエ（逆）変換における符号の違いに帰着される．

$l^*(\boldsymbol{x},\boldsymbol{w};\,\boldsymbol{p}) := \mathrm{d}S^*/\mathrm{d}t$ の $\boldsymbol{x}$ に関する極値条件 $\partial l^*/\partial\boldsymbol{x}=0$ は

$$\boldsymbol{w} = -\frac{\partial H}{\partial\boldsymbol{x}}\ \left(=\frac{\mathrm{d}\boldsymbol{p}}{\mathrm{d}t}\right) \tag{15.37}$$

と書ける．$\boldsymbol{w}$ は運動量空間における群速度に相当するものである．これらを連立させたもの

$$\begin{cases} \dfrac{\mathrm{d}\boldsymbol{x}}{\mathrm{d}t} = \dfrac{\partial H}{\partial\boldsymbol{p}}, \\ \dfrac{\mathrm{d}\boldsymbol{p}}{\mathrm{d}t} = -\dfrac{\partial H}{\partial\boldsymbol{x}} \end{cases} \tag{15.38}$$

をハミルトンの正準方程式という．この時間に関する 1 階の連立微分方程式は，実質的に 2 階の微分方程式である式 (15.25) と等価である．

問題 15.2　正準方程式 (15.21) に具体的なハミルトニアン (15.11) を代入して，運動方程式を求めよ．

15.1.6　ゲージの自由度

4 元の力場 $\underline{\mathsf{E}}\,(= c\underline{\mathsf{B}})$ は 4 元ポテンシャル $\underline{\boldsymbol{A}}\,(= -c^{-1}\underline{\boldsymbol{V}})$ によって，

$$\underline{\mathsf{E}} = c\underline{\boldsymbol{\nabla}} \wedge \underline{\boldsymbol{A}} \tag{15.39}$$

と表せる．任意の 4 元スカラー場 $\Lambda(t, \boldsymbol{x}) \overset{\text{SI}}{\sim} \mathrm{V\,s} = \mathrm{Wb}$ に対して

$$\underline{\boldsymbol{A}}' = \underline{\boldsymbol{A}} + \underline{\boldsymbol{\nabla}}\Lambda \tag{15.40}$$

を導入すると，$\underline{\boldsymbol{\nabla}} \wedge \underline{\boldsymbol{\nabla}} = 0$ より，

$$\underline{\mathsf{E}} = c\underline{\boldsymbol{\nabla}} \wedge \underline{\boldsymbol{A}}' \tag{15.41}$$

となる．すなわち，$\boldsymbol{A}$ と $\boldsymbol{A}'$ は同じ E を与える．電磁ポテンシャルに対するゲージの自由度といわれるものである．対応して 4 元運動量 (15.7) も

$$\underline{\boldsymbol{p}}' = \underline{\boldsymbol{p}} + q\underline{\boldsymbol{\nabla}}\Lambda = \underline{\boldsymbol{p}}_{\mathrm{f}} + q\underline{\boldsymbol{A}}' \tag{15.42}$$

のように変換する．

最小作用の原理により，実際の運動に対する経路 C を δC だけずらしても，S が変化しないことは式 (15.22) で見たとおりである．$\underline{\boldsymbol{p}}'$ に対して同じ量を計算すると，

$$\begin{aligned}\delta S' &= \int_{C+\delta C} \underline{\boldsymbol{p}}' \cdot \mathrm{d}\underline{\boldsymbol{x}} - \int_C \underline{\boldsymbol{p}}' \cdot \mathrm{d}\underline{\boldsymbol{x}} \\ &= \delta S + (\Lambda_2 - \Lambda_1) - (\Lambda_2 - \Lambda_1) = \delta S \end{aligned} \tag{15.43}$$

となって，極値条件 $\delta S = 0$ は変わらない．ただし，$\Lambda_i = \Lambda(t_i, \boldsymbol{x}_i)$ とおいた．つまり，ゲージ変換によって，荷電粒子の運動は影響を受けない．

$\underline{\boldsymbol{p}}$, $\underline{\boldsymbol{A}}$ あるいは，E, $\boldsymbol{p}$, ϕ, $\boldsymbol{A}$ などはゲージに依存する量である．一方，$\boldsymbol{v}$, $\boldsymbol{w}$ などはゲージに依存しない．

15.2　量子論と電磁気学

15.2.1　電磁ポテンシャル

一般に，スカラーポテンシャルとベクトルポテンシャルは方程式の数を減らすために導入される．静電場の問題では $\boldsymbol{E} = -\operatorname{grad}\phi$ とすることによって，

$\mathrm{curl}\,\boldsymbol{E}=0$ という式が不要となる．定常磁場の場合にも，$\boldsymbol{B}=\mathrm{curl}\,\boldsymbol{A}$ によって $\mathrm{div}\,\boldsymbol{B}=0$ が不要となる．一般の問題においても，ϕ, $\boldsymbol{A}$ を導入して

$$\boldsymbol{E}=-\,\mathrm{grad}\,\phi-\frac{\partial\boldsymbol{A}}{\partial t},\quad \boldsymbol{B}=\mathrm{curl}\,\boldsymbol{A} \tag{15.44}$$

とおけば，式の数を削減することができる．成分の数も，$(\boldsymbol{E},\boldsymbol{B})$ では 6，$(\phi,\boldsymbol{A})$ では 4 と少なくなっている．また，ローレンツ力の起源に遡ると，式 (15.7) のようにポテンシャルが登場する．

このようにポテンシャル $(\phi,\boldsymbol{A})$ の導入には利点があるのだが，$(\boldsymbol{E},\boldsymbol{B})$ にとって代わるほど広く利用されてはいない．それどころか限定的にしか使われていない．その理由は，(1) 最終的に必要な量は $(\boldsymbol{E},\boldsymbol{B})$ である．実際，ローレンツ力の式はこれらの量だけで表されている，(2) ポテンシャルには余分の自由度 (ゲージ変換の自由度) が含まれており一意性が成り立たない，というものである．

実際，任意のスカラー関数 $\Lambda(\boldsymbol{x},t)$ ($\overset{\mathrm{SI}}{\sim}$ V s = Wb) を用いて定義された

$$\phi'=\phi-\frac{\partial\Lambda}{\partial t},\quad \boldsymbol{A}'=\boldsymbol{A}+\mathrm{grad}\,\Lambda \tag{15.45}$$

新しいポテンシャルは，もとのポテンシャルと全く同じ $(\boldsymbol{E},\boldsymbol{B})$ を与える．

この自由度を固定するために付加的な条件を課す必要がある．これをゲージの選択という．$\mathrm{div}\,\boldsymbol{A}=0$ とする**クーロンゲージ**，$\mathrm{div}\,\boldsymbol{A}+(1/c^2)\partial\phi/\partial t=0$ とする**ローレンツ** (Lorenz) **ゲージ**がよく用いられる*4)．このような事実から，ポテンシャルは計算上の便宜のために導入された量にすぎず，物理的意味はそれほどないと考えられがちである．しかし，荷電粒子を量子力学的に扱う場合には事情は変わってくる．古典系の場合には，荷電粒子は点と見なすことができ，その点におけるポテンシャルの微分量だけを知ればよいという特殊事情がある．一方，量子力学では点電荷であっても，その波動関数が空間的広がりを持っているため局所的な微分量だけでは不十分になる．また，古典力学では

*4)　クーロンゲージ条件において，$\boldsymbol{A}$ は 1 形式なので，2 形式に変換してから発散をとるべきである．つまり，$\mathsf{d}*\boldsymbol{A}=0$ と書くべきである．同様に，ローレンツゲージ条件も $\underline{\mathsf{d}*\boldsymbol{A}}=0$ と書くべきである．これによって，ポテンシャルが満たす式 $\underline{\mathsf{d}}Y_0\underline{*\mathsf{d}\boldsymbol{A}}=\underline{\mathcal{J}}$ が見かけ上簡単になって，$\Box\underline{\boldsymbol{A}}=Z_0\underline{\mathcal{J}}$ となる．$\Box:=\underline{\mathsf{d}\delta}+\underline{\delta\mathsf{d}}$, $\underline{\delta}=(-)^{n+1}\underline{*\mathsf{d}*}$ を用いた．図 14.1 を参照．

電磁場の効果が力として現れるのに対して，量子力学においては同じ効果が波動関数の位相の変化を通して実現されている．これらの理由によって，量子的な荷電粒子への電磁場の効果を調べるためにはポテンシャルの導入が本質的となる．

15.2.2　量子力学におけるゲージ変換

電磁場中の質量 m，電荷 q の粒子に対する量子的ハミルトニアンは

$$\hat{H} = \frac{1}{2m}(\hat{\boldsymbol{p}} - q\boldsymbol{A}(\hat{\boldsymbol{x}}))^2 + q\phi(\hat{\boldsymbol{x}}) \tag{15.46}$$

で与えられる．“ ˆ ” は演算子を表す．波動関数を $\psi(\boldsymbol{x}, t)$ とすると，このハミルトニアンから導かれる座標表示における**シュレディンガー方程式**は，$\hat{\boldsymbol{x}} \to \boldsymbol{x}$，$\hat{\boldsymbol{p}} \to (\hbar/\mathrm{i})\boldsymbol{\nabla}$ とおいて，

$$\mathrm{i}\hbar\frac{\partial\psi}{\partial t} = \left[\frac{1}{2m}\left(\frac{\hbar}{\mathrm{i}}\boldsymbol{\nabla} - q\boldsymbol{A}(\boldsymbol{x})\right)^2 + q\phi(\boldsymbol{x})\right]\psi \ (= \hat{H}\psi) \tag{15.47}$$

である．$\hbar \overset{\mathrm{SI}}{\sim} \mathrm{J\,s}$ は**プランク** (Planck) **定数**，$\psi \overset{\mathrm{SI}}{\sim} \mathrm{m}^{-3/2}$ は波動関数である．

シュレディンガー方程式が変換

$$\phi' = \phi - \frac{\partial \varLambda}{\partial t}, \quad \boldsymbol{A}' = \boldsymbol{A} + \mathrm{grad}\,\varLambda \tag{15.48}$$

に対して不変であるためには，波動関数を

$$\psi'(\boldsymbol{x}, t) = \psi(\boldsymbol{x}, t)\mathrm{e}^{\mathrm{i}(q/\hbar)\varLambda(\boldsymbol{x}, t)} \tag{15.49}$$

のように置き換える必要がある．

この必要性を逆向きに考えてみよう．よく考えてみると，時空間の各点における波動関数の「位相の基準」を決める先験的な方法はない．これは空間において絶対的な座標系が存在しないのとよく似た状況である．座標系選択の自由度は，テンソルの成分の変換則に反映されているのであるが，波動関数の位相の自由度は電磁場のポテンシャルの違いとして現れるのである．古典論では不自然であったゲージの自由度の問題が量子論ではむしろ必然的な役割を演じていることは注目に値する．

15.2.3 アハラノフ-ボーム効果

量子力学におけるポテンシャルの重要性の典型的状況を示すものが**アハラノフ-ボーム (Aharonov-Bohm) 効果**（AB 効果とも呼ばれる）である．荷電粒子が存在する領域での電場や磁場が 0 であるにもかかわらず，ポテンシャルの効果が運動に影響することを明確に示す例である．

簡単のために，ここでは時間に依存しない場を考える．ゲージ変換も時間に依存しないものとする．したがって，ベクトルポテンシャルだけが変換の対象になる．波動関数も定常状態 $\psi(\boldsymbol{x}, t) = \Psi(\boldsymbol{x})\mathrm{e}^{-\mathrm{i}Et/\hbar}$ を考える．シュレディンガー方程式は

$$\left[\frac{1}{2m}\left(\frac{\hbar}{\mathrm{i}}\boldsymbol{\nabla} - q\boldsymbol{A}(\boldsymbol{x})\right)^2 + q\phi(\boldsymbol{x})\right]\Psi(\boldsymbol{x}) = E\Psi(\boldsymbol{x}) \qquad (15.50)$$

である．（時間に依存しない）ゲージ変換は

$$\boldsymbol{A}'(\boldsymbol{x}) = \boldsymbol{A}(\boldsymbol{x}) + \mathrm{grad}\,\Lambda(\boldsymbol{x}), \quad \Psi'(\boldsymbol{x}) = \Psi(\boldsymbol{x})\mathrm{e}^{\mathrm{i}(q/\hbar)\Lambda(\boldsymbol{x})} \qquad (15.51)$$

であり，この変換に対して式 (15.50) は形を変えない．

磁場 $\boldsymbol{B}$ が 0 の領域においては，ベクトルポテンシャルは渦なし ($\mathrm{curl}\,\boldsymbol{A} = 0$) なので，あるスカラー場 $\Lambda(\boldsymbol{x})$ の勾配場として表すことができる．ただし，領域は単連結でなければならない*5)．

$$\boldsymbol{A}(\boldsymbol{x}) = -\,\mathrm{grad}\,\Lambda(\boldsymbol{x}) \qquad (15.52)$$

$\Lambda(\boldsymbol{x})$ を用いてゲージ変換を行うと，$\boldsymbol{A}'(\boldsymbol{x}) = 0$ となり，その領域ではベクトルポテンシャルを含まないシュレディンガー方程式

$$\left[-\frac{\hbar^2}{2m}\boldsymbol{\nabla}^2 + q\phi(\boldsymbol{x})\right]\Psi_0(\boldsymbol{x}) = E\Psi_0(\boldsymbol{x}) \qquad (15.53)$$

が得られる．その解 $\Psi_0(\boldsymbol{x})$ を利用して，その領域ではゲージ変換前の波動関数を

$$\Psi(\boldsymbol{x}) = \Psi_0(\boldsymbol{x})\mathrm{e}^{-\mathrm{i}(q/\hbar)\Lambda(\boldsymbol{x})} \qquad (15.54)$$

と表すことができる．

---

*5) そこに含まれる任意の閉曲線を連続的に変形して点にまで縮めることのできる領域を単連結という．

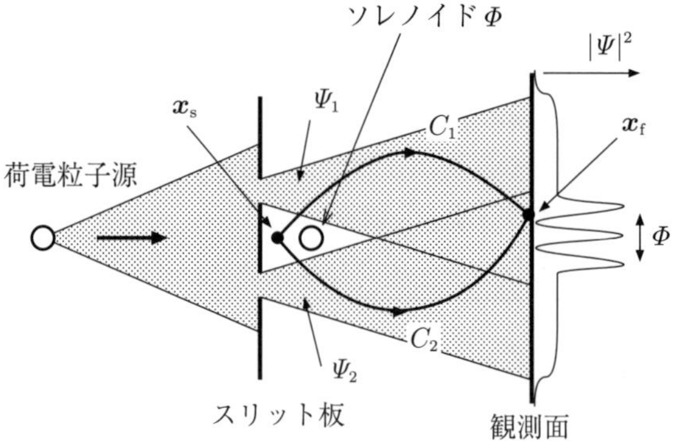

図 15.1　AB 効果の実験配置図．ソレノイドの軸は紙面に垂直である．

図 15.1 のような荷電粒子を用いた 2 重スリットの実験を考える．スリットの直後に無限長ソレノイド (磁束 Φ) が置かれている．ソレノイドの外部では $\boldsymbol{B} = 0$ であり，2 つのスリットは透過した荷電粒子は磁場に触れることなく，観測面に到達する（ベクトルポテンシャルはたとえば，$\boldsymbol{A} = (\Phi/2\pi\rho)\boldsymbol{e}_\phi$）．

スリット 1 に対応する波動関数を $\Psi_1(\boldsymbol{x})$，スリット 2 に対応する波動関数を $\Psi_2(\boldsymbol{x})$ とする．$\Psi_1(\boldsymbol{x})$ が 0 でない領域 D_1 は単連結であるので，そこでのベクトルポテンシャルを $\boldsymbol{A}(\boldsymbol{x}) = \operatorname{grad} \Lambda_1(\boldsymbol{x})$ と表すことができる．すると，ゲージ変換前の $\Psi_1(\boldsymbol{x})$ は，磁束が 0 の場合の波動関数 $\Psi_{10}(\boldsymbol{x})$ を用いて，

$$\Psi_1(\boldsymbol{x}) = \Psi_{10}(\boldsymbol{x})\mathrm{e}^{\mathrm{i}(q/\hbar)\Lambda_1(\boldsymbol{x})} \tag{15.55}$$

と表すことができる．$\Psi_2(\boldsymbol{x})$ が 0 でない領域 D_2 についても，ベクトルポテンシャルを $\boldsymbol{A}(\boldsymbol{x}) = \operatorname{grad} \Lambda_2(\boldsymbol{x})$ と考えることで波動関数を $\Psi_2(\boldsymbol{x}) = \Psi_{20}(\boldsymbol{x})\mathrm{e}^{\mathrm{i}(q/\hbar)\Lambda_2(\boldsymbol{x})}$ と表すことができる．

観測面での波動関数は

$$\Psi(\boldsymbol{x}) = \Psi_{10}(\boldsymbol{x})\mathrm{e}^{\mathrm{i}(q/\hbar)\Lambda_1(\boldsymbol{x})} + \Psi_{20}(\boldsymbol{x})\mathrm{e}^{\mathrm{i}(q/\hbar)\Lambda_2(\boldsymbol{x})} \tag{15.56}$$

のように 2 つのスリットからの寄与からなり，荷電粒子を見いだす (相対) 確率は

$$|\Psi|^2 = |\Psi_{10}|^2 + |\Psi_{20}|^2 + 2|\Psi_{10}||\Psi_{20}|\cos[(q/\hbar)(\Lambda_1 - \Lambda_2) + \phi] \tag{15.57}$$

ただし，$\phi = \arg \Psi_{10}\Psi_{20}^*$.

観測面上の点を $\boldsymbol{x}_\mathrm{f}$，スリットとソレノイドの間の適当な点を $\boldsymbol{x}_\mathrm{s}$ とすると，

$$\Lambda_1(\boldsymbol{x}_\mathrm{f}) - \Lambda_1(\boldsymbol{x}_\mathrm{s}) = \int_{C_1} \boldsymbol{A} \cdot \mathrm{d}\boldsymbol{l} \tag{15.58}$$

と表すことができる．C_1 は 2 点を結ぶ曲線でソレノイドの上方を通るものとする．Λ_1 の定義域は $\boldsymbol{x}_\mathrm{s}$ まで問題なく拡張することができる．Λ_2 に関しても，ソレノイドの下側を通る経路 C_2 に関して同様の式が得られる．これらの式の差をとると，

$$\begin{aligned}\Lambda_1(\boldsymbol{x}_\mathrm{f}) - \Lambda_2(\boldsymbol{x}_\mathrm{f}) &= \int_{C_1} \boldsymbol{A} \cdot \mathrm{d}\boldsymbol{l} - \int_{C_2} \boldsymbol{A} \cdot \mathrm{d}\boldsymbol{l} \\ &= \oint_{C} \boldsymbol{A} \cdot \mathrm{d}\boldsymbol{l} = \Phi \end{aligned} \tag{15.59}$$

$C = C_1 - C_2$ はソレノイドを囲む閉曲線である．磁束 Φ を変化させると，式 (15.57) の第 3 項が $\pm 2|\Psi_{10}||\Psi_{20}|$ の間で振動し，干渉縞が大きく変化する．

量子論において，ポテンシャルが本質的に意味を持つ状況が存在することが，この例から明らかになった．しかも，式 (15.59) からわかるように，ゲージ変換の自由度は最終結果には現れていないことに注目したい．つまり古典論ではポテンシャルの局所的な差 (微分) が，量子論では大域的な差が結果に効くのである．

AB 効果は，実験的に確認されている．空間と時間の役割を入れ替えるとスカラーポテンシャルに対する AB 効果も考えることができる．この場合は，電気 2 重層のように電場が 0 でスカラーポテンシャルが 0 でない場を用いる．また，ソレノイドを磁気モーメントをもった粒子に，荷電粒子を静電場に置き換えた，**アハラノフ-キャッシャー** (Aharanov-Casher) **効果** (AC 効果) とよばれる変形版もある．これらはいずれも実験で確認されている．

15.2.4　磁気単極 — 磁荷の量子化

ベクトルポテンシャルは $\mathrm{div}\,\boldsymbol{B} = 0$ という式を消去するために導入された．しかし先に見たように，量子論的には，それ以上の意味を持っており，たとえ $\mathrm{div}\,\boldsymbol{B} = 0$ が成り立たない場合に対しても維持するべきものである．このような認識の下で磁気単極の存在を仮定すると興味深い結果が得られる．原点に点

磁荷 g ($\overset{\mathrm{SI}}{\sim}$ Wb) が置かれているとする:

$$\operatorname{div}\boldsymbol{B} = g\delta^3(\boldsymbol{x}). \tag{15.60}$$

これがつくる磁束密度は

$$\boldsymbol{B} = \frac{g}{4\pi r^2}\boldsymbol{e}_r \tag{15.61}$$

である．対応するベクトルポテンシャル $\boldsymbol{A}$ を考えてみよう．$\boldsymbol{A}(\boldsymbol{x}) = A_\phi(r,\theta)\boldsymbol{e}_\phi$ という形を仮定すると，式 (B.59) を利用して

$$\boldsymbol{A}(\boldsymbol{x}) = \frac{g}{4\pi r}\frac{1-\cos\theta}{\sin\theta}\boldsymbol{e}_\phi \tag{15.62}$$

が得られる．この解は南極方向 ($\theta = \pi$) に特異性を持っているので，南極軸近傍を除いた領域で有効である．一方，

$$\boldsymbol{A}'(\boldsymbol{x}) = \frac{g}{4\pi r}\frac{-1-\cos\theta}{\sin\theta}\boldsymbol{e}_\phi \tag{15.63}$$

も解であり，こちらは北極方向 ($\theta = 0$) に特異性を持っている．$\boldsymbol{A}$, $\boldsymbol{A}'$ を組み合わせることで原点を除く全領域でベクトルポテンシャルを定義することができる*6)．極軸から離れた一般的な点では，2 通りの表し方があることになるが，これらはゲージ変換で関係づけることができる．

問題 15.3　そのようなゲージ変換を求めよ．すなわち，$\boldsymbol{A} - \boldsymbol{A}' = \operatorname{grad}\Lambda$ となる Λ を求めよ．

原点を中心とする半径 R の球面を考える．球面上の閉曲線 C で囲まれた面積を S とする ($C = \partial S$)．S は北極を含むものとし，面積と曲線の向きづけは標準的なものとする．この面積 S を通過する磁束は

$$\Phi = gS/4\pi R^2 \tag{15.64}$$

である．球面上の残りの面積を $S' = 4\pi R^2 - S$ とおく．その周辺の閉曲線は $C' = \partial S' = -C$ である．この面積 S' を通過する磁束は

---

*6)　$\operatorname{div}\boldsymbol{B} = 0$ が原点で成り立っていないために，1 つの $\boldsymbol{A}$ では間に合わなくなったのである．このような場合は，$\operatorname{div}\boldsymbol{B} \neq 0$ を除いた領域をいくつかの $\boldsymbol{A}$ でパッチワークのようにして覆うことができる．パッチが重なっている部分はゲージ変換で 2 つのポテンシャルを関係づけることができる．

$$\Phi' = gS'/4\pi R^2 = g(1 - S/4\pi R^2) \tag{15.65}$$

である．荷電粒子 q を経路 C に沿って移動させた場合の波動関数の位相変化は

$$\phi = \frac{q}{\hbar}\oint_C \boldsymbol{A}\cdot \mathrm{d}\boldsymbol{l} = \frac{q}{\hbar}\int_S \boldsymbol{B}\cdot \mathrm{d}\boldsymbol{S} = \frac{q}{\hbar}\Phi \tag{15.66}$$

である．同じく C' に沿って移動させた場合には

$$\phi' = \frac{q}{\hbar}\oint_{C'} \boldsymbol{A}'\cdot \mathrm{d}\boldsymbol{l} = \frac{q}{\hbar}\int_{S'} \boldsymbol{B}\cdot \mathrm{d}\boldsymbol{S} = \frac{q}{\hbar}\Phi' \tag{15.67}$$

となる．南極を含む領域 S' を考えているので $\boldsymbol{A}'$ を用いた．

これらは同じ経路を逆にたどっているだけなので，

$$\phi' = -\phi + 2n\pi \tag{15.68}$$

が成り立たなければ矛盾をきたす．n は整数であり，$2n\pi$ は位相の不定性を表している．一方，式 (15.66), (15.67) より，

$$\phi' + \phi = \frac{q}{\hbar}(\Phi + \Phi') = \frac{qg}{\hbar} \tag{15.69}$$

これより条件，

$$gq = nh \tag{15.70}$$

が得られる．これは，磁荷の大きさ g が h/q を単位に量子化されることを示している．これは**ディラック** (Dirac) **の量子化条件**と呼ばれるものである．逆に，もし磁気単極が (1 つでも) 存在すると，電荷の大きさが $q = nh/g$ のように量子化されることを示している．

問題 15.4　9.8 節の半無限ソレノイドにおいて，ソレノイド内の磁束が AB 効果によって検知されない条件が，ディラックの量子化条件と一致することを確認せよ．

現実の素電荷の大きさは $q_0 = 0.16\,\mathrm{aC}$ であるが，量子化条件 (15.70) で決まる最小の磁荷の大きさ ($n = 1$) は $g_0 = h/q_0 = 4.1\,\mathrm{fWb}$ である．この大きさの程度を知るために，電気力と磁気力が等しくなる電荷と磁荷の対 q_*, g_* を考える．つまり，$q_*^2/4\pi\varepsilon_0 r^2 = g_*^2/4\pi\mu_0 r^2$．これより得られる比 $g_*/q_* = \sqrt{\mu_0/\varepsilon_0} = Z_0$ は真空のインピーダンスであり，これを基準に考えると，

$$\frac{g_0/q_0}{g_*/q_*} = \frac{h}{q_0^2}\sqrt{\frac{\varepsilon_0}{\mu_0}} = \frac{h}{Z_0 q_0^2} = \frac{1}{2\alpha} \sim 69 \tag{15.71}$$

となる．ただし，$\alpha = Z_0 q_0^2/2h \sim 1/137$ は微細構造定数である*7)．量子化された磁気単極の大きさ g_0 は素電荷 q_0 に比べて大きいといえる*8)．

磁気単極の存在を仮定すると，その運動によって磁流が生じる．これらを考慮したマクスウェル方程式は

$$\begin{aligned} &\operatorname{div} \boldsymbol{D} = \varrho, && \operatorname{curl} \boldsymbol{H} - \frac{\partial \boldsymbol{D}}{\partial t} = \boldsymbol{J} \\ &\operatorname{curl} \boldsymbol{E} + \frac{\partial \boldsymbol{B}}{\partial t} = -\boldsymbol{J}_{\mathrm{m}}, && \operatorname{div} \boldsymbol{B} = \varrho_{\mathrm{m}} \end{aligned} \tag{15.72}$$

と表せる．ここで，$\varrho_{\mathrm{m}} = \sum_\alpha g_\alpha \delta(\boldsymbol{x}-\boldsymbol{x}_\alpha)$ は磁荷密度，$\boldsymbol{J}_{\mathrm{m}} = \sum_\alpha g_\alpha \boldsymbol{v}_\alpha \delta(\boldsymbol{x}-\boldsymbol{x}_\alpha)$ は磁流密度である．

点磁荷に対する力は $\boldsymbol{F}_{\mathrm{m}} = g\boldsymbol{H} - g\boldsymbol{v} \times \boldsymbol{D}$ であり，電荷，磁荷の連続分布に対するローレンツ力の式は

$$\boldsymbol{f} = \varrho \boldsymbol{E} + \boldsymbol{J} \times \boldsymbol{B} + \varrho_{\mathrm{m}} \boldsymbol{H} - \boldsymbol{J}_{\mathrm{m}} \times \boldsymbol{D} \tag{15.73}$$

と表せる．電気，磁気を対称化したマクスウェル方程式はこのような冗長な形をしており，美しさがかなり損なわれている*9)．

問題 15.5　式 (15.62) の特異性に対応する磁束を求めよ．

---

*7)　微細構造定数は，量子ホール効果における**フォン・クリッツィング** (von Klitzing) **定数** $R_{\mathrm{K}} = h/q_0^2 = g_0/q_0 = 25\,\mathrm{k\Omega}$ を用いると，$\alpha = Z_0/2R_{\mathrm{K}}$ と簡潔に表すことができる．

*8)　関連する現象として磁束の量子化がある．超伝導体のリングを貫く磁束は $\varPhi_0 = h/(2q_0) = g_0/2$ を単位に量子化されている．これは超伝導を担う電子対 (電荷 $2q_0$) の巨視的波動関数の一巡位相が 2π の整数倍でなければならないことから決まっている．リングを開けばもっと小さい値もとれるので，普遍的な量子性ではないことに注意する．

*9)　たとえば，図 14.1 などを見れば明らかであろう．スカラー・ベクトル表現のマクスウェル方程式からは，見えにくい事実である．

第 16 章
空間反転と擬テンソル

これまで繰り返し述べてきたように，座標系や基底はもっぱら計算の便宜のために導入された人為的な（主観的な）ものである．したがって，座標系には依存しない（客観的な）量，すなわちベクトル，テンソルなどを一義に考えることが大切である．具体的問題を解くために，座標系を導入すると，ベクトル，テンソルなどの成分を考えることになるが，その場合でも異なった座標系に対する成分との関係を計算できるようにしておく必要がある．これを成分の変換則という．

このように座標系は「見る立場」に過ぎないので，これに依存しない量や記述を優先させることが大切である．しかし，この原則を完徹できない状況が存在する．この章で導入する**擬テンソル** (pseudo tensor) という量は座標系に部分的に依存する微妙な存在である．

16.1 空間反転対称性

自然界では，時間および空間反転対称性とその破れはいろいろな形で現れ，興味の対象になっている．たとえば，生命現象では明らかにこれらの対称性は破れている．また，素粒子の世界でも対称性の破れが検出されている*1)．しか

*1) 1956 年，李と楊は弱い相互作用における空間反転 (P) 対称性の破れを大胆に予想した．翌年の呉によるコバルト 60 (^{60}Co) のベータ崩壊の実験が予想を裏付け，李と楊はノーベル物理学賞 (1957) をたちまち受賞した．南部が自発的対称性の破れに対して，小林と益川が電荷空間反転 (CP) 対称性の破れによる素粒子の世代数の予測に関して，2008 年のノーベル物理学賞を受賞したことは記憶に新しい．

し，電磁現象はこれらの対称性を保存することが知られている．

対称変換に関しては能動的変換と受動的変換が考えられる．前者においては座標系は固定して，系を変換し，後者においては逆に系は固定して，座標系を変換するのである．空間反転に関していえば，能動的変換は鏡を3枚用いて，上下，左右，前後を逆転することで実現できる．一方，受動的変換は3つの基底ベクトルを反転するだけでよい．ここでは主に，操作としてわかりやすい受動的変換の立場で空間反転対称性を調べる．

16.1.1 座標系の向きによる分類

任意の2つの正規直交系 $\Sigma = \{\boldsymbol{e}_1, \boldsymbol{e}_2, \boldsymbol{e}_3\}$, $\Sigma' = \{\boldsymbol{e}'_1, \boldsymbol{e}'_2, \boldsymbol{e}'_3\}$ をとり，それら間の変換行列を $R_{ij} = (\boldsymbol{e}'_i, \boldsymbol{e}_j)$ とする．$[R_{ij}]$ は直交行列なので，その行列式は $\det[R_{ij}] = \pm 1$ である．符号が正の場合にはそれらの座標系を同じクラスに属させ，負の場合には異なったクラスに属するようにする．たとえば，Σ と Σ' の間の変換行列式が -1，Σ' と Σ'' の間が -1 の場合，Σ と Σ'' の間は $+1$ になる．したがって，$\{\Sigma, \Sigma''\}$, $\{\Sigma'\}$ というクラス分けになる．このようなクラス分けによって，座標系全体を矛盾なく2つのクラスに分類することができる．たとえば，基底 $\{\boldsymbol{e}_1, \boldsymbol{e}_2, \boldsymbol{e}_3\}$ が一方のクラスに属するとき $\{\boldsymbol{e}_1 \cos\theta + \boldsymbol{e}_2 \sin\theta,\ \boldsymbol{e}_2 \cos\theta - \boldsymbol{e}_1 \sin\theta,\ \boldsymbol{e}_3\}$ は同じクラスに，$\{-\boldsymbol{e}_1, \boldsymbol{e}_2, \boldsymbol{e}_3\}$ や $\{-\boldsymbol{e}_1, -\boldsymbol{e}_2, -\boldsymbol{e}_3\}$, $\{\boldsymbol{e}_2, \boldsymbol{e}_1, \boldsymbol{e}_3\}$ などは他方のクラスに属する．

これら2つのクラスは対称的で全く対等であり，電磁気学の枠組の中では区別する手立てがない*2)．右手，右ねじなど，何らかの「外的手段」によって，一方のクラスを C，他方を C' と区別することにしよう．クラスを区別するた

*2) 空間反転対称な物理法則に基づく仕組みを用いて区別することはできない．力学や電磁気学は空間反転対称な理論であり，これらを原理とするどのようなカラクリを用いても区別は不可能である．磁力に関する右手の法則などを使うというアイデアはうまくいかない．電流がつくる磁場の向きを決めるのに，座標系の向きづけが必要だからである．実際，鏡の中に映っている電磁現象を映画で見せられても，鏡で反転されていることに誰も気づかないだろう（ベータ崩壊は反転対称性を破っており，鏡に映すと，そのことが露呈する）．空間反転に対して対称な現象を記述する法則に右手，左手や右ネジといった言葉が出てくるのは奇妙なのであるが，この章はその必然性に関するものである．また，通信によって右手，左手に関して共通のとりきめをすることは困難である．テレビやFAXで画像を送っても，走査線の向きに関する約束がなければ，逆（裏返し）の像が送られる可能性がある．

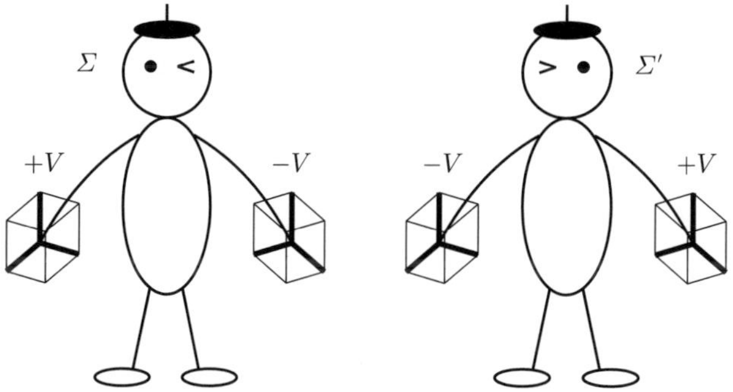

図 16.1　座標系（"視点"）の選び方によって体積の符号が変わる様子を象徴的に表した．右（左）手系を座標として選んだ場合には，右（左）手系の平行 6 面体の体積を正，左（右）手系の平行 6 面体の体積を負だと見なす．このように座標系の向きに依存するように定義された量を擬量と呼ぶ．

めの関数を導入する:

$$\check{o}(\Sigma) = \begin{cases} +1 & (\Sigma \in C) \\ -1 & (\Sigma \in C') \end{cases} . \tag{16.1}$$

16.1.2　体積

ある基底系 $\Sigma = \{\boldsymbol{e}_1, \boldsymbol{e}_2, \boldsymbol{e}_3\} \in C$ を固定して考える．基底ベクトルがつくる立方体の体積を

$$\mathcal{E} \vdots \boldsymbol{e}_1\boldsymbol{e}_2\boldsymbol{e}_3 = \epsilon_{123} = +1 \tag{16.2}$$

とするのは当然の要請である．

これに対して基底系 $\Sigma' = \{\boldsymbol{e}'_1, \boldsymbol{e}'_2, \boldsymbol{e}'_3\} = \{-\boldsymbol{e}_1, -\boldsymbol{e}_2, -\boldsymbol{e}_3\} \in C'$ をとると，基底ベクトルがつくる立方体の体積は同じテンソルを用いると

$$\mathcal{E} \vdots \boldsymbol{e}'_1\boldsymbol{e}'_2\boldsymbol{e}'_3 = \mathcal{E} \vdots (-\boldsymbol{e}_1)(-\boldsymbol{e}_2)(-\boldsymbol{e}_3) = -1 \tag{16.3}$$

と負になってしまう．これは，Σ' の立場から見ると困ったことである[*3)]．

---

*3)　絶対値をとればよいと思うかもしれないが，何より大切な線形性が犠牲になる．

この問題を回避するためには，$\mathcal{E}$ の代わりに $\check{\mathcal{E}} = \check{o}(\Sigma)\mathcal{E}$ を用いればよい．$\check{\mathcal{E}} \vdots \boldsymbol{e}'_1\boldsymbol{e}'_2\boldsymbol{e}'_3 = \check{\mathcal{E}} \vdots \boldsymbol{e}_1\boldsymbol{e}_2\boldsymbol{e}_3 = 1$ となる．$\check{\mathcal{E}}$ は座標系に依存するので，もはやテンソルとは呼べない．しかし，(反転を伴わない) 回転については，テンソルと同じように振舞うので，**擬テンソル** (pseudo tensor) と名付けられている．「擬」の代わりに，「捻れた」(twisted) という形容詞が用いられることもある ($\check{o}(\Sigma)$ によってツイストされている)．一般に，$\check{o}(\Sigma)$ を因子に持つ量を擬量と呼び，本章では，“ ˇ ” で表す．$\check{\mathcal{E}}$ の成分は

$$\check{\mathcal{E}} \vdots \boldsymbol{e}_i\boldsymbol{e}_j\boldsymbol{e}_k = \check{o}(\Sigma)\mathcal{E} \vdots \boldsymbol{e}_i\boldsymbol{e}_j\boldsymbol{e}_k = (\pm 1)(\pm \epsilon_{ijk}) = \epsilon_{ijk} \tag{16.4}$$

であり，基底系に依存しない．複号は Σ が C, C' の場合に対応している．この状況を図 16.1 に示す．

16.2 空間反転に伴う変換則

16.2.1 テンソルの変換則

同じ向きを持つ座標系同士は回転操作で互いに移りあう．この場合，変換行列は回転行列 $[R_{ij}]$ であり，テンソルの変換則はこれを用いて表すことができる．向きの異なる座標系同士は回転操作の他に反転の操作が必要である (鏡映でもよい)．

反転の関係にある，2 つの座標系 $\Sigma = \{\boldsymbol{e}_i\}, \Sigma' = \{\boldsymbol{e}'_i\} = \{-\boldsymbol{e}_i\}$ を考える．$\Sigma \in C$ なら，$\Sigma' \in C'$ である．ベクトル $\boldsymbol{x}, \boldsymbol{y}, \cdots, \boldsymbol{z}$ を両系で表示すると

$$\boldsymbol{x} = x_i\boldsymbol{e}_i = x'_i\boldsymbol{e}'_i, \quad \boldsymbol{y} = y_i\boldsymbol{e}_i = y'_i\boldsymbol{e}'_i, \quad \cdots, \quad \boldsymbol{z} = z_k\boldsymbol{e}_k = z'_k\boldsymbol{e}'_k \tag{16.5}$$

となり，$x'_i = -x_i$, $y'_j = -y_j$, $z'_k = -z_k$ である．すなわち，ベクトルの成分は符号を変える．

n 階のテンソルの成分の変換則を導こう．両基底に対する成分表示

$$\begin{aligned}
T(\boldsymbol{x}, \boldsymbol{y}, \cdots, \boldsymbol{z}) &= T(\boldsymbol{e}_i, \boldsymbol{e}_j, \cdots, \boldsymbol{e}_k)x_iy_j\cdots z_k \\
&= T_{ij\cdots k}x_iy_j\cdots z_k \\
&= T(\boldsymbol{e}'_i, \boldsymbol{e}'_j, \cdots, \boldsymbol{e}'_k)x'_iy'_j\cdots z'_k \\
&= T'_{ij\cdots k}x'_iy'_j\cdots z'_k
\end{aligned}$$

を比較することにより，

$$T'_{ij\cdots k} = (-1)^n T_{ij\cdots k}. \tag{16.6}$$

n 階のテンソルの成分は，反転により因子 $(-1)^n$ が掛けられることがわかる．テンソルそのものは不変，すなわち $T'(\cdots)=T(\cdots)$ であることを強調しておく．

16.2.2　擬テンソルの変換則

n 階の擬テンソル $\check{T}(\cdots)$ は，n 階のテンソル $T(\cdots)$ を用いて，

$$\check{T}(\cdots) = \check{o}(\Sigma)T(\cdots) \tag{16.7}$$

と表すことができる．よって，成分の変換則は

$$\check{T}'_{ij\cdots k} = (-1)(-1)^n T_{ij\cdots k} = (-1)^{n+1} T_{ij\cdots k}. \tag{16.8}$$

擬テンソルそのものの変換則は，$\check{T}'(\cdots) = -\check{T}(\cdots)$ である．

16.2.3　能動変換の場合

能動変換の場合，座標系は固定して，系の方を反転させるので，ベクトルは符号を変える．テンソル自体も変化する可能性がある．$\boldsymbol{x}' = -\boldsymbol{x}$, $\boldsymbol{y}' = -\boldsymbol{y}$, $\cdots$, $\boldsymbol{z}' = -\boldsymbol{z}$ とベクトルは変化するが，テンソルに作用させた結果のスカラー量は変わらないはずである．つまり，n 階のテンソルに対して

$$T'(\boldsymbol{x}', \boldsymbol{y}', \cdots, \boldsymbol{z}') = T(\boldsymbol{x}, \boldsymbol{y}, \cdots, \boldsymbol{z}) \tag{16.9}$$

が要請される．これより，テンソルの変換則

$$T'(\cdots) = (-1)^n T(\cdots) \tag{16.10}$$

が得られる．成分は，

$$\begin{aligned} T'_{ij\cdots k} &:= T'(\boldsymbol{e}_i, \boldsymbol{e}_j, \cdots, \boldsymbol{e}_k) \\ &= (-1)^n T(\boldsymbol{e}_i, \boldsymbol{e}_j, \cdots, \boldsymbol{e}_k) = (-1)^n T_{ij\cdots k} \end{aligned} \tag{16.11}$$

のように変換する．

表 16.1　テンソルと擬テンソルの実体と成分の偶奇性．n はテンソルの階数，$p = 0$ はテンソル，$p = 1$ は擬テンソルの場合．

	実体	成分
受動変換	$(-1)^p$	$(-1)^{n+p}$
能動変換	$(-1)^{n+p}$	$(-1)^{n+p}$

擬テンソルの場合は，

$$\check{T}'(\boldsymbol{x}', \boldsymbol{y}', \cdots, \boldsymbol{z}') = -\check{T}(\boldsymbol{x}, \boldsymbol{y}, \cdots, \boldsymbol{z}) \tag{16.12}$$

が要請される[*4]．これより，擬テンソルの変換則

$$\check{T}'(\cdots) = (-1)^{n+1}\check{T}(\cdots) \tag{16.13}$$

が得られる．成分は

$$\begin{aligned} \check{T}'_{ij\cdots k} &:= \check{T}'(\boldsymbol{e}_i, \boldsymbol{e}_j, \cdots, \boldsymbol{e}_k) = (-1)^{n+1}T(\boldsymbol{e}_i, \boldsymbol{e}_j, \cdots, \boldsymbol{e}_k) \\ &= (-1)^{n+1}T_{ij\cdots k} \end{aligned} \tag{16.14}$$

のように変換する．結果を表 16.1 にまとめておく．

16.2.4　擬物理量

擬テンソル $\check{\mathcal{E}}$ に定数（あるいはテンソル）を掛けて得られる量は擬テンソルである．さらにこれらを縮約して得られる量も擬テンソルである．たとえば，$\check{S} = \check{\mathcal{E}} \cdot \boldsymbol{x}$ の成分の変換則は

$$\check{S}'_{jk} = \check{\epsilon}'_{ijk}x'_i = \check{\epsilon}_{ijk}(-x_i) = -\check{S}_{jk}. \tag{16.15}$$

$\check{S}$ の成分は奇の対称性を持っているという点で偶の対称性を持つ通常の 2 階のテンソルとは異なっており，2 階の擬テンソルである．

擬テンソル $\check{\mathcal{E}}$ は，通常のテンソルに作用して，一連の擬量を生成する．さらに，擬量に対して $\check{\mathcal{E}}$ を作用させると，今度は通常の量が生成される．

---

*4)　基底自体は変わらないが，反転操作によって「外的手段」が変化して，C, C' が入れ替わり，$\check{o}$ が符号を変えることが原因である．

表 16.2 電磁場に登場するテンソル場と擬テンソル場とそれらの成分の空間反転に対する変換則（偶奇性）．受動変換の場合は成分が，能動変換の場合は本体と成分がこの偶奇性にしたがう．受動変換の場合の本体は擬テンソルのみが符号を変える．

階数 n	テンソル場	偶奇性 $(-)^n$	擬テンソル場	偶奇性 $(-)^{n+1}$
0	ϕ	$+$	—	$-$
1	$\boldsymbol{E}$, $\boldsymbol{A}$	$-$	$\check{\boldsymbol{H}}$, $\check{\boldsymbol{M}}$	$+$
2	B	$+$	$\check{\mathsf{D}}$, $\check{\mathsf{J}}$, $\check{\mathsf{P}}$	$-$
3	—	$-$	$\check{\mathcal{R}}$, $\check{\mathcal{E}}$	$+$

上記の操作は，星印作用素による微分形式の次数の変更に対応している（第5章参照）．星印作用素により，通常の形式は擬形式に，擬形式は形式に変換される．

問題 16.1 $\boldsymbol{c} = \boldsymbol{a} \times \boldsymbol{b}$, の成分表示 $c_k = \epsilon_{ijk} a_i b_j$ を用いて，その変換則について議論せよ．

分極密度 $\check{\mathsf{P}}$, 電流密度 $\check{\mathsf{J}}$, 磁化密度 $\check{\boldsymbol{M}}$, 電荷密度 $\check{\mathcal{R}}$ はその定義から擬テンソルである:

$$
\begin{aligned}
\check{\mathsf{P}} &= V^{-1}\check{\mathcal{E}} \cdot \sum_{\alpha \in V} \boldsymbol{p}_\alpha, & \check{\mathsf{J}} &= V^{-1}\check{\mathcal{E}} \cdot \sum_{\alpha \in V} q_\alpha \boldsymbol{v}_\alpha, \\
\check{\boldsymbol{M}} &= \frac{1}{2} V^{-1}\check{\mathcal{E}} : \sum_{\alpha \in V} \mathsf{m}_\alpha, & \check{\mathcal{R}} &= V^{-1}\check{\mathcal{E}} \sum_{\alpha \in V} q_\alpha.
\end{aligned}
\tag{16.16}
$$

V は（微小な）体積，$\sum\limits_{\alpha \in V}$ は体積 V 内にある α でラベルづけられた粒子に関する和を表している．$\boldsymbol{p}_\alpha$, q_α, $\boldsymbol{v}_\alpha$, m_α はそれぞれの電気双極子，電荷，速度，磁気モーメントを表す．これらのミクロ量はいずれも真性テンソルである．ミクロな量を平均化して密度量にする過程で $\check{\mathcal{E}}$ が作用するために，擬量になっている．ただし，密度化する過程で，テンソルの次数も変化するので偶奇性は保たれていることに注意する．

さらに，電束密度 $\check{\mathsf{D}}$, 磁場の強さ $\check{\boldsymbol{H}}$ も擬テンソルである:

$$\check{\mathsf{D}} = \varepsilon_0 \check{\mathcal{E}} \cdot \boldsymbol{E} + \check{\mathsf{P}}, \quad \check{\boldsymbol{H}} = \frac{1}{2}\mu_0^{-1}\check{\mathcal{E}} : \mathsf{B} - \check{\boldsymbol{M}}. \tag{16.17}$$

$\boldsymbol{E}$, $\check{\mathsf{D}}$, $\boldsymbol{D} = \frac{1}{2}\check{\mathcal{E}} : \check{\mathsf{D}}$ はいずれも奇，B, $\check{\boldsymbol{H}}$, $\check{\boldsymbol{B}} = \frac{1}{2}\check{\mathcal{E}} : \mathsf{B}$ はいずれも偶であることに注意する．

このように，電磁気学において多くの重要な量が擬であることは驚くべきことである．表 16.2 にテンソルと擬テンソルを整理しておく．

スカラーベクトルパラダイムでは，偶奇性が奇のベクトルを**極性ベクトル** (polar vector)，偶のベクトルを**軸性ベクトル** (axial vector) と呼んで区別することになっている．

付録 A
添字によるテンソル計算

テンソルの計算ルールを説明する．添字を用いたテンソル計算はルールがごく単純であるにもかかわらず，強力かつ便利である．電磁気学を本格的に勉強しようとする人はぜひマスターしておくべきである．また，反対称テンソル (微分形式) のいくつかの公式もまとめておく．

A.1　アインシュタインの記法

A.1.1　テンソルの添字記法

まず例を考える．$\boldsymbol{b} = A\boldsymbol{a}$ において，$\boldsymbol{a}, \boldsymbol{b}$ はベクトル，A は行列である．この式を成分を用いて表すと，

$$b_i = \sum_{j=1}^{3} A_{ij} a_j. \tag{A.1}$$

右辺において，和は添字 j についてとられている．このように和をとる添字は**仮添字**，または**ダミー添字** (dummy index) と呼ばれる．ダミー添字は（未使用の）別の文字に置き換えてもよい:

$$\sum_{j=1}^{3} A_{ij} a_j = \sum_{k=1}^{3} A_{ik} a_k. \tag{A.2}$$

積分における積分変数についても同様のことがいえる:

$$\int \mathrm{d}x f(x) = \int \mathrm{d}y f(y). \tag{A.3}$$

サブルーチンの仮引数，記号論理やラムダ算法における束縛変数も同様の置き換えが可能である:

```
subroutine foo(x)          subroutine foo(y)
real x                     real y
```

$(\forall x)(x \in u \Rightarrow F)$　　　　$(\forall y)(y \in u \Rightarrow F)$

$\lambda x, [xf]$　　　　$\lambda y, [yf]$

一方，式 (A.1) における i のように，和をとらない添字を**活きた添字** (live index) と呼ぶ．それぞれの活きた添字は等式の各辺に，必ず 1 つずつ現れる．活きた添字は，各辺にわたって一貫して変更することが可能である．すなわち，式 (A.1) は i を k に置き換えて

$$b_k = \sum_{j=1}^{3} A_{kj} a_j \tag{A.4}$$

と書くこともできる．

ところで，ダミー添字は 1 つの表式 (辺) に対で現われ，それに関する和は必ずとられるので，和の記号 $\sum$ を省略しても曖昧さはない．そこで式 (A.1) を

$$b_i = A_{ij} a_j \tag{A.5}$$

と表すことにする．このようなダミー添字に関する和の記号の省略は，一般相対論において高次のテンソルの計算を簡潔に行なうために考えられたもので，アインシュタインの記法と呼ばれる．

本書ではあいまいさのない限り，和の記号を省略するが，慣れない間は，和の記号を補ったり，ダミー添字同士を線で結ぶなどするとよいだろう．

問題 A.1　行列やベクトルを含む式をいくつか，上記の記法で表し，添字を分類してみよ．

A.1.2　δ_{ij} と ϵ_{ijk}

正規直交基底 $(\boldsymbol{e}_1, \boldsymbol{e}_2, \boldsymbol{e}_3)$ を導入しておく．正規直交条件は，

$$(\boldsymbol{e}_i, \boldsymbol{e}_j) = \delta_{ij} \tag{A.6}$$

と表せる．ここで，δ_{ij} は**クロネッカのデルタ**と呼ばれ，

$$\delta_{ij} = \begin{cases} 1 & (i = j) \\ 0 & (i \neq j) \end{cases} \tag{A.7}$$

で定義される．

このとき，ベクトル $\boldsymbol{A} = A_i\boldsymbol{e}_i$, $\boldsymbol{B} = B_j\boldsymbol{e}_j$ の内積は次のように表される:

$$(\boldsymbol{A}, \boldsymbol{B}) = (A_i\boldsymbol{e}_i, B_j\boldsymbol{e}_j) = A_iB_j(\boldsymbol{e}_i, \boldsymbol{e}_j) = A_iB_j\delta_{ij} = A_iB_i. \tag{A.8}$$

問題 A.2 δ_{ii} は，いくらか? （“1” ではない.）

式 (A.6) に類似の式として，

$$\boldsymbol{e}_i \times \boldsymbol{e}_j = \epsilon_{ijk}\boldsymbol{e}_k \tag{A.9}$$

を導入しておく．ϵ_{ijk} は 3 階の完全反対称テンソル，**エディントン** (Eddington) **のイプシロン**，あるいは，**レビ・チビタ** (Levi Civita) **の記号**と呼ばれ，

$$\epsilon_{ijk} = \begin{cases} 1 & (i,j,k)\ \text{がサイクリック} \\ -1 & (i,j,k)\ \text{が反サイクリック} \\ 0 & \text{その他の場合} \end{cases} \tag{A.10}$$

で定義される．両辺に，$\boldsymbol{e}_k$ をスカラー的に作用させると，

$$(\boldsymbol{e}_i \times \boldsymbol{e}_j) \cdot \boldsymbol{e}_k = \epsilon_{ijk} \tag{A.11}$$

となる．また，$\boldsymbol{C} = \boldsymbol{A} \times \boldsymbol{B}$ は次のように表される．

$$C_k = \boldsymbol{C} \cdot \boldsymbol{e}_k = (A_i\boldsymbol{e}_i \times B_j\boldsymbol{e}_j) \cdot \boldsymbol{e}_k = A_iB_j(\boldsymbol{e}_i \times \boldsymbol{e}_j) \cdot \boldsymbol{e}_k = \epsilon_{ijk}A_iB_j. \tag{A.12}$$

添字による式は成分の式なので，積の順序は変えても構わない．たとえば最後の式は，$\epsilon_{ijk}B_jA_i$ としてもよい．

1 つだけ覚えておくと便利な公式がある．

$$\epsilon_{ijk}\epsilon_{ilm} = \delta_{jl}\delta_{km} - \delta_{jm}\delta_{kl}. \tag{A.13}$$

これは後に見るようにベクトル 3 重積の公式 (A.18b) に相当するものである．

問題 A.3 ϵ_{ijk} の定義 (A.10) によって公式 (A.13) を示せ．幾何学的意味も考えよ．ヒント: $(\boldsymbol{e}_j \times \boldsymbol{e}_k, \boldsymbol{e}_l \times \boldsymbol{e}_m)$ を考えるとよい．

問題 A.4 次の等式をそれぞれ確かめよ:

$$\epsilon_{ijk}\epsilon_{ijm} = 2\delta_{km}, \tag{A.14}$$

$$\epsilon_{ijk}\epsilon_{ijk} = 6. \tag{A.15}$$

A.1.3 微分

空間微分を含むベクトル解析の公式も同様に導くことができる．簡単のために，

$$\partial_i := \frac{\partial}{\partial x_i} \tag{A.16}$$

と書くことにする．すると，たとえば以下のような対応が成り立つ:

$$\begin{aligned} (\boldsymbol{\nabla}\psi)_i = \partial_i\psi, \quad (\boldsymbol{\nabla}\times\boldsymbol{A})_k = \epsilon_{ijk}\partial_i A_j, \\ \boldsymbol{\nabla}\cdot\boldsymbol{B} = \partial_i B_i, \quad \nabla^2\varrho = \partial_i\partial_i\varrho. \end{aligned} \tag{A.17}$$

ただし，微分 ∂_i の適用範囲に注意を払う必要がある．たとえば，$\partial_i(A_jB_j) = (\partial_i A_j)B_j + A_j(\partial_i B_j)$.

問題 A.5 以下の公式を添字を用いて導出せよ．

$$\boldsymbol{a}\cdot(\boldsymbol{b}\times\boldsymbol{c}) = \boldsymbol{b}\cdot(\boldsymbol{c}\times\boldsymbol{a}) = \boldsymbol{c}\cdot(\boldsymbol{a}\times\boldsymbol{b}), \tag{A.18a}$$

$$\boldsymbol{a}\times(\boldsymbol{b}\times\boldsymbol{c}) = (\boldsymbol{a}\cdot\boldsymbol{c})\boldsymbol{b} - (\boldsymbol{a}\cdot\boldsymbol{b})\boldsymbol{c}, \tag{A.18b}$$

$$(\boldsymbol{a}\times\boldsymbol{b})\cdot(\boldsymbol{c}\times\boldsymbol{d}) = (\boldsymbol{a}\cdot\boldsymbol{c})(\boldsymbol{b}\cdot\boldsymbol{d}) - (\boldsymbol{a}\cdot\boldsymbol{d})(\boldsymbol{b}\cdot\boldsymbol{c}), \tag{A.18c}$$

$$\boldsymbol{\nabla}\times(\boldsymbol{\nabla}\times\boldsymbol{a}) = \boldsymbol{\nabla}(\boldsymbol{\nabla}\cdot\boldsymbol{a}) - \nabla^2\boldsymbol{a}, \tag{A.18d}$$

$$\boldsymbol{\nabla}\cdot(\psi\boldsymbol{a}) = \boldsymbol{a}\cdot\boldsymbol{\nabla}\psi + \psi\boldsymbol{\nabla}\cdot\boldsymbol{a}, \tag{A.18e}$$

$$\boldsymbol{\nabla}\times(\psi\boldsymbol{a}) = -\boldsymbol{a}\times\boldsymbol{\nabla}\psi + \psi\boldsymbol{\nabla}\times\boldsymbol{a}, \tag{A.18f}$$

$$\boldsymbol{\nabla}(\boldsymbol{a}\cdot\boldsymbol{b}) = (\boldsymbol{a}\cdot\boldsymbol{\nabla})\boldsymbol{b} + (\boldsymbol{b}\cdot\boldsymbol{\nabla})\boldsymbol{a} + \boldsymbol{a}\times(\boldsymbol{\nabla}\times\boldsymbol{b}) + \boldsymbol{b}\times(\boldsymbol{\nabla}\times\boldsymbol{a}), \tag{A.18g}$$

$$\boldsymbol{\nabla}\cdot(\boldsymbol{a}\times\boldsymbol{b}) = \boldsymbol{b}\cdot(\boldsymbol{\nabla}\times\boldsymbol{a}) - \boldsymbol{a}\cdot(\boldsymbol{\nabla}\times\boldsymbol{b}), \tag{A.18h}$$

$$\boldsymbol{\nabla}\times(\boldsymbol{a}\times\boldsymbol{b}) = \boldsymbol{a}(\boldsymbol{\nabla}\cdot\boldsymbol{b}) - \boldsymbol{b}(\boldsymbol{\nabla}\cdot\boldsymbol{a}) + (\boldsymbol{b}\cdot\boldsymbol{\nabla})\boldsymbol{a} - (\boldsymbol{a}\cdot\boldsymbol{\nabla})\boldsymbol{b}. \tag{A.18i}$$

問題 A.6 $\mathrm{curl}\,\mathrm{grad} = 0$, $\mathrm{div}\,\mathrm{curl} = 0$ をそれぞれ示せ．

問題 A.7 ベクトル解析の公式をさらに探し出し，添字を用いて確かめよ．

問題 A.8　次の公式を証明せよ:

$$\epsilon_{jlm}(x_l y_m z_i + y_l z_m x_i + z_l x_m y_i) = \delta_{ij}\epsilon_{rst}x_r y_s z_t. \tag{A.19}$$

A.2　反対称テンソルに関する公式

$\boldsymbol{x}, \boldsymbol{y}, \boldsymbol{z}$: ベクトル，$\boldsymbol{a}, \boldsymbol{b}, \boldsymbol{c}$: コベクトル，$\mathsf{B}$: 2 形式，$\mathcal{E}$: 完全反対称テンソル．

$$(\boldsymbol{a}\wedge\boldsymbol{b}) : \boldsymbol{x}\boldsymbol{y} = (\boldsymbol{x}\times\boldsymbol{y})\cdot(\boldsymbol{a}\times\boldsymbol{b}) \tag{A.20a}$$

$$(\boldsymbol{a}\wedge\boldsymbol{b})\cdot\boldsymbol{x} = (\boldsymbol{a}\times\boldsymbol{b})\times\boldsymbol{x} \tag{A.20b}$$

$$\boldsymbol{a}\wedge\mathsf{B} = (\boldsymbol{a}\cdot\boldsymbol{B})\mathcal{E}, \quad \boldsymbol{B} = \tfrac{1}{2}\mathcal{E} : \mathsf{B}, \tag{A.20c}$$

$$(\boldsymbol{a}\wedge\boldsymbol{b}\wedge\boldsymbol{c})\,\vdots\,\boldsymbol{x}\boldsymbol{y}\boldsymbol{z} = \lfloor\boldsymbol{a}\boldsymbol{b}\boldsymbol{c}\rfloor\lfloor\boldsymbol{x}\boldsymbol{y}\boldsymbol{z}\rfloor \tag{A.20d}$$

A.3　テンソル七変化

上記の添字の計算をマスターすると，これまで公式集を片手に苦労していたベクトルの計算が自由にできるようになる．また，行列やベクトルの成分に関する式に課せられる条件がわかるので，誤った式を簡単に見抜けるようにもなる．ただし，添字の代数的操作がテンソルの本質ではないことに注意する．テンソルにはいろいろな意味が含まれており，その表記もそれに応じてさまざまである．

数学的には，n 階のテンソルは n 個のベクトル $\boldsymbol{x}_1,\boldsymbol{x}_2,\cdots,\boldsymbol{x}_n$ に対して線形的に 1 つのスカラー $T(\boldsymbol{x}_1,\boldsymbol{x}_2,\cdots,\boldsymbol{x}_n)$ を割り当てる関数として定義されている．通常の比例の一般化（多重線形性）に他ならない．テンソルの数学的な側面については，文献 [17], [18] などを参照されたい．

一方，物理の分野ではテンソルは添字の沢山ついた，得体の知れないものという印象で捉えられており，計算アルゴリズムだけをやみくもに覚えている場合が多い．本書で主に用いた，ベクトルをボールド体で表す流儀の延長で，ディアドを $\boldsymbol{ab}$ と書いたり，テンソルに特別な字体 ($\mathsf{T}, \mathsf{S}, \cdots$) を充てる記法もよく用いられる．

数学と物理におけるテンソルの見かけの違いから，これらを全く別のものと思っている人もいる．このような事態に陥っている最大の理由は，テンソルの多面的性質である．単純な関数の記法はテンソルのブラックボックスとしての機能を示すには適しているが，実際の計算には不十分である．たとえば，2 階のテンソルの引数の一方にあらかじめベクトルを入力したもの $T(\boldsymbol{x},\sqcup)$ は（双対）ベクトルであるが，この関数記号を用いた書き方ではあまりベクトルに見えない．それに対して，添字を用いると $T_{ij}x_i$ となって，ベクトルであることがよくわかる．

また，関数記法では 2 つのテンソル $T(\sqcup,\sqcup)$, $S(\sqcup,\sqcup)$ の縮約が書きにくい[*1]．他の記法では $\mathsf{T}:\mathsf{S}$, $T_{ij}S_{ij}$ などと表すことができる．ただし，スカラー積の延長であるドット "·", ":" による縮約はどの引数に関する縮約であるかということがわかりにくく，対称性のないテンソルの場合には曖昧さが残る．

テンソルを理解するには，いくつかの記法を同時に使って比較してみるのがよい．いろいろな記法を実際に使ってみると，結果的には添字によるテンソルの表記がかなり優れものであることがわかる[*2]．添字によるテンソル計算は座標系に依存する成分を用いており，これが欠点のようにいわれることも多いが，実は，式の形そのものは座標系に依存しない[*3]．つまり，ある座標系で，$T_{ij}a_j$ であれば，別の座標系で $T'_{ij}a'_j$ が成り立つのである．つまり成分の関係式であるにもかかわらず，視点を変えるとテンソルそのものの関係式になるという，巧妙なトリックが潜んでいる．アインシュタインの記法は，表面的には和の記号 $\sum_i$ の省略という手抜きに過ぎないのだが，裏には予想外の機能が隠されているのである．

---

*1）書くとすれば，基底ベクトルを用いて，$\sum_i \sum_j T(\boldsymbol{e}_i,\boldsymbol{e}_j)S(\boldsymbol{e}_i,\boldsymbol{e}_j)$.

*2）プログラミングにおけるアセンブラ言語のような万能性と自由度をもっている．しかし，構造が見にくくなることや，添字の選び方に迷わなければならないことが欠点である．何よりも，凸レンズ利用者の眼への負担は大きな欠点である．

*3）逆に，添字記法でうまく表せない式は座標依存の式であることに気づくだろう．

付録 B
曲線座標系における ベクトル解析

座標系は人為的なものであり，その選び方には任意性がある．物理法則を記述する場合には座標系に依存しない表記が望ましいことはいうまでもない．しかし，具体的な問題を解く場合には，座標系を導入することが不可欠である．座標系の中でもっともよく用いられるのは，直線的なデカルト座標である．しかし，個々の問題が持つ空間的対称性に整合した曲線座標系を用いると，実質的な変数の数を減らすことができ，見通しがよくなる場合がある．球座標や円筒座標はこのような曲線座標系のうち，もっともよく使われるものである*1)．このような一般的な座標系におけるベクトル解析の公式を再度導出してみる．これらの曲線座標系では基底の直交性は保たれているが，正規性はもはや成り立たないので，双対構造を意識する必要が出てくる．

B.1 双対基底

第 2 章では，ベクトル物理量を双対ベクトルとして捉えるために非正規あるいは非直交基底を導入した．双対の概念はベクトルの長さを調べる場合にも大変有効である．それは一般的な状況ではベクトルの長さ（の 2 乗）が，双対ベクトルとのスカラー積の形で与えられるからである．

まず，線形独立な 3 つのベクトルを選ぶ: $\boldsymbol{x}_1, \boldsymbol{x}_2, \boldsymbol{x}_3 \in \mathbb{E}_3$．これらは直交している必要はないし，長さもそろっている必要はない．次に，適当な量 λ_1, λ_2, λ_3 を用いて

*1) その他にも，楕円座標，放物線座標などの曲線座標系が用いられる．

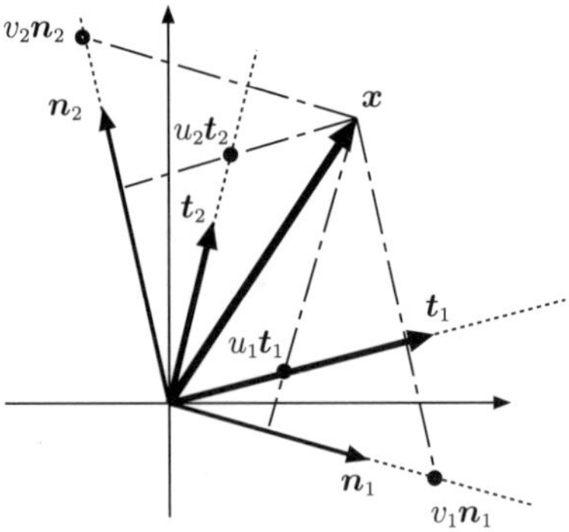

図 B.1 非直交基底とその双対基底の関係 (2 次元の場合). ベクトルの基底 $\{\boldsymbol{t}_i\}$ による展開 $\boldsymbol{x} = u_1\boldsymbol{t}_1 + u_2\boldsymbol{t}_2$ において, 成分は $u_1 = \boldsymbol{x}\cdot\boldsymbol{n}_1$ のように, $\boldsymbol{t}_i\cdot\boldsymbol{n}_j = \delta_{ij}$ を満たす双対基底 $\{\boldsymbol{n}_j\}$ を用いると簡単に求めることができる. やや複雑な図なので, しっかり眺めてほしい. 図示する必要性から, すべてのベクトルと基底は無次元であるとした. $\boldsymbol{x}$ が次元を持つ場合には矢印だけで双対を表すことはむずかしい (図 2.3 参照).

次のようなベクトルをつくる: $\boldsymbol{t}_i = \boldsymbol{x}_i/\lambda_i$ $(i = 1, 2, 3)$. λ_i としては通常, 長さの次元を持った量か, 無次元量が選ばれる. これらによって基底 $\{\boldsymbol{t}_1, \boldsymbol{t}_2, \boldsymbol{t}_3\}$ を構成する. 任意のベクトル $\boldsymbol{x} \in \mathbb{E}_3$ は

$$\boldsymbol{x} = u_1\boldsymbol{t}_1 + u_2\boldsymbol{t}_2 + u_3\boldsymbol{t}_3 \tag{B.1}$$

のように, 成分 u_i を用いて表すことができる. λ_i として, 無次元量を選んだ場合には, 基底ベクトル $\boldsymbol{t}_i$ は長さの次元を持ち, u_i は無次元量になる. λ_i として, 長さを選んだ場合には, $\boldsymbol{t}_i$ は無次元で, u_i は長さの次元を持つことになる. 特に, $\lambda_i = |\boldsymbol{x}_i|$ とすれば, $\boldsymbol{t}_i$ は単位ベクトル $\boldsymbol{e}_i$ になる.

ベクトル $\boldsymbol{x}$ が与えられたときに, その成分 u_1, u_2, u_3 を求めるのは, 正規直交基底の場合に比べると, 意外に面倒である. そこで次のようなことを考える. ベクトル $\boldsymbol{n}_1$ を $\boldsymbol{t}_2, \boldsymbol{t}_3$ のどちらとも直交し, その大きさが, $\boldsymbol{n}_1 \cdot \boldsymbol{t}_1 = 1$ となるように決めておく. すると, $u_1 = \boldsymbol{n}_1 \cdot \boldsymbol{x}$ のように簡単に成分を求めることができる. $\boldsymbol{n}_1$ は, $\boldsymbol{t}_1$ と逆の次元を持つ. 他の成分についても, $\boldsymbol{n}_i \cdot \boldsymbol{t}_j = \delta_{ij}$ となるようにしておけば, $u_i = \boldsymbol{n}_i \cdot \boldsymbol{x}$ にしたがって成分が求められる. このようなベクトルの組 $\{\boldsymbol{n}_1, \boldsymbol{n}_2, \boldsymbol{n}_3\}$ をもとの基底に対する**双対基底** (dual basis), あるいは**余基底** (cobasis) と呼ぶ. もとの基底が正規直交の場合には, 双対基底はもとの基底と一致する $(\boldsymbol{n}_i = \boldsymbol{t}_i)$. もとの基底が直

交の場合には，双対基底も同じ方向を持った直交基底になるが，それぞれの大きさが逆数関係になっている ($\boldsymbol{n}_i = \boldsymbol{t}_i/|\boldsymbol{t}_i|^2$).

図 B.1 に，2 次元の場合の非直交基底とその双対基底の例を描いておく.

双対基底とその成分は曲線座標系を扱う場合に必要とされる. また相対論においても大変重要な働きをする.

B.1.1　ベクトルの長さ

ベクトル $\boldsymbol{x}$ の長さの 2 乗は

$$(\boldsymbol{x}, \boldsymbol{x}) = (u_i \boldsymbol{t}_i, u_j \boldsymbol{t}_j) = u_i u_j (\boldsymbol{t}_i, \boldsymbol{t}_j) = u_i u_j g_{ij} \tag{B.2}$$

と表せる. ここで，9 つの量

$$g_{ij} = (\boldsymbol{t}_i, \boldsymbol{t}_j) \tag{B.3}$$

は，**計量テンソル** (metric tensor) と呼ばれる対称テンソルの成分になっている.

双対基底を用いて，$\boldsymbol{x}$ は

$$\boldsymbol{x} = v_1 \boldsymbol{n}_1 + v_2 \boldsymbol{n}_2 + v_3 \boldsymbol{n}_3 \tag{B.4}$$

とも書ける. ただし，$v_i = \boldsymbol{x} \cdot \boldsymbol{t}_i$. これより，$\boldsymbol{x}$ の長さの 2 乗を

$$(\boldsymbol{x}, \boldsymbol{x}) = (u_i \boldsymbol{t}_i, v_j \boldsymbol{n}_j) = u_i v_j \boldsymbol{t}_i \cdot \boldsymbol{n}_j = u_i v_j \delta_{ij} = u_i v_i. \tag{B.5}$$

のように簡単に表すことができる.

式 (B.2) と (B.5) を比較すると，$v_i = g_{ij} u_j$ である. v_i は $\boldsymbol{x}$ の**共変成分** (covariant component) と呼ばれるものである. それに対して u_i は $\boldsymbol{x}$ の**反変成分** (contravariant component) と呼ばれる. $v_i \overset{\mathrm{SI}}{\sim} \mathrm{m}^2/\lambda_i$ である.

問題 B.1　2 次元で基底 $\{\boldsymbol{t}_1, \boldsymbol{t}_2\}$ が与えられているとき，双対基底 $\{\boldsymbol{n}_1, \boldsymbol{n}_2\}$ を具体的に求めよ. $g_{ij} = (\boldsymbol{t}_i, \boldsymbol{t}_j)$ を適宜用いてよい.

問題 B.2　図 B.1 にならってグラフ用紙上に，基底 $\{\boldsymbol{t}_1, \boldsymbol{t}_2\}$ と双対基底 $\{\boldsymbol{n}_1, \boldsymbol{n}_2\}$ の具体例をいくつか描け. ベクトル $\boldsymbol{x}$ の反変成分と，共変成分も図示してみよ. さらに，これらの関係が対をなしていること ($V^{**} = V$) を確かめよ（これらの作業は非常に有用なので，面倒がらずに必ずやってみること).

問題 B.3　$h_{ij} := (\boldsymbol{n}_i, \boldsymbol{n}_j)$ とおくと，$\sum_j h_{ij} g_{jk} = \delta_{ik}$ となることを示せ.

B.1.2　反変成分，共変成分

第 2 章で見たように，非正規あるいは非直交の基底 $\{\boldsymbol{t}_i\}$ を利用する場合には双対基底 $\{\boldsymbol{n}_j\}$ の導入が不可欠である．そして任意のベクトル $\boldsymbol{x}$ はそれぞれの基底で展開できる[*2]:

$$\boldsymbol{x} = u_i \boldsymbol{t}_i = v_j \boldsymbol{n}_j. \tag{B.6}$$

通常はこのように文字の種類を浪費できないので，次のような工夫がされる:

$$\boldsymbol{x} = x^i \boldsymbol{e}_i = x_j \boldsymbol{e}^j. \tag{B.7}$$

すなわち，上添字と下添字を用いて，基底，成分のそれぞれを区別するのである[*3]．計量テンソルは

$$g_{ij} = (\boldsymbol{e}_i, \boldsymbol{e}_j) \tag{B.8}$$

と表せる．内積は

$$(x^i \boldsymbol{e}_i, x^j \boldsymbol{e}_j) = x^i x^j g_{ij} = x^i x_i \tag{B.9}$$

となる．ダミー変数の和は上添字と下添字の間でのみ取られることがわかる．また，$g^{ij} = (\boldsymbol{e}^i, \boldsymbol{e}^j)$ が，

$$g^{ij} g_{jk} = \delta^i_k \, (:= \delta_{ik}) \tag{B.10}$$

を満たすこと，すなわち計量テンソルと逆行列の関係にあることは簡単に示せる．これらのテンソルは添字を上げたり，下げたりするのに使うことができる．このように添字を用いたテンソル計算では，基底ベクトルが表に現れることはほとんどなく，成分だけで計算を行なうことができる．

B.2　接空間の基底

空間の点を表すのに，デカルト座標では (x, y, z)，円筒座標では (ρ, ϕ, z)，球座標では (r, θ, ϕ)，とそれぞれ 3 つの座標を用いる．これを一般化して (u_1, u_2, u_3) と書くことにする．空間の点を表す位置ベクトル $\boldsymbol{x}$ は 3 つの座標の関数として $\boldsymbol{x}(u_1, u_2, u_3)$ と表すことができる．

---

*2)　内積が定義されていない場合には，双対空間のベクトルと元の空間のベクトルに対応関係がないので，このようには書けない．

*3)　これはとても便利な記法であるが，ベキの記号と区別しにくいという大きな欠点を持っている．

点 P の位置ベクトルを $\boldsymbol{x}_{\mathrm{P}}$ とする．P の近くの点 Q の位置ベクトルを $\boldsymbol{x}$ とし，微小なベクトル $\boldsymbol{\xi} = \boldsymbol{x} - \boldsymbol{x}_{\mathrm{P}}$ をつくる．これを接ベクトルと呼ぶ．P における接ベクトル全体を**接ベクトル空間** (tangential vector space) という．

P の座標を $(u_{\mathrm{P}1}, u_{\mathrm{P}2}, u_{\mathrm{P}3})$，Q の座標を (u_1, u_2, u_3) とすれば，接ベクトルは

$$\begin{aligned}\boldsymbol{\xi} &= \boldsymbol{x}(u_1, u_2, u_3) - \boldsymbol{x}(u_{\mathrm{P}1}, u_{\mathrm{P}2}, u_{\mathrm{P}3}) \\ &\sim \left.\frac{\partial \boldsymbol{x}}{\partial u_1}\right|_{\mathrm{P}} \nu_1 + \left.\frac{\partial \boldsymbol{x}}{\partial u_2}\right|_{\mathrm{P}} \nu_2 + \left.\frac{\partial \boldsymbol{x}}{\partial u_3}\right|_{\mathrm{P}} \nu_3\end{aligned} \tag{B.11}$$

と書ける．ただし $\nu_k = u_k - u_{\mathrm{P}k}$ である．この式から，

$$\boldsymbol{t}_k := \left.\frac{\partial \boldsymbol{x}}{\partial u_k}\right|_{\mathrm{P}} \quad (k = 1, 2, 3) \tag{B.12}$$

を接空間の基底，(ν_1, ν_2, ν_3) を接ベクトル $\boldsymbol{\xi}$ の成分と見なすことができる．すなわち，任意の接ベクトルは，$\{\boldsymbol{t}_1, \boldsymbol{t}_2, \boldsymbol{t}_3\}$ を用いて

$$\boldsymbol{\xi} = \nu_1 \boldsymbol{t}_1 + \nu_2 \boldsymbol{t}_2 + \nu_3 \boldsymbol{t}_3 \tag{B.13}$$

と表わせる．基底ベクトル $\boldsymbol{t}_k$ は，点 P において u_k だけを微小変化させた場合の位置ベクトル $\boldsymbol{x}$ の変化に対応している．たとえば $\boldsymbol{t}_1$ は，u_2, u_3 を一定に保って，u_1 だけを変化させた場合の，位置 $\boldsymbol{x}(u_1, u_2, u_3)$ の変化率を与えている．$\{\boldsymbol{t}_k\}$ を座標 u_k から導かれる接線ベクトルの基底という．図 B.2 (a) に接ベクトルの様子を示す．

このように，各点 P ごとに接ベクトル空間が定義された．デカルト座標の場合，接空間の基底は P に依存しない．しかし曲線座標系では P に依存することになる．さらに，これらの基底ベクトルの大きさは 1 であるとは限らず，位置にも依存する．最も一般的な座標系では基底の直交性も成り立つとは限らないが，ここで扱う曲線座標系では直交性だけは成り立っている．

さて，ここで計量テンソル

$$g_{ij} := (\boldsymbol{t}_i, \boldsymbol{t}_j) \tag{B.14}$$

を定義する．今後は，基底ベクトルが互いに直交している場合だけを考えるので，

$$g_{ij} = h_i^2 \delta_{ij}, \quad h_i := \sqrt{g_{ii}} \quad (i = 1, 2, 3) \tag{B.15}$$

と表すことができる[*4)]．

*4)　これらの式において添字がバランスしていないことに注意する．これは h_i の導入によって座標系を固定したため，変換性が失われたからである．今後は，テンソルの関係式ではなく，成分の関係式を扱うことに注意する．したがって，アインシュタインの記法は使えない．すなわち，$\sum$ を省略することはできない．

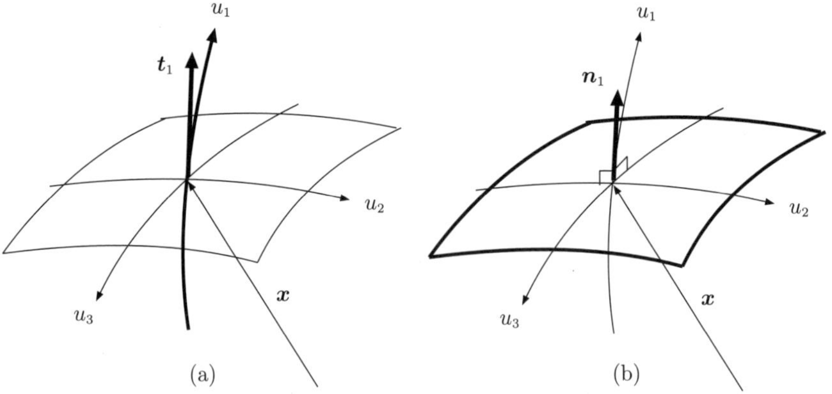

図 B.2　(a) 接ベクトルの基底 $\{\boldsymbol{t}_i\}$ と，(b) 余接ベクトルの基底 $\{\boldsymbol{n}_i\}$ の幾何学的意味と双対性．接ベクトルの基底ベクトル $\boldsymbol{t}_1$ は u_1 座標軸，すなわち，u_2, u_3 一定の曲線に対する接線ベクトルである．余接ベクトルの基底ベクトル $\boldsymbol{n}_1$ は u_2-u_3 面，すなわち，u_1 一定の曲面に対する法線ベクトルである．直交曲線座標系では，両者の方向は一致する．大きさは，u_1 の座標目盛が細かいほど，$|\boldsymbol{t}_1|$ は小さく，$|\boldsymbol{n}_1|$ は大きい．前者が速度ベクトル，後者が勾配ベクトルに対応しているからである．

h_i は各基底ベクトルの長さである[*5]．すると，

$$|\boldsymbol{\xi}|^2 = (\boldsymbol{\xi}, \boldsymbol{\xi}) = h_1^2\nu_1^2 + h_2^2\nu_2^2 + h_3^2\nu_3^2. \tag{B.16}$$

さらに，正規化された基底ベクトルを

$$\boldsymbol{e}_i := h_i^{-1}\boldsymbol{t}_i \quad (i = 1, 2, 3) \tag{B.17}$$

で定義しておく．これらの大きさは 1 で一定であるが，方向は位置に依存する．接空間ごとに異なった正規直交基底 $\{\boldsymbol{e}_k(\boldsymbol{x})\}$ をなす．

■ 物理的次元と単位

座標 u_k の次元は長さの次元と一致するとは限らず，さらに，k ごとにまちまちである．たとえば，円筒座標系では，ρ と z は長さの次元を持っているが，θ は角度の次元（すなわち無次元）である．

このために，基底ベクトル $\boldsymbol{t}_k$ やその大きさ h_k の次元もまちまちになる．これらの

---

*5)　接空間の基底ベクトルの大きさ h_i は必ずしも小さくはない．小さいのは局所座標の大きさ $|\nu_k|$ である．

次元は，u_k の次元を L_k，長さの次元を L とすれば，L/L_k である．例えば，円筒座標系では，h_ρ と h_z などは無次元であるが，h_θ は，長さの次元を持ち，単位 m/rad などで計られる．

問題 B.4　円筒座標系，球座標系の各座標について，基底ベクトルと成分の次元と単位を確認せよ．

問題 B.5　兵庫県西脇市（東経 135°，北緯 35°）における，経度あたり，緯度あたりの距離をそれぞれ求めよ．地球を半径 6380km の球とみなすこと．

B.3　接ベクトル空間上の線形形式—余接ベクトル

接ベクトル $\boldsymbol{\xi}$ に対してスカラー量 $F(\boldsymbol{\xi})$ を対応させる線形写像を考える:

$$F(\boldsymbol{\xi}_1+\boldsymbol{\xi}_2)=F(\boldsymbol{\xi}_1)+F(\boldsymbol{\xi}_2),\quad F(\alpha\boldsymbol{\xi})=\alpha F(\boldsymbol{\xi}),\quad \alpha\in\mathbb{R}. \tag{B.18}$$

これら線形写像全体は線形空間（双対空間）をつくる．これを余接空間 (cotangent space) と呼ぶ．ここで，$F_i(\sqcup)$ $(i=1,2,3)$ を

$$F_i(\nu\boldsymbol{t}_j)/\nu=\delta_{ij} \tag{B.19}$$

で定義する．$\nu\neq 0$ は $\nu\boldsymbol{t}_j$ の次元を長さにするための適当な定数である．これらは，余接空間の基底をなし，双対基底あるいは余基底と呼ばれる．任意の線形写像は，

$$F(\sqcup)=\upsilon_1F_1(\sqcup)+\upsilon_2F_2(\sqcup)+\upsilon_3F_3(\sqcup) \tag{B.20}$$

と表すことができる．

微分の合成則 (chain rule)

$$\frac{\partial u_k}{\partial\boldsymbol{x}}\cdot\frac{\partial\boldsymbol{x}}{\partial u_j}=\frac{\partial u_k}{\partial u_j}=\delta_{jk} \tag{B.21}$$

を参考にすると，

$$F_j(\sqcup)=\frac{\partial u_j}{\partial\boldsymbol{x}}\cdot\sqcup \tag{B.22}$$

であることがわかる．すなわち j-座標を値に持つ関数 $u_j(\boldsymbol{x})$ $(j=1,2,3)$ をスカラー場と考えたときの勾配場

$$\boldsymbol{n}_j=\frac{\partial u_j}{\partial\boldsymbol{x}}\ (=\boldsymbol{\nabla}u_j) \tag{B.23}$$

が余接空間の基底 $\{\boldsymbol{n}_j\}$ をなす．図 B.2 (b) に余接ベクトル基底の様子を示す．$\{\boldsymbol{n}_k\}$ を基底として，余接ベクトル $\boldsymbol{F}$ を

表 B.1 曲線座標系における基底ベクトルの種類．L_k は u_k の物理的次元である．

基底	定義	大きさ	次元	幾何学的意味
接基底	$\boldsymbol{t}_k = \dfrac{\partial \boldsymbol{x}}{\partial u_k}$	h_k	L/L_k	u_k-曲線の接線ベクトル
（正規基底）	$\boldsymbol{e}_k = \boldsymbol{t}_k/h_k = \boldsymbol{n}_k h_k$	1	1	
余接基底	$\boldsymbol{n}_k = \dfrac{\partial u_k}{\partial \boldsymbol{x}}$	$1/h_k$	L_k/L	u_k-曲面の法線ベクトル

$$\boldsymbol{F} = v_1\boldsymbol{n}_1 + v_2\boldsymbol{n}_2 + v_3\boldsymbol{n}_3 \tag{B.24}$$

と表すことができる．$\boldsymbol{t}_i \cdot \boldsymbol{n}_i = 1$ より以下の関係が成り立つ:

$$\boldsymbol{n}_i = \frac{1}{h_i}\boldsymbol{e}_i \quad (i = 1, 2, 3). \tag{B.25}$$

3 種類の基底 $\{\boldsymbol{t}_i\}$, $\{\boldsymbol{e}_i\}$, $\{\boldsymbol{n}_i\}$ について表 B.1 にまとめておく．

一般に使われる曲線座標系の場合，直交性だけは成り立つので，$\boldsymbol{t}_i/h_i = \boldsymbol{e}_i = h_i\boldsymbol{n}_i$ であり，正規直交基底 $(\boldsymbol{e}_i)$ だけで済まされる場合が多い．しかし，意味を考えて使い分けをすると，見通しがよく，式も簡単になる．

問題 B.6 図 B.2 と図 B.1 を比較し，気付いたことを述べよ．

■ 物理的次元

余接ベクトルは電場などの物理量を表すのに用いられる．余接ベクトルの次元は対応する物理量によってさまざまである．たとえば，電界ベクトルの場合には，その単位は V/m である．余接空間の基底ベクトル $\boldsymbol{n}_k$ の次元は，座標 u_k の次元を L_k とすれば，L_k/L である．すなわち，$\boldsymbol{t}_k$ とは逆数の関係にある．一方，$\boldsymbol{e}_k$ は無次元である．したがって，余接ベクトル $\boldsymbol{A}$ を

$$\boldsymbol{A} = A_1\boldsymbol{e}_1 + A_2\boldsymbol{e}_2 + A_3\boldsymbol{e}_3 = a_1\boldsymbol{n}_1 + a_2\boldsymbol{n}_2 + a_3\boldsymbol{n}_3 \tag{B.26}$$

と，2 通りに展開した場合の，展開係数 A_k, a_k $(= A_k h_k)$ は同じ量になるとは限らない．また，次元が異なることもある．

たとえば，電場を円筒座標で表す場合，

$$\boldsymbol{E} = E_\rho\boldsymbol{e}_\rho + E_z\boldsymbol{e}_z + E_\theta\boldsymbol{e}_\theta = e_\rho\boldsymbol{n}_\rho + e_z\boldsymbol{n}_z + e_\theta\boldsymbol{n}_\theta \tag{B.27}$$

とすれば，E_θ の単位は，V/m であるが，e_θ の単位は，V/rad である．

束密度ベクトル場（2 階テンソル場）に対しては，反対称基底を用いて

$$\begin{aligned} B &= B_1(\boldsymbol{e}_2 \wedge \boldsymbol{e}_3) + B_2(\boldsymbol{e}_3 \wedge \boldsymbol{e}_1) + B_3(\boldsymbol{e}_1 \wedge \boldsymbol{e}_2) \\ &= b_1(\boldsymbol{n}_2 \wedge \boldsymbol{n}_3) + b_2(\boldsymbol{n}_3 \wedge \boldsymbol{n}_1) + b_3(\boldsymbol{n}_1 \wedge \boldsymbol{n}_2) \end{aligned} \tag{B.28}$$

と書ける．$b_1 = B_1h_2h_3$, $b_2 = B_2h_3h_1$, $b_3 = B_3h_1h_2$, である．

たとえば，電束密度場を円筒座標系で考えると，

$$\begin{aligned} D &= D_\rho(\boldsymbol{e}_\phi \wedge \boldsymbol{e}_z) + D_z(\boldsymbol{e}_\rho \wedge \boldsymbol{e}_\phi) + D_\phi(\boldsymbol{e}_z \wedge \boldsymbol{e}_\rho) \\ &= d_\rho(\boldsymbol{n}_\phi \wedge \boldsymbol{n}_z) + d_z(\boldsymbol{n}_\rho \wedge \boldsymbol{n}_\phi) + d_\phi(\boldsymbol{n}_z \wedge \boldsymbol{n}_\rho) \end{aligned} \tag{B.29}$$

と書けるが，D_ρ の単位は $\mathrm{C/m^2}$，d_ρ の単位は $\mathrm{C/m \cdot rad}$ である．

密度スカラー場（3 階テンソル場）についても，

$$\mathcal{R} = \rho\,(\boldsymbol{e}_1 \wedge \boldsymbol{e}_2 \wedge \boldsymbol{e}_3) = R(\boldsymbol{n}_1 \wedge \boldsymbol{n}_2 \wedge \boldsymbol{n}_3) \tag{B.30}$$

と表されるが，ρ と R の次元は一般には異なっている．

B.4　曲線座標系におけるベクトル解析

■ 勾配

点スカラー場 $\phi(\boldsymbol{x})$ は，u_k の関数として $\phi(\boldsymbol{x}) = \phi(u_1(\boldsymbol{x}), u_2(\boldsymbol{x}), u_3(\boldsymbol{x}))$ として表される．u_1-方向の変化 ν_1 を考えると，

$$\begin{aligned} \phi(\boldsymbol{x} + \nu_1\boldsymbol{t}_1) - \phi(\boldsymbol{x}) &\sim \nu_1\boldsymbol{t}_1 \cdot \frac{\partial}{\partial \boldsymbol{x}}\phi = \nu_1\boldsymbol{t}_1 \cdot \left(\frac{\partial u_k}{\partial \boldsymbol{x}}\frac{\partial \phi}{\partial u_k}\right) \\ &= \nu_1\boldsymbol{t}_1 \cdot \boldsymbol{n}_k\frac{\partial \phi}{\partial u_k} = \nu_1\frac{\partial \phi}{\partial u_1}. \end{aligned} \tag{B.31}$$

ただし，$\boldsymbol{t}_1 \cdot \dfrac{\partial u_k}{\partial \boldsymbol{x}} = \boldsymbol{t}_1 \cdot \boldsymbol{n}_k = \delta_{1k}$ を用いた．一方，$\mathrm{grad}\,\phi$ の定義から，

$$(\text{上式}) \sim (\mathrm{grad}\,\phi)\cdot(\nu_1\boldsymbol{t}_1) = \nu_1(\mathrm{grad}\,\phi)\cdot(h_1\boldsymbol{e}_1) = \nu_1(\mathrm{grad}\,\phi)_1h_1. \tag{B.32}$$

これらを比較すると，$(\mathrm{grad}\,\phi)_1 = (1/h_1)(\partial\phi/\partial u_1)$．すなわち，

$$\mathrm{grad}\,\phi = \frac{1}{h_1}\frac{\partial \phi}{\partial u_1}\boldsymbol{e}_1 + \frac{1}{h_2}\frac{\partial \phi}{\partial u_2}\boldsymbol{e}_2 + \frac{1}{h_3}\frac{\partial \phi}{\partial u_3}\boldsymbol{e}_3. \tag{B.33}$$

■ 渦

力線ベクトル場 $\boldsymbol{A}$ に対して，u_1, u_2 をそれぞれ ν_1, ν_2 変化させてできる（近似的な）四辺形に対する閉じた線積分を評価する:

$$\begin{aligned}(\boldsymbol{A}\cdot\nu_1\boldsymbol{t}_1)(\boldsymbol{x}) &- (\boldsymbol{A}\cdot\nu_1\boldsymbol{t}_1)(\boldsymbol{x}+\nu_2\boldsymbol{t}_2)\\ &- (\boldsymbol{A}\cdot\nu_2\boldsymbol{t}_2)(\boldsymbol{x}) + (\boldsymbol{A}\cdot\nu_2\boldsymbol{t}_2)(\boldsymbol{x}+\nu_1\boldsymbol{t}_1)\\ &\sim \nu_1\nu_2\left[-\boldsymbol{t}_2\cdot\frac{\partial}{\partial\boldsymbol{x}}(\boldsymbol{A}\cdot\boldsymbol{t}_1)+\boldsymbol{t}_1\cdot\frac{\partial}{\partial\boldsymbol{x}}(\boldsymbol{A}\cdot\boldsymbol{t}_2)\right]\\ &= \nu_1\nu_2\left[-\frac{\partial}{\partial u_2}(A_1h_1)+\frac{\partial}{\partial u_1}(A_2h_2)\right].\end{aligned} \tag{B.34}$$

$\boldsymbol{A}\cdot\boldsymbol{t}_1 = (A_1\boldsymbol{e}_1 + A_2\boldsymbol{e}_2 + A_3\boldsymbol{e}_3)\cdot\boldsymbol{t}_1 = A_1h_1$ などを用いた．一方，curl の定義から，

$$(\text{上式}) \sim (\operatorname{curl}\boldsymbol{A})\cdot(\nu_1\boldsymbol{t}_1\times\nu_2\boldsymbol{t}_2) = \nu_1\nu_2(\operatorname{curl}\boldsymbol{A})_3h_1h_2. \tag{B.35}$$

これらを比較して，

$$(\operatorname{curl}\boldsymbol{A})_3 = \frac{1}{h_1h_2}\left[\frac{\partial}{\partial u_1}(A_2h_2)-\frac{\partial}{\partial u_2}(A_1h_1)\right]. \tag{B.36}$$

すなわち，

$$\operatorname{curl}\boldsymbol{A} = \frac{1}{h_2h_3}\left[\frac{\partial}{\partial u_2}(A_3h_3)-\frac{\partial}{\partial u_3}(A_2h_2)\right]\boldsymbol{e}_1 + \text{cycl.}. \tag{B.37}$$

■ 発散

束密度ベクトル場 $\boldsymbol{B}$ に対して，u_1, u_2, u_3 をそれぞれ，ν_1, ν_2, ν_3 変化させてできる（近似的な）六面体に対する閉じた面積分を評価する:

$$\begin{aligned}-&\left[\boldsymbol{B}\cdot(\nu_1\boldsymbol{t}_1\times\nu_1\boldsymbol{t}_2)\right](\boldsymbol{x}) + \left[\boldsymbol{B}\cdot(\nu_1\boldsymbol{t}_1\times\nu\boldsymbol{t}_2)\right](\boldsymbol{x}+\nu_3\boldsymbol{t}_3) + \text{cycl.}\\ &\sim \nu_1\nu_2\nu_3\left(\boldsymbol{t}_3\cdot\frac{\partial}{\partial\boldsymbol{x}}\left[\boldsymbol{B}\cdot(\boldsymbol{t}_1\times\boldsymbol{t}_2)\right]+\text{cycl.}\right)\\ &= \nu_1\nu_2\nu_3\left(\frac{\partial}{\partial u_3}(B_3h_1h_2)+\text{cycl.}\right).\end{aligned} \tag{B.38}$$

一方，div の定義から，

$$\nu_1\nu_2\nu_3(\operatorname{div}\boldsymbol{B})[\boldsymbol{t}_1\boldsymbol{t}_2\boldsymbol{t}_3] = \nu_1\nu_2\nu_3(\operatorname{div}\boldsymbol{B})h_1h_2h_3 \tag{B.39}$$

である．これらを比較すると，

$$\operatorname{div} \boldsymbol{B} = \frac{1}{h_1 h_2 h_3} \left[\frac{\partial}{\partial u_3}(B_3 h_1 h_2) + \text{cycl.} \right]. \tag{B.40}$$

■ ラプラシアン

ラプラシアンは $\nabla^2 = \triangle = \operatorname{div}\operatorname{grad}$ で定義される．式 (B.33) を式 (B.40) に代入すると，

$$\nabla^2 \psi = \frac{1}{h_1 h_2 h_3} \left[\frac{\partial}{\partial u_3} \left(\frac{h_1 h_2}{h_3} \frac{\partial \psi}{\partial u_3} \right) + \text{cycl.} \right] \tag{B.41}$$

B.5　曲線座標に対する公式集

具体的な曲線座標系に関して，上記のベクトル解析の公式，線要素 $\mathrm{d}s^2$，計量 h_i，体積要素 $\mathrm{d}V$，3 次元デルタ関数 $\delta^3(\boldsymbol{x})$ についてまとめておく．

直交座標　$u_1 = x \in (-\infty, \infty)$,　$u_2 = y \in (-\infty, \infty)$,　$u_3 = z \in (-\infty, \infty)$.

$$\mathrm{d}s^2 = \mathrm{d}x^2 + \mathrm{d}y^2 + \mathrm{d}z^2, \quad h_x = h_y = h_z = 1, \tag{B.42}$$

$$\mathrm{d}V = \mathrm{d}x\mathrm{d}y\mathrm{d}z, \quad \delta^3(\boldsymbol{x}) = \delta(x)\delta(y)\delta(z), \tag{B.43}$$

$$\operatorname{grad} f = \frac{\partial f}{\partial x}\boldsymbol{e}_x + \frac{\partial f}{\partial y}\boldsymbol{e}_y + \frac{\partial f}{\partial z}\boldsymbol{e}_z, \tag{B.44}$$

$$\operatorname{curl} \boldsymbol{A} = \left(\frac{\partial A_z}{\partial y} - \frac{\partial A_y}{\partial z} \right) \boldsymbol{e}_x + \text{cycl.}, \tag{B.45}$$

$$\operatorname{div} \boldsymbol{B} = \frac{\partial B_x}{\partial x} + \frac{\partial B_y}{\partial y} + \frac{\partial B_z}{\partial z}, \tag{B.46}$$

$$\nabla^2 \psi = \frac{\partial^2 \psi}{\partial x^2} + \frac{\partial^2 \psi}{\partial y^2} + \frac{\partial^2 \psi}{\partial z^2}. \tag{B.47}$$

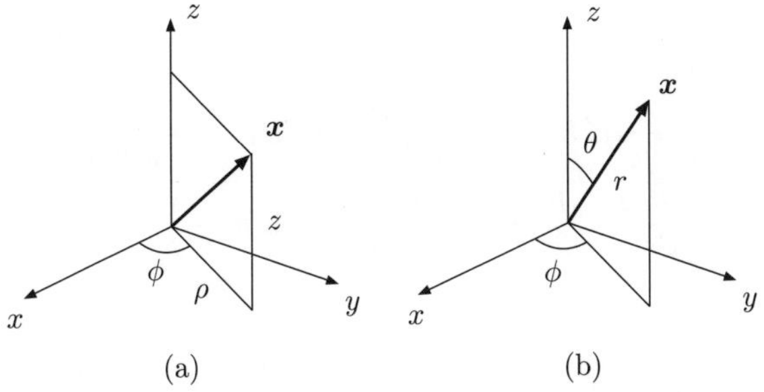

図 B.3　(a) 円筒座標系，(b) 球座標系（極座標系）．

円筒座標　$u_1 = \rho \in [0, \infty), \quad u_2 = \phi \in [-\pi, \pi), \quad u_3 = z \in (-\infty, \infty).$

$$x = \rho \cos\phi, \quad y = \rho \sin\phi, \quad z = z. \tag{B.48}$$

$$\mathrm{d}s^2 = \mathrm{d}\rho^2 + r^2 \mathrm{d}\phi^2 + \mathrm{d}z^2, \quad h_\rho = 1, \quad h_\phi = \rho, \quad h_z = 1, \tag{B.49}$$

$$\mathrm{d}V = \rho\,\mathrm{d}\rho \mathrm{d}\phi \mathrm{d}z, \quad \delta^3(\boldsymbol{x}) = \frac{1}{\pi\rho}\delta(\rho)\delta(z), \tag{B.50}$$

$$\mathrm{grad}\, f = \frac{\partial f}{\partial \rho}\boldsymbol{e}_\rho + \frac{1}{\rho}\frac{\partial f}{\partial \phi}\boldsymbol{e}_\phi + \frac{\partial f}{\partial z}\boldsymbol{e}_z, \tag{B.51}$$

$$\mathrm{curl}\, \boldsymbol{A} = \left(\frac{1}{\rho}\frac{\partial A_z}{\partial \phi} - \frac{\partial A_\phi}{\partial z}\right)\boldsymbol{e}_\rho + \left(\frac{\partial A_\rho}{\partial z} - \frac{\partial A_z}{\partial \rho}\right)\boldsymbol{e}_\phi + \frac{1}{\rho}\left(\frac{\partial(\rho A_\phi)}{\partial \rho} - \frac{\partial A_\rho}{\partial \phi}\right)\boldsymbol{e}_z, \tag{B.52}$$

$$\mathrm{div}\, \boldsymbol{B} = \frac{1}{\rho}\frac{\partial(\rho B_\rho)}{\partial \rho} + \frac{1}{\rho}\frac{\partial B_\phi}{\partial \phi} + \frac{\partial B_z}{\partial z}, \tag{B.53}$$

$$\nabla^2 \psi = \frac{1}{\rho}\frac{\partial}{\partial \rho}\left(\rho\frac{\partial \psi}{\partial \rho}\right) + \frac{1}{\rho^2}\frac{\partial^2 \psi}{\partial \phi^2} + \frac{\partial^2 \psi}{\partial z^2}. \tag{B.54}$$

極座標　$u_1 = r \in [0, \infty), \quad u_2 = \theta \in [0, \pi], \quad u_3 = \phi \in [0, 2\pi).$

$$x = r\sin\theta\cos\phi, \quad y = r\sin\theta\sin\phi, \quad z = r\cos\theta. \tag{B.55}$$

$$\mathrm{d}s^2 = \mathrm{d}r^2 + r^2\mathrm{d}\theta^2 + r^2\sin^2\theta\mathrm{d}\phi^2, \quad h_r = 1, h_\theta = r, h_\phi = r\sin\theta, \tag{B.56}$$

$$\mathrm{d}V = r^2\sin\theta\mathrm{d}r\mathrm{d}\theta\mathrm{d}\phi, \quad \delta^3(\boldsymbol{x}) = \frac{1}{2\pi r^2}\delta(r), \tag{B.57}$$

$$\mathrm{grad}\, f = \frac{\partial f}{\partial r}\boldsymbol{e}_r + \frac{1}{r}\frac{\partial f}{\partial \theta}\boldsymbol{e}_\theta + \frac{1}{r\sin\theta}\frac{\partial f}{\partial \phi}\boldsymbol{e}_\phi, \tag{B.58}$$

$$\mathrm{curl}\, \boldsymbol{A} = \frac{1}{r\sin\theta}\left[\frac{\partial}{\partial\theta}(\sin\theta A_\phi) - \frac{\partial A_\theta}{\partial \phi}\right]\boldsymbol{e}_r + \frac{1}{r}\left[\frac{1}{\sin\theta}\frac{\partial A_r}{\partial \phi} - \frac{\partial(rA_\phi)}{\partial r}\right]\boldsymbol{e}_\theta + \frac{1}{r}\left[\frac{\partial}{\partial r}(rA_\theta) - \frac{\partial A_r}{\partial \theta}\right]\boldsymbol{e}_\phi, \tag{B.59}$$

$$\mathrm{div}\, \boldsymbol{B} = \frac{1}{r^2}\frac{\partial}{\partial r}(r^2 B_r) + \frac{1}{r\sin\theta}\frac{\partial}{\partial \theta}(\sin\theta B_\theta) + \frac{1}{r\sin\theta}\frac{\partial B_\phi}{\partial \phi}, \tag{B.60}$$

$$\nabla^2\psi = \frac{1}{r^2}\frac{\partial}{\partial r}\left(r^2\frac{\partial \psi}{\partial r}\right) + \frac{1}{r^2\sin\theta}\frac{\partial}{\partial \theta}\left(\sin\theta\frac{\partial\psi}{\partial\theta}\right) + \frac{1}{r^2\sin^2\theta}\frac{\partial^2\psi}{\partial\phi^2}. \tag{B.61}$$

参 考 文 献

電磁気学の標準的教科書

[1] J.D. Jackson: *Classical Electrodynamics*, 3rd edition (Wiley, 1998); 西田稔 訳: 「電磁気学」(上, 下) (原書第 3 版) (吉岡書店, 2003).

[2] W.K.H. Panofsky and M. Phillips: *Classical Electricity and Magnetism* (Addison-Wesley, 1961); 林忠四郎, 天野恒雄 訳: 「電磁気学」(上, 下) (吉岡書店, 1967, 1968).

[3] ランダウ, リフシッツ (井上健男, 安河内昂, 佐々木健 訳): 電磁気学 1, 2 (東京図書, 1962, 1965).

[4] J. A. Stratton: *Electromagnetic Theory* (McGraw-Hill, 1941)

[5] F.N.H. Robinson: *Electromagnetism* (Oxford, 1973); 柿内賢信 訳: 電磁気 (丸善, 1978).

[6] 中山正敏: 「物質の電磁気学」(岩波書店, 1996).

[7] 高橋秀俊: 「電磁気学」(裳華房, 1959).

電磁気学を見直すのに役立つ本

[8] 太田浩一: 「電磁気学の基礎 I, II」(シュプリンガー・ジャパン, 2007);「マクスウェル理論の基礎」(東京大学出版会, 2002). 素晴らしいの一語に尽きる. 歴史や関連分野の話題がきめ細かく織り込まれている.

[9] 今井功: 「電磁気学を考える」(サイエンス社, 1990). 著者も含め, 多くの人に電磁気を考え直すきっかけを与えた.

[10] J. Schwinger, L.L. DeRaad, Jr., K.A. Milton and W. Tsai: *Classical Electrodynamics* (Perseus Books, 1998).

[11] A. Sommerfeld: *Electrodynamics* (Academic Press, 1952).

単位, 標準, 物理定数

[12] BIMP (ed.), The International System of Units, 9th edition (2019).
国際単位系 (SI) 第 9 版 (2019) 日本語版:
`https://unit.aist.go.jp/nmij/public/report/si-brochure/`

[13] E.R. Cohen and P. Giacomo: *Symbols, Units, Nomenclature and Fundamental Constants in Physics*, Physica **146A**, 1–68 (1987).

[14] C. Audoin and B. Guinot: *The Measurement of Time — Time, Frequency and the Atomic Clock* (Cambridge, 2001).

[15] 佐藤文隆, 北野正雄 :「新 SI 単位と電磁気学」(岩波書店, 2018)

テンソル

[16] H. Goldstein: *Classical Mechanics*, 2nd edition (Addison-Wesley, 1980).

[17] H.K. Nickerson, D.C. Spencer and W.E. Steenrod: *Advanced Calculus* (Van Nostrand, 1959); 原田重春，佐藤正次 訳: 「現代ベクトル解析」(岩波書店, 1965).

[18] J.A. Schouten: *Tensor Analysis for Physicist*, 2nd ed. (Dover, 1959). テンソルに関する包括的かつ興味深い記述がある．特に図が楽しい．

[19] G. Weinreich: *Geometrical Vectors* (university of Chicago Press, 1998).

微分形式，クリフォード代数

[20] V.I. アーノルド (安藤韶一，蟹江幸博，丹羽敏雄 訳): 古典力学の数学的方法 (岩波書店，1980).

[21] C.W. Misner, K.S. Thorne, and J.A. Wheeler: *Gravitaion* (W.H. Freeman and Company, 1973). テンソルの物理的意味や記法に詳しい．

[22] W.E. Baylis: *Electrodynamics — A Modern Geometric Approach* (Birkhäuser, 1998).

[23] R. Penrose and W. Rindler: *Spinors and Space-time* (Volume 1) *Two-spinors Calculus and Relativistic Fields* (Cambridge, 1986).

[24] D. Hestenes, *Mathematical Viruses*, in A. Micali *et al.*: *Clifford Algebras and Their Applications in Mathematical Physics*, 3–16 (Kluwer Academic Publishers, 1992).

[25] G.A. Deschamps: *Electromagnetics and Differential Forms*, Proc. IEEE **69**, 676 (1981).

[26] T. Frankel: *The Geometry of Physics, An Introduction*, 2nd ed. (Cambridge, 2004).

[27] F.W. Hehl and Y.N. Obukhov: *Foundations of Classical Electrodynamics, Charge, Flux, and Metric* (Birkhäuser, 2003).

[28] C. Doran and A. Lasenby: *Geometric Algebra for Physicists* (Cambridge, 2003).

[29] H. Flanders: *Differential Forms with Applications to the Physical Sciences* (Dover, 1989); 岩堀長慶 訳: 「微分形式の理論」(岩波書店，1967).

超関数

[30] シュワルツ (吉田耕作，渡辺二郎 訳): 「物理数学の方法」(岩波書店，1966).

[31] J.M. Aguirregabiria, A. Hernández, and M. Rivas, *δ-function converging sequences*, Am. J. Phys. **70** (2), 180 (2002).

[32] M.J. Lighthill: *Introduction to Fourier Analysis and Generalised Functions* (Cambridge, 1970).
[33] R.P. Kanwal: *Generalized Functions, Thoery and Technique*, 2nd ed. (Birkhäuser, 1997).
[34] 北野正雄: "球面上の電場は定義すべきか", 大学の物理教育 **13**, 4548 (2007).

数学一般

[35] S. MacLane: *Mathematics, Form and Function* (Springer-Verlag, 1986) ; 彌永昌吉 監修, 赤尾和男, 岡本周一 訳: 「数学 — その形式と機能」 (森北出版, 1992).

歴史

[36] 霜田光一: 「歴史をかえた物理実験」(丸善, 1996).
[37] W.D. Niven (ed.): *The Scientific Papers of James Clerk Maxwell*, Vol. 1 (Dover, 2003).
[38] J.C. Maxwell: *A Treatise on Electricity and Magnetism*, Vols. 1, 2 (Dover, 1954).
[39] T.K. Simpson: *Maxwell on the Electromagnetic Field, A Guided Study* (Rutgers University Press, 1997). マクスウェルの論文の解説.
[40] S.A. Schelkunoff: "The Impedance Concept and Its Application to Problems of Reflection, Refraction, Shielding and Power Absorption", Bell System Tech. J. **17**, 17 (1938).
[41] 木幡重雄: 「電磁気の単位はこうして作られた」(工学社, 2003).
[42] P.J. Nahin: *The Science of Radio*, 2nd edition (AIP, 2001).

その他

[43] R. Peierls: *More Surprises in Theoretical Physics* (Princeton, 1991). 物質中での電磁場の運動量について (第 3 章).
[44] A. Geim: "Everyone's Magnetism", Physics Today, p. 36, September 1998. 反磁性による浮揚実験.
[45] M.V. Berry and A.K. Geim: "Of Flying Frogs and Levitrons", European Journal of Physics **18**, 307 (1997).
[46] J. Crangle and M. Gibbs: "Units and Unity in Magnetism: a Call for Consistency", Physics World, p. 31 (November 1994) 磁場の単位の混乱について.
[47] M. Kitano: "Derivation of Magnetic Coulomb's Law for Thin, Semi-Infinite Solenoids", arXiv:physics/0611099.

索　引

ア　行

カ　行

サ　行

タ　行

ナ 行

ハ 行

マ 行

ヤ　行

ラ　行

欧数字

著者略歴

北野正雄（きたの　まさお）

1952年　京都市に生まれる
1975年　京都大学工学部電子工学科卒業
1977年　同大学院修士課程修了
　　　　京都大学工学部助手，講師，助教授を経て，
1999年　同大学院工学研究科教授（–2018 年）
2014年　京都大学理事・副学長（–2020 年）
2022年　大阪大学量子情報・量子生命研究センター
　　　　現在に至る．
　　　　その間，プリンストン大学物理学科研究員（1984–86 年）
　　　　京都大学工学博士
　　　　京都大学名誉教授

主要著書

「電子回路の基礎」（培風館，1999），量子力学の基礎（共立出版，2010），新 SI 単位と電磁気学（岩波書店，2018）

専門　量子エレクトロニクス，量子光学，電磁波工学

SGC Books–P4
新版 マクスウェル方程式
–電磁気学のよりよい理解のために–

2005 年 5 月 25 日 © 初版発行
2009 年 2 月 10 日 © 新版発行
2023 年 10 月 10 日 新版第4刷発行

著　者　北野正雄
発行者　森平敏孝
印刷者　山岡影光
製本者　松島克幸

発行所　株式会社　サイエンス社
〒151–0051　東京都渋谷区千駄ヶ谷 1 丁目 3 番 25 号
営業 ☎（03）5474–8500（代）　振替 00170–7–2387
編集 ☎（03）5474–8600（代）
FAX ☎（03）5474–8900

印刷　三美印刷（株）　製本　松島製本（有）

《検印省略》

ISBN978-4-7819-1222-6

PRINTED IN JAPAN

サイエンス社のホームページのご案内
http://www.saiensu.co.jp
ご意見・ご要望は
rikei@saiensu.co.jp まで．